西北工业大学精品学术著作
培育项目资助出版

空天飞行器智能感知与控制丛书

多飞行器协同制导技术与应用

韩治国　张明环　张　烨　著

科学出版社

北　京

内 容 简 介

本书围绕空空导弹协同制导律设计方法，依次介绍协同制导相关基础理论、时间约束下的多弹协同制导律、空间约束下的多弹协同制导律，以及实际工程背景下(导弹脉冲式火箭发动机推力、导弹无推力)的拓展应用，内容循序渐进，由浅入深。另外，对于抽象的几何代数理论仅给出相关结论，证明过程未予以展开，力图使数学概念服务于工程应用。

本书可作为高等院校控制类、自动化类、航空航天类等专业师生的参考书，也可供相关领域工程技术人员阅读参考。

图书在版编目（CIP）数据

多飞行器协同制导技术与应用 / 韩治国，张明环，张烨著. -- 北京 ： 科学出版社，2025.6. --（空天飞行器智能感知与控制丛书).--ISBN 978-7-03-080067-1

Ⅰ．V47

中国国家版本馆 CIP 数据核字第 20240D3A47 号

责任编辑：祝　洁 / 责任校对：崔向琳
责任印制：徐晓晨 / 封面设计：有道设计

科 学 出 版 社 出版
北京东黄城根北街 16 号
邮政编码：100717
http://www.sciencep.com
北京中石油彩色印刷有限责任公司印刷
科学出版社发行　各地新华书店经销
*
2025 年 6 月第 一 版　开本：720×1000　1/16
2025 年 6 月第一次印刷　印张：13 3/4
字数：270 000

定价：138.00 元
（如有印装质量问题，我社负责调换）

前　言

　　飞行器在现代社会中具有极其重要的地位，其作用涵盖军事、民用、科技、经济，乃至人类未来发展的多个方面。飞行器的发展是国家实力和科技水平的重要标志。导弹作为飞行器的重要分支，是一种具备自动制导能力的飞行器系统，也是现代战争中最具杀伤力和威慑力的武器之一，更是国家进攻和防御体系中不可替代的重要组成部分。导弹根据用途可分为空空导弹、空地导弹、反舰导弹、地空导弹、弹道导弹、巡航导弹等，本书对空空导弹的协同制导问题展开介绍。

　　空空导弹与地空导弹、地对地导弹等相比，具有作战反应迅速、机动能力强、尺寸小、质量轻、使用灵活方便等特点，是空对空作战的主要攻击武器之一。近年来，多弹协同制导技术发展迅速。从时间维度上，协同制导旨在实现多弹齐射攻击或序贯打击；从空间维度上，通过对各枚导弹施加碰撞角约束，以实现从特定方位攻击目标的战术任务。本书以多空空导弹协同作战为背景，以时间约束与空间约束为条件，针对时空约束、模型不确定性、目标机动等几个方面的协同末制导律开展研究。

　　在时间约束多弹协同制导律方面，介绍时间约束下的多弹协同制导律，包括二维平面中的静态碰撞时间控制制导律和三维空间中的多弹动态时间协同制导律，给出二维平面和三维空间中视线坐标系下的弹-目相对运动制导模型。基于零控脱靶量这一重要概念及平面拦截模型详细推导二维真比例导引律，在二维平面中沿视线法向使用真比例导引律以保证零控脱靶量拦截，沿视线方向借助一个滑模函数和快速幂次趋近律推导能精确控制各枚导弹飞行时间的静态制导律；在三维空间中沿视线法向同样使用真比例导引律，沿视线方向借用带有类速度变量约束的二阶一致性算法推导多弹动态时间协同制导律，并通过数值仿真验证所设计制导律的可行性和有效性。

　　在空间约束多弹协同制导律方面，在二维平面内建立了空间协同制导模型，给出平面内攻击角与终端视线角之间的解析转换关系，并基于超螺旋滑模控制算法推导带有视线角约束的控制指令。在三维制导模型下，分别沿视线方向基于一阶一致性算法，在视线法向基于积分滑模函数以及双幂次趋近律设计能同时实现齐射攻击和视线角约束的多弹协同制导律。在考虑系统带有不确定参数和有界干扰的三维制导模型下，分别沿视线方向基于二阶一致性算法，沿视线法向基于自适应鲁棒滑模控制方法设计能同时实现齐射攻击和视线角约束的多弹协同制导律。所设计的制导律均通过仿真验证其有效性。

为降低导弹协同过程中对动力的需求,引入脉冲式火箭发动机并设计发动机点火逻辑,实现导弹推力脉冲式控制下的协同制导。为实现导弹对超远距机动目标的协同打击,设计带有角度约束的脉冲式推力控制协同制导律。

推导导弹无推力条件下的三维制导模型。针对角度约束问题,基于滑模控制设计针对静止目标的三维协同制导律。在此基础上,针对运动目标,在二维偏置比例导引的基础上设计时间协同项,实现时间协同和角度约束,并通过向量关系将其拓展至三维空间。为解决目标机动问题,基于二阶一致性理论,设计打击机动目标的动态协同制导律,通过对制导参数修正,在降低部分协同性能后,能够保证导弹精确击中目标。

第3~6章彩图可扫描章前二维码查看。

本书撰写时力求论证过程严谨,案例贴合实际,语言通俗易懂,保证内容理论性的同时不失可读性。撰写过程中,得到了课题组肖明昊、刘秀颖、游骏、郭健、宿晏铭、张力群等的协助,并完成了稿件校正工作,在此表示感谢。

由于作者水平有限,书中难免存在不妥之处,欢迎读者不吝指正,以便后续改进完善。

目　　录

第1章 绪 论

1.1 本书背景、意义及依据

1.1.1 本书背景与意义

导弹于 20 世纪 40 年代问世，历经八十余年的发展，已成为各国军队的常规武器装备，担负着诸多战略战术使命。随着科技的飞速发展及新军事革命的高歌猛进，现代战争区别于以往任何时期，呈现出部分新型特征[1]，如图 1-1 所示。这些新型特征带来一个重要启示：现代战争的成败绝非取决于单个武器之间的简单性能比较，更多受制于作战体系之间的对抗，故武器系统的集群作战、联合作战、深度融合等协作模式显现出日趋重要的地位。

近年来，多弹协同制导技术发展迅速，这是在现有技术瓶颈下提升导弹作战能力的优异备选方案，并且可以预见多弹协同也是未来战术导弹发展方向的一个重要分支。"协同"这一作战理念深受自然界中广泛存在的集群现象启发，并随信息化、智能化等新型作战模式的需求产生。无论是大雁集群利用空气动力学原理呈编队之势长途迁徙，降低老少弱势群体的飞行阻力，还是结队巡游的鱼群在面对生命威胁时形成保护阵型以求集体生存概率最大化，这些现象均阐释了集群协作的重要意义。生物集群中个体的感知和行动能力十分有限，只能遵循单一的行为方式和准则；放眼群体层面，集群能够形成协调有序的集体运动模式，表现出协作性、适应性、分布式、自组织等特点。从仿生学的角度出发，多弹协同飞行控制技术应综合借用先进弹载计算机算力、现代化通信技术、高精度传感技术等，使导弹集群中个体之间能够快速精确地交换飞行状态信息或环境信息，感知战场整体态势，相互协调形成一个有机整体，最终增强作战效能。多弹协同作战的优点归纳如图 1-2 所示[2]。

图 1-1　现代战争的部分新型特征　　　　图 1-2　多弹协同作战的优点

根据协同效果，多弹协同技术可分为协同探测、协同攻击和协同拦截三大类。其中，协同探测是实现多弹协同作战的基础，协同攻击与协同拦截的主要区别在于前者大多针对静止或低速目标，后者主要针对高速大机动目标[3]。一方面，多弹时间协同制导旨在实现多弹齐射攻击，能提升导弹面对敌方反导系统干扰或威胁时的生存能力，显著增加对目标的毁伤概率或毁伤效果[4]；另一方面，能够实现以多枚弱机动能力的导弹协同拦截强于单枚导弹机动能力的大机动靶标[5]，提升作战效费比，这点启发人们提出更为合理的多弹协同围捕制导策略。

随着导弹作战能力增强的同时，目标的速度、机动能力也随之提高，因此针对高速大机动一类高性能目标的拦截任务亟待进行更深入地探讨和研究。本书的重点研究对象为多弹协同末制导律，旨在从理论上提出能有效拦截当今战场中高速大机动目标的多弹协同制导律，并在此基础上探究更为合理的拦截围捕制导策略，更大程度地发挥战术导弹的拦截能力和拦截效率。

1.1.2　本书依据

比例导引等一类经典制导律的广泛应用已经证实了其易用性和有效性，但使用经典制导律控制单枚导弹拦截目标的策略在复杂实际战场情形中具有多方面的局限性。首先，现代战场作战方式和作战环境日趋复杂，电子化、信息化、智能化作战模式的介入对以往的经典制导方法提出了挑战；其次，现代战场干扰源错综复杂，如典型的红外干扰——红外诱饵弹、红外干扰机、定向红外技术，电磁干扰——有源连续波噪声干扰、箔条干扰等[6]，反拦截手段均对拦截方法提出了新的要求；最后，单枚导弹面对高速大机动目标时拦截能力十分有限，拦截弹相较于目标必须具备更高的飞行马赫数和数倍于目标的机动能力，而这点受现有技术瓶颈制约难以实现。

针对当今战场上单枚导弹攻击或拦截目标时作战效能急剧下降的问题，一般有两方面解决思路。一方面，可以提升单枚导弹的作战能力，即通过先进的技术手段使得导弹具备更强的机动能力、更大的飞行马赫数及更小的雷达散射截面积(RCS)等，从而提高突防能力和拦截能力；另一方面，可以使用多枚一般性能的导弹，从战术策略层面入手设计合理的多弹协同制导策略，通过弹间的信息共享和信息融合建立协同作战体系，最终实现对目标和敌方防御系统的饱和打击。显然，后者更简易可行，是现有技术水平下提高导弹武器作战效能的优异方案。

综上所述，开展多弹协同制导方法和多弹协同围捕制导策略的研究具有很强的现实意义和广阔的发展前景。

1.2　制导律的发展概况

影响导弹作战效能的因素和环节有很多，其中最核心的环节是精确制导与控制技术[7]。制导系统的性能决定了拦截任务的成功率，而制导系统的性能优劣取决于所使用的制导律。末制导是导弹拦截目标过程中最后也是最关键的制导阶段，其性能直接决定了拦截任务的成败[8]。因此，有必要深入研究更为先进的末制导律，以增加导弹的末制导精度等战术指标，从而精确毁伤目标，达到作战目标。

对制导律的研究甚至可以追溯到导弹面世之前，科研工作者致力于提出精度更高、更易行的制导律，以期在现有技术瓶颈下实现对目标的精确拦截和打击。纵观制导律发展的近百年历程，根据其出现的时间和理论依据，将制导律分为两大类，一类是古典制导律，另一类是现代制导律。前者建立在早期概念上，是以导弹高精度、快速接近目标为原则推导而来的制导律[9]；后者则是建立在现代控制理论的基础之上，为解决古典制导律面对高性能目标时精度不足、现代战场环境的极端复杂性及对诸如智能化分布式协同作战体系[10]新型作战理念的适应性等问题应运而生。部分常用制导律的分类如图 1-3 所示。

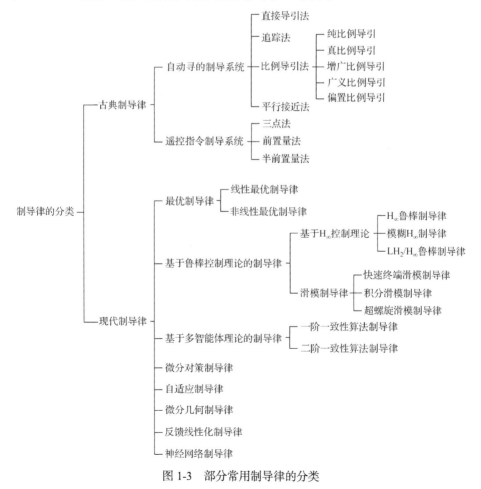

图 1-3 部分常用制导律的分类

古典制导律所需要的信息较少，结构简单，易于实现，性能可靠，因此现役的战术导弹大多使用古典制导律或其改进形式；相比之下，现代制导律的设计更为灵活，作战空域扩大，法向过载分布更加合理，可以实现特定的拦截角度和拦截时间等[11]。与此同时，现代制导律结构复杂，输入状态参数更多，生成制导指令往往需要大量运算，这对制导律的在线实施提出了挑战。幸运的是，随着微型计算机等设备的飞速发展，现代制导律的应用已成为现实。

1.3 研究现状

针对多弹协同作战模式的研究起源于日益增长的突防需求[12]，近年来，随着反导系统技术的飞速发展和目标性能的大幅提升，单枚导弹完成突防任务和拦截任务日趋困难，因此多弹协同制导技术应运而生，并且逐渐发展成为制导领域中重要的研究分支之一。

多弹协同制导具备多方面的优势。第一，弹群可以借用通信手段实现信息共享，进而形成一个功能互补的作战群体，利用群体效应所产生的优势对敌方防御系统和目标进行多层次、全方位的饱和打击，实现整体突防能力的提升[13]；第二，弹群可以基于时间序列对目标进行多轮打击，并利用先前导弹的探测信息和打击效果评估信息优化自身的打击策略，实现"侦查—打击—评估"一体化协同作战[14]；第三，针对协同拦截高性能目标的作战情形，通过设计围捕策略使弹群在空间中对目标形成包夹之势，或使用"领弹-从弹"式拓扑结构——领弹配备高性能导引头，从弹不配备导引头，仅通过与领弹的通信获取制导信息，大幅提升作战效费比[15]。

1.3.1 多约束条件下的多弹协同制导律

协同制导律综合应用多种经典制导理论和现代制导理论，在实现零控脱靶量打击的基本要求之上更进一步，提出了如碰撞时间控制制导律(impact time control guidance，ITCG)、碰撞角度控制制导律(impact angle control guidance，IACG)以及碰撞时间和碰撞角度同时控制制导律(impact time and angle control guidance，ITACG)等。ITCG 的一个重要应用是实现多弹齐射攻击，旨在对敌方防御系统进行饱和打击，从而增强多弹面对敌方反导系统的突防能力和生存能力；IACG 通过控制攻击角度，能有效增强对装甲目标或深埋目标的毁伤效果；ITACG 兼顾齐射攻击和角度约束，进一步提升了协同打击效果[16]。

1. 时间约束下的协同制导

纵观现有的协同制导文献，多数研究的重点在时间协同上，故 ITCG 在协同制导分支上具有举足轻重的地位。时间协同制导方法通过控制各枚导弹的状态变量使其飞行时间达到一致，实现多弹齐射攻击；或基于时间序列将评估任务穿插于打击任务之中，用小数目的导弹最大化协同打击效果，实现序贯打击。齐射是 ITCG 最典型、最广泛的应用之一。为了实现多弹齐射攻击，将已有的协同制导律按是否基于弹间通信分为两大类：第一类是无须弹间通信的静态协同制导律，第二类是需要弹间在线通信的动态协同制导律。

静态协同制导律以开环的方式进行控制，其本质是对各枚导弹分别进行飞行时间控制，需要在多弹发射之前对各枚导弹设定相同的飞行时间。其优点是无须通信组网，易于工程应用；缺点是使用灵活性和适应性差，不符合现代智能化作战模式的要求。该类问题的核心和难点是对导弹剩余飞行时间的精确估算。由于剩余飞行时间无法直接由传感器测量得出，需要通过导弹的多个状态变量估算或是误差反馈等方法间接控制。

Jeon 等[17]率先提出了 ITCG 的概念，并将经典的比例导引法(proportional navigation，PN)与碰撞时间误差反馈相结合，设计了能在指定时间攻击静止或低速目标的制导律，但其中使用的比例导引剩余飞行时间估计不精确。Cho 等[18]针对该缺陷进行了改进，基于实际中更为易行的纯比例导引法(PPN)，在不进行线性化假设的前提下推导了一种带有非线性时变修正增益的 ITCG，在得到剩余飞行时间解析解的同时还扩展了 ITCG 的适用范围，如放宽了对导弹初始条件和碰撞时间的限制，制导律是近乎全局渐近稳定的，避免了制导指令的奇异等。同样，文献[19]和[20]针对剩余飞行时间估计不精确的问题进行了改进，均基于非线性模型，无须小角度假设，且适用于大的初始航向角，推导了更为精确的剩余飞行时间表达式。文献[19]在比例导引的基础上提出了一种高阶剩余飞行时间估计方法，其针对静止目标具有相当高的精度；文献[20]基于等效滑模控制，通过选择碰撞时间误差设计了制导律，同时利用预测拦截点(PIP)的概念，使得该制导律能够应用于运动目标而非只局限于静止目标。

剩余飞行时间估计的准确性往往决定了 ITCG 的精度，而精确估计剩余飞行时间在实际中是困难的。上述的文献均围绕剩余飞行时间估计这一核心问题展开，而有学者另辟蹊径，试图从回避剩余飞行时间估计的角度实现 ITCG。Tekin 等[21]提出的制导律分别使用二次和三次多项式构造了关于时间的视线角变化率多项式函数，再通过滑模控制方法使导弹的视线角跟踪所设计的多项式函数，间接实现了 ITCG，从而避免了估计剩余飞行时间。Kim 等[22]定义了一个由导弹-目标(简称"弹-目")相对距离与期望剩余飞行时间的非零加权与函数组成的滑模面，当且仅当弹-目相对距离为零且实际飞行时间等于期望的碰撞时间时，导弹状态变量能达到所设计的滑模面，同样在无须估计剩余飞行时间的前提下实现了 ITCG。Arita 等[23]基于非线性制导模型，通过求解带约束的两点边值问题提出了一种同时满足碰撞时间和碰撞角约束的最优制导律，也避开了剩余飞行时间估计这一步骤。

尽管上述第一类静态协同制导律能够对碰撞时间进行约束，从而间接实现齐射攻击任务，但它们共同的缺点是需要在发射前手动设置飞行时间，即以开环的方式执行协同任务，这阻碍了该类制导律在动态战场环境中的应用。此外，多弹共同碰撞时间的选取并不容易，与初始条件、导弹与目标的速度大小和机动能力、所选取制导律的形式等因素均有密切联系。一方面，过长的末制导时间会增加导弹燃料的消耗量，并且给敌方反导系统留出了充足的反应时间，很大程度上降低了战术导弹的突防能力；另一方面，过短的末制导时间可能使得部分导弹在实际初始条件的约束及所选取制导律的作用下无法在期望的飞行时间内与目标相遇，进而导致部分导弹的脱靶量增加甚至错失目标。鉴于此，第二类动态协同制导律则是更为有效的齐射策略，该类协同制导律以闭环的方式进行，通过在线引导多弹之间相互协同碰撞时间实现齐射攻击。由于引入了各枚导弹之间的通信需求，该类动态协同制导律才是真正意义上的协同制导律。

现有的时间协同制导方法均是建立在两种架构之上展开研究，即双层协同制导架构和领从协同制导架构。前者具有一定的通用性，适用于同构型导弹集群或异构型导弹集群；后者则是针对异构型导弹集群设计的，具有更广阔的应用前景。

考虑到导弹这一研究对象的特殊之处，如通信量小但通信实时性高、运动速度高、弹道平直等特点，赵世钰等[24]首次提出了双层协同制导架构，其原理如图 1-4 所示。该制导架构由负责各枚导弹本地导引的底层导引控制和用于制定协调策略的上层协调控制两层结构组成，能针对不同的战术任务灵活选择本地制导律和协调策略，具有一定的普适性。上层协调策略的形式通常为集中式或分散式，底层制导律的设计应服务于上层，具有一个或多个可控量作为协调变量以实现 ITCG、IACG 等多种战术指标要求。

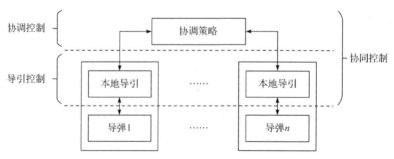

图 1-4　双层协同制导架构原理图[24]

张友安等[25]将"领弹-从弹"这种领从式典型编队控制方法的思想迁移至导弹的时间协同控制中，设计了一种新的协同制导架构，即前文提到的领从协同制导架构。该架构需要将领弹 M 的某些运动状态作为参考基准，从弹 $M_i(i=1,2,\cdots,n)$

则需对这些参考状态信息进行跟踪以达到期望值。领弹的选择灵活多变，既可以是弹群中一枚配备高性能导引头的拦截弹[15]，也可以是目标[26-27]，还能设置一枚或多枚虚拟的领弹并将其与目标的相对运动状态作为从弹跟踪控制系统的参考输入[25]。以 $i=3$ 为例，领从协同制导架构原理如图 1-5 所示，其中虚线圆表示通信覆盖范围，阴影部分表示导弹之间的实际可通信区域，箭头则表示通信信息流传递的方向。

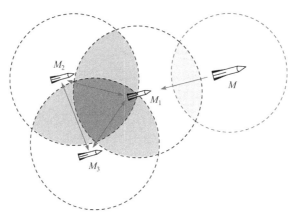

图 1-5 $i=3$ 时领从协同制导架构原理图

除上述两种典型的架构外，协同制导律还可以按照通信拓扑结构的形式分为集中式协同制导和分布式协同制导。基于前文提及的协同制导律的两种基本架构——双层协同制导架构和领从协同制导架构，结合两类通信拓扑结构，衍生出了四类协同制导律，如图 1-6 所示。后文将从集中式和分布式两种不同通信拓扑结构的角度出发，列举一些有关动态协同制导律的研究。

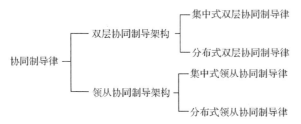

图 1-6 基于通信拓扑和制导架构的协同制导律分类

Jeon 等[17]继提出 ITCG 之后，基于协同制导的概念又设计了一种集中式协同制导律以实现齐射攻击[28]。该制导律与传统的比例导引法具有相同的结构，但通过引入了随多弹剩余飞行时间而实时变化的有效导航比 (N)，并将 N 作为缩减弹间剩余飞行时间差异的控制参数，实现了期望的制导目标。Chen 等[29]针对文献[28]中存在的局限性进一步研究，提出了一种修正协同比例导引律，解决了文献[28]

中当前置角较小时剩余飞行时间控制效率较低、时间协同误差较大，以及当前置角为零时会产生奇异现象等问题。Hou 等[30]循序渐进，分别在不考虑加速度饱和约束及通信约束，只考虑加速度饱和约束，两种约束兼而有之三种情形下分别对应提出了有限时间协同制导律(finite-time cooperative guidance)。

以上文献主要围绕集中式通信拓扑设计了协同制导律，其优势是由一枚或几枚导弹信息掌握整个弹群的全部信息，有利于整体最优决策。另外，使用该类协同方式对系统的通信能力提出了苛刻要求——各枚导弹需能够实时更新整个多弹制导系统的全局信息，这极大增加了工程实施的技术难度和制导系统的研发成本。除此之外，集中式通信拓扑还存在鲁棒性差、灵活性差等缺陷。集中式通信拓扑结构所要求的战技术指标在实际战场中难以达成，与之对应的分布式通信拓扑结构则是更有利于实际应用的协同方式。分布式通信拓扑相对于集中式而言具有弹间通信需求低、通信容错率高等优点，因此成为研究重点和热点。各枚导弹仅需要与其邻接导弹进行通信，通信关系由图论中的加权拉普拉斯矩阵描述。

Zhao 等[31]基于 ITCG，将协同算法和本地制导律相结合，设计了一种分布式双层协同制导律(如图 1-4 所示，其中协调策略为分布式)，为多弹协同制导问题提供了一种通用的解决思路。Zhou 等[32]针对静止目标设计了分布式协同制导律，借用两种剩余飞行时间估计方法作为实现多弹时间协同的算例，一方面使得多弹剩余飞行时间估计达到一致，另一方面保证当剩余飞行时间估计的一致性误差收敛至零时，剩余飞行时间估计与实际的剩余飞行时间相吻合。Yu 等[33]基于固定时间快速非奇异终端滑模面，设计了一种分布式协同制导律，并且考虑到实际中出现通信故障的情形和通信拓扑切换时所设计制导律的鲁棒性。

2. 空间约束下的协同制导

上文中列举的文献绝大多数仅考虑了时间约束下的协同，进一步考虑空间约束在实战中同样具有重要的战略意义。空间约束通过控制导弹的碰撞角，实现从特定方位攻击或拦截目标的战术任务，一方面能增加对装甲目标或地下深埋目标的毁伤效果，另一方面能进一步提升对敌方近程防御武器系统(CIWS)及电子对抗(ECM)系统的威胁程度以实现饱和打击。考虑到实际中导引头视场受限的情况，空间约束有利于多弹系统协同捕获和探测目标信息，对导弹的空间约束控制同样具有极其重要的研究价值。

Zhang 等[34]指出，实现 ITACG 主要有以下三种方式：一是使用两步方法，即先设计 IACG 控制碰撞角，然后设计一个额外的偏置项以补偿该 IACG 下的碰撞时间[34]；二是使用综合法，即将 ITACG 问题表述为一个两点边值问题并一步求解[23,35]；三是依次使用多种制导律并选择恰当的逻辑切换方式将其组合，共同实现对碰撞角和碰撞时间的约束[4]。下面将依次举例说明三种实现 ITACG 的方式。

Zhang 等[34]采用两步方法，将基于 IACG 的偏置比例导引和一个控制碰撞时间的额外项相结合，实现了 ITACG，该制导律的显著优越性在于无须小角度假设，能适用于任意大的碰撞约束角。Harl 等[35]采用综合法，通过引入一种新的视线角变化率构造方法，基于二阶滑模控制，使用反步法的概念推导了 ITACG；以航向距离作为独立变量将弹-目交战运动学方程组转化为另一种特殊的形式，将 ITACG 表述为求解一个两点边值问题。Chen 等[4]分两个阶段设计了视场约束下的协同制导律——一是协同段，二是比例导引段。在协同段通过反馈线性化将三维制导模型转化为二阶线性动力学系统，使用约束线性一致性算法实现两个状态变量的协同，分别使得多弹的碰撞时间和前置角达到一致；当弹-目距离足够近时制导律切换为比例导引段，使得多弹前置角减小至零并完成最终的打击。

此外，Jung 等[36]在文献[17]的基础上针对反舰导弹分别提出了 ITCG 和 IACG 两种制导律，二者互为补充，能有效提升对目标的打击效率并且增强导弹的生存能力。基于 ITCG 使得导弹在期望的时间点攻击目标，并基于 IACG 采用反步控制方法设计了路径点通过角以及期望的碰撞角，实现了多约束条件下的协同制导。文献[37]~[43]均基于三维空间中视线坐标系下的有推力控制制导模型[44]，分别沿视线坐标系三轴设计相应的制导指令，视线方向的制导指令通过控制多弹剩余飞行时间达到一致以实现齐射攻击，视线法向——视线方位角和视线高低角的制导指令分别通过控制导弹的视线偏角和视线倾角达到期望值，以实现空间碰撞角约束。

基于有推力控制制导模型下所设计的 ITACG[37-43]已经趋于成熟，并且取得了广泛而丰硕的研究成果。事实上，对于一般的战术导弹而言，末制导阶段沿速度方向的推力是难以控制或精确控制的，控制力仅由垂直于速度方向的法向气动力和侧向气动力组成，故有推力控制模型下的制导律更多停留在理论层面，距离实际工程应用还有一定的距离。与之相对，基于无推力控制制导模型[45]下的多弹协同制导律更利于实际应用，但该模型复杂程度更高，变量之间耦合严重，因此设计性能优良的制导律十分困难。基于模型实现 ITCG 的一种通用思路是依靠纵向气动力和侧向气动力控制导弹的飞行轨迹，使弹-目距离较远的个体选择近距路径，弹-目距离较近的个体选择远距路径，从而间接实现齐射攻击。目前，基于无推力控制制导模型，针对进一步考虑视线角约束或目标机动等条件的制导律研究较少，实现多约束条件下的协同制导亟待更深入的研究。

3. 协同制导方法的多种分类准则

综合上述内容，多弹协同制导律根据研究侧重点的不同有多种分类方式：根据是否有弹间通信需求可分为静态协同制导律和动态协同制导律；根据制导律的架构不同可分为双层协同制导架构和领从协同制导架构；根据通信拓扑形式可分为集中式协同制导律和分布式协同制导律；按时空约束条件的不同可分为 ITCG、IACG 及 ITACG；按是合需要速度控制即沿弹道切向的加速度分量是否为零可分为有推力控制协同制导律和无推力控制协同制导律；按制导模型的维数可分为二维平面协同制导律和三维空间协同制导律等。协同制导方法的部分分类准则如图 1-7 所示。

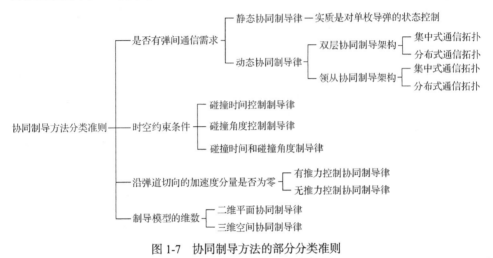

图 1-7　协同制导方法的部分分类准则

1.3.2　针对高速大机动目标的协同制导策略

1.3.1 小节所综述的文献大多针对静止或低速目标，并且默认拦截弹的速度和机动能力相对于目标均能构成明显优势。在面对高速大机动类的高性能目标时，考虑到导弹会出现过载饱和现象，上述协同制导律难以保证零控脱靶量拦截，不能有效完成拦截任务。当下对多弹同时拦截高速大机动目标的协同制导律研究较少，因此有必要寻找易行有效的协同制导策略，以围捕的方式协同拦截此类高性能目标。

Su 等[46]提出了虚拟瞄准点的概念，将针对大机动目标的协同拦截问题转化为一个最优化问题。文献[47]将[46]中的情景拓展至三维空间，基于真比例导引律，在虚拟瞄准点的基础上引入一个偏置项，以保证多弹实现对目标可达域的全覆盖。Wang 等[48]基于动态目标覆盖理论，设计了导弹可达域的位置，以期最大程度上覆盖目标动态区域，使多弹协同拦截概率最大化。Zhai 等[49]在协同覆盖方面的工作主要有两方面：一是通过协同制导算法引导各枚导弹至期望的位置，二是通过能量消耗最少的最优控制律引导各枚导弹至期望的位置。同时，在一定的假设条件下估计联合围捕拦截概率以评定拦截性能。文献[5]和[50]分别在二维和三维情景下基于逃逸域覆盖理论，针对非线性拦截几何模型开展协同围捕策略研究，有效减小了线性模型中的近似误差。其中，文献[50]还考虑了拦截机动目标时导弹的实际过载饱和约束。

上述研究成果表明了多枚弱机动导弹协同围捕拦截大机动目标的必要性与重要性。在三维情景下，基于非线性模型的协同围捕拦截策略与制导方法仍具有广阔的研究前景和巨大的研究价值。

1.3.3　静态协同制导律

静态协同制导律在本质上是一种单枚导弹的碰撞时间控制制导律，通过控制所有导弹达到预先设置的相同攻击时间，对目标实现协同打击。在这种制导模式下，各枚导弹按照设置的攻击时间独立飞行，导弹之间无须通信，无须组建导弹之间的通信网络，更易于工程实现。

早在 2006 年，Jeon 等[17]就提出了 ITCG 的概念，其在传统的比例导引法的基础上，增加了与攻击时间相关的反馈控制回路，从而实现了在指定时间命中目标。在此基础上，学者们开展了对 ITCG 的研究，基于不同的控制方法发展出了如时间约束、时间角度约束、时间视场角约束、打击机动目标等不同类型的制导方法。

静态协同制导律最核心的任务是导引导弹按照所设置的期望飞行时间打击导弹，满足时间约束。若想控制导弹的飞行时间，通常需要将时间的误差作为反馈项，而导弹的剩余飞行时间无法通过传感器直接测出，只能通过导弹的其他状态变量进行估算，因此，对飞行时间进行准确估算是该类制导律的核心[8]。Jeon 等[17]首次提出了比例导引法下剩余飞行时间的解析表达式，设计了 ITCG。文献[18]在不对模型进行近似假设的条件下，推导出了纯比例导引法打击静止目标的剩余飞行时间的解析解，提出了 ITCG，飞行时间由修正的非线性时变制导增益进行控制。文献[19]和[20]在非线性情况下基于比例导引法推导出了更加准确的剩余飞行时间表达式，所提出的制导律无须考虑小角度假设，能够满足在较大初始航向角和初始碰撞时间误差下精确打击目标。文献[51]对上述方法进行了总结，提出了一种通用的时间控制制导律形式，当获得剩余飞行时间的解析表达式后，即可通过该形式推导出相应的 ITCG。针对移动目标，文献[52]和[53]基于偏离角制导设计了 ITCG，偏离角制导律实际上是比例系数为 1 的比例导引法，导弹的前置角变化率始终为 0，在选择不同初始前置角时，导弹击中目标的时间不同。由于偏离角制导律表达式简单，该制导律下，能在不进行任何假设和近似的情况下，推导出了在目标移动时准确的剩余飞行时间表达式，从而设计出 ITCG。

对于剩余飞行时间的估计方法多是针对比例导引法，当采用其他制导方法时，该估计值存在较大误差，从而难以保证控制精度。针对这一问题，Kim 等[22]提出了无须估计剩余飞行时间的 ITCG，其定义了由相对距离和期望时间的非零加权函数组成的滑模面，基于滑模控制方法实现了时间约束。文献[54]和[55]采用了两阶段的制导策略，根据所设定的期望飞行时间，计算出两阶段之间切换的位置，在第一阶段设计制导律导引导弹到该位置，切换到第二阶段，从而实现期望的飞行时间。文献[56]基于最优控制，将时间作为终端约束，以能量最小为目标函数，通过二次逼近求解了满足时间约束的过载指令。文献[21]采用了视线角成形的方法，将视线角设计为与时间相关的多项式，通过期望时间确定多项式中的系数，再以滑模控制方法使视线角跟踪所设计的表达式，从而实现时间约束。文献[57]在视线角成形的基础上，进一步结合了自适应控制方法，研究了在速度时变条件下的 ITCG。文献[58]也采用类似思想，将导弹距离表示为与时间相关的多项式，推导了 ITCG，避免了对飞行时间的估计，实现了时间约束。

在实际的作战场景下，导弹的导引头存在视场限制，当目标超过视场角范围时，导弹将丢失目标。针对这一问题，除了时间约束外，学者们还进一步结合导引头视场角约束对静态协同制导律进行了深入研究。文献[59]基于比例导引法提出了带有视场角约束的 ITCG，其在碰撞时间误差的偏置项中设计了加权视场角的余弦规则，确保了视场角不超过上限。文献[60]求解了模型的非线性方程，设计了使得视场角随着距离单调递减的制导律。文献[61]基于反步控制理论，制导增益的取值范围与视场角约束相关，使得导弹的视场角不会超过其上限值。文献[62]基于滑模控制理论，构造了一种新颖的时变滑模面，滑模面中包含两个可调参数，一个用于控制时间约束并满足全局滑模，另一个用于保证视场角约束，该制导律无需时间估计和小角度假设。

若导弹能够根据目标选择特定的攻击角度，打击目标的薄弱部位，如对坦克以"攻顶"的方式打击，则能够增强导弹的杀伤力，进一步提高导弹的作战效能。为满足这一要求，学者们对带角度约束的时间协同制导律进行了研究，称为碰撞时间和碰撞角度控制制导律。文献[63]设计了一条带角度约束的最优弹道，通过约束条件确定了多项式的参数，并进一步推导了其剩余飞行时间的表达式，在此基础上，基于滑模控制方法设计了 ITACG。文献[64]在小角度假设下，对导弹的动力学方程进行了线性化，推导了对静止目标的最优制导律，之后设计对应的时间误差反馈项，实现了对时间和角度的控制。上述文献中均采用了小角度假设。文献[65]分析了导弹的位置关系，建立了新的制导模型，设计了一种特殊的滑模面以满足约束条件，从而基于滑模面推导出了过载指令。文献[66]~[69]提出了一种两阶段的制导策略，根据目标的角度约束和期望时间，计算出一个虚拟的目标位置，在第一阶段，导弹将按照角度约束制导律达到该虚拟位置，第二阶段切换为比例导引法，保持当前视线角度沿直线打击目标，从而实现了时间和角度约束。文献[70]也是一种多阶段制导方法，不同的是该方法以理想弹-目距离与实际弹-目距离之差作为切换条件，实现了对时间和角度的控制。文献[71]在速度时变的条件下，建立了新的飞行动力学方程，基于最优控制理论提出了ITACG。文献[72]~[76]基于视线角成形的方法设计了 ITACG，其中，文献[72]和[73]合理设计了视线角的分布函数，通过时间约束确定了其中的参数，基于滑模控制方法跟踪期望的视线角分布，设计了 ITACG。文献[74]提出一种新的虚拟目标轨迹跟踪控制方法，能够实现带有攻击角度和时间约束的协同制导。文献[75]将导弹与目标的相对运动转换到了极坐标中描述，将视线角分布设计为距离的多项式函数，根据约束条件确定其中系数，推导了 ITACG。文献[76]还进一步考虑了视场角约束，设计了一个满足视场限制和角度约束的视线角分布，通过调整其中的增益控制碰撞时间，实现了对时间和角度的同时控制。

上述制导律均是在二维平面模型中进行设计，而实际战场环境是三维空间，采用二维制导律对制导精度有一定影响。针对这一问题，学者们也对三维空间下的静态协同制导律进行了研究。文献[77]基于最优控制在三维场景下提出了ITCG，制导律由比例导引法和时间误差反馈项组成，比例导引项控制导弹击中目标，时间误差反馈项控制导弹的时间误差在有限时间内调整为零。文献[78]基于有限时间的状态相关黎卡提方程提出了非线性次有的三维制导策略，实现了在期望时间拦截非机动目标。文献[79]将三维平面分离为了两个相互正交的独立平面，并提出了一种加权控制分配技术，分别在俯仰通道和偏航通道设计了时间约束制导律，所设计的制导律对于任意宽的发射包线也可以保证按照期望飞行时间打击目标。文献[80]基于领导者-跟随者架构，将攻击时间一致性协同制导转化为分布式一致性跟踪控制问题，构建了攻击时间可调的协同制导律。文献[81]进一步考虑了视场角约束，利用与视场角相关的非线性函数设计了时间误差反馈项，从而在满足视场角约束的条件下获得了三维 ITCG。文献[82]在不进行小角度假设的前提下，采用改进的剩余飞行时间估计的表达式，推导了其导数形式，最后基于非奇异终端滑模控制方法，设计了三维 ITCG，保证在较大初始前置角下，制导律也能够按照约束时间准确打击目标。

综上所述，在二维情况下对静态协同制导律的研究已经较为深入，在满足时间约束的前提下还进一步考虑了视场角约束、视线角约束等；在三维情况下，静态协同的制导律研究相对较少，由于模型的复杂性，研究也主要集中在时间约束上，没有进一步考虑角度约束，有待进一步研究。

1.3.4 动态协同制导律

动态协同制导律是指导弹之间通过弹间通信，动态调整自身状态变量，控制所选取的协同量达到一致，从而实现对目标的协同打击。这种制导律需要构建导弹之间的通信网络，对导弹的通信、抗干扰性等方面的能力要求很高，但是这种类型的制导律无须设定期望攻击时间，导弹可通过弹间通信交换信息，更加符合协同制导的概念[83]。导弹在接收其他导弹的信息后，能够在线处理这些信息，形成制导指令，相比于只依赖自身数据进行制导，这种方式具有更高的制导精度，制导所依赖的数据在确定性、准确性和完整度方面也会有较大提升[84]。随着技术的进步，通过弹间通信，导弹之间还能够完成如协同编队、协同探测、多机协同作战等复杂的作战任务，具有广阔的研究前景和应用价值。

目前，根据制导模型不同，动态协同制导律可以分为基于推力控制制导模型的协同制导律和无推力制导模型的协同制导律。推力控制制导模型是指导弹能够产生沿速度方向的加速度，在这种模型下，制导在视线坐标系下解耦，通过设计沿视线方向的过载指令即可实现协同制导。二维情况下，文献[85]提出了一种带空间协同的时间协同制导律，根据相对运动方程推导了推力控制制导模型下的制导方程。在视线方向上，基于一致性理论设计了分布式协同制导律，降低了弹间通信的要求，该制导律并未估计剩余飞行时间，而是通过控制相对距离和相对速度的协同误差收敛到零，间接实现了时间协同；在视线法向上，将视线角与视线角速率作为协同量，推导出了空间协同的表达式。文献[32]基于两种剩余飞行时间的表达式，设计了分布式协同制导律，在视线方向上，使得剩余飞行时间大的加速、小的减速；在视线法向上，使得剩余飞行时间大的走捷径、小的绕弯路，从而达到时间协同效果。文献[86]考虑了有向通信拓扑关系，在视线方向推导证明了协同量能够在有限时间达到一致，从而实现协同打击。文献[87]在比例导引法的基础上，结合一致性理论，提出了一种新的分布式协同制导律，切向加速度上增加了由法向加速度驱动的补偿项，消除了在达到一致性前，前置角为零时的奇异问题；此外，文中还提出了两种改进的制导律，以提高系统对输入时延和拓扑切换故障的鲁棒性。文献[88]和[89]针对机动目标提出了具有角度约束的协同制导律。在视线方向，基于一致性理论和滑模控制方法，协同误差快速收敛到零；在视线法向，基于非奇异快速终端滑模控制设计了制导律，并引入了非线性扰动观测器对目标机动进行估计。文献[90]考虑了目标机动情况，提出了一种终端滑模协同制导律，通过采用双曲正切函数替换符号函数，有效减小了制导律的切换增益并削弱了抖振问题。文献[91]考虑了通信拓扑关系故障和切换的问题，基于固定时间快速非奇异终端滑模面设计了分布式协同制导律，并通过引入饱和函数避免了抖振问题。文献[92]在[91]的基础上，进一步引入了超螺旋滑模控制，解决了抖振的问题。文献[93]采用了领从式结构，实现了对机动目标带角度约束的协同打击。在视线方向，该制导律选用距离作为协同量，避免了对时间的估计，并提出了一种新的二阶非线性一致性协议设计了分布式协同制导律；在视线法向上，基于滑模控制实现了对视线角的约束。

在三维情况下，制导模型也是在视线三轴方向解耦，因此其研究思路与二维情况相似，主要是在沿视线方向设计协同制导律，沿视线法向方向设计角度约束制导律。文献[37]提出了一种具有角度约束的有限时间协同制导律。在视线方向，基于积分滑模和自适应超螺旋滑模控制，设计了协同制导律；在视线法向上，提出了一种新的自适应非奇异快速终端滑模控制律控制视线角。文献[94]设计思路也基本相同，仅在控制方法上存在差异。文献[42]针对机动目标，基于固定时间快速收敛的终端滑模控制方法，设计了带角度约束的制导律，并引入自适应律，解决了通信拓扑切换和时滞输入的问题。文献[95]采用了领从式拓扑结构，从弹不影响领弹，领弹单向传递信息给从弹，并引入了扩张状态观测器，实现了对机动目标的协同打击。对于推力控制制导模型，由于模型已经解耦，制导律设计思路相对简单，主流方法是在沿视线方向设计制导律实现协同，沿视线法向上设计制导律控制角度，主要区别在于所用控制方法及考虑的通信条件。但是，这类方法的主要缺陷也在于模型，对于一般导弹，沿速度方向的推力是难以控制的，控制力主要来自气动力，垂直于速度方向。因此，上述制导律虽然设计简单，能够实现时间协同、角度约束、打击机动目标等多种约束条件，但对于一般导弹难以将上述制导律运用在实际中，更多是用在大气层外依靠直接力控制的飞行器。针对这一问题，学者们也对无推力制导模型下的动态协同制导律展开了一系列研究。

无推力制导模型是指导弹仅能够产生垂直于速度方向的加速度，这一模型更符合实际的导弹模型，但是更加复杂，模型存在耦合，无法通过控制速度直接控制飞行时间，只能依靠控制导弹的飞行路径，间接实现协同攻击[96]。制导律设计过程中，若需要考虑目标机动，或者角度约束等情况，制导律设计将十分困难。二维情况下，文献[97]将时间作为误差反馈，把剩余飞行时间的跟踪误差作用于比例导引法中的比例项，实现了攻击时间的一致。文献[98]利用比例导引法下的剩余飞行时间及其导数的表达式，设计一种新的协同项，控制导弹的剩余飞行时间达到一致。但是，这一方法每一枚导弹均需要其他导弹的信息，属于集中式协同制导律，对通信的要求较高。文献[99]基于滑模控制方法提出了一种固定时间收敛的协同制导律，通过合理设计协同量，将导弹协同打击问题转换为在循环图上实现协同量一致的问题，即使在大初始前置角下也能够击中目标。该制导律仅需要相邻导弹的信息，是一种分布式协同制导律。文献[100]基于模型预测控制实现了对静止目标的协同打击，协同量由相对距离和相对速度表示，无须考虑剩余飞行时间，并解决了加速度上限和视场角约束的问题。文献[25]和[101]研究了领从式结构下的协同制导方法。文献[102]考虑了异构飞行器之间的协同制导问题，对于所提出的共识方案，即使在增益不相同的情况下，也能在有限时间实现协同。文献[103]基于次优有限时间状态相关黎卡提方程，针对集中式和分布式两种模型，在非线性框架下设计了两种协同制导律，能适用于初始前置角较大的情况。文献[104]直接将过载曲线进行参数化设计，通过闭环系统动力学分析求解剩余飞行时间，进而优化过载参数模型。文献[105]推导了在圆形制导律下剩余飞行时间的精确表达式，在此基础上设计了时间偏置项，控制导弹之间的时间误差收敛到零，从而实现协同打击，该方法避免了小角度假设和奇异问题，模型更加精确，并且解决了视场角约束问题。文献[106]研究了多拦截器在部分执行器有效性的情况下的同时到达问题。提出了一种容错协同制导，容错过程中不需要故障检测和识别，设计了一种自适应律来处理不确定性。文献[107]研究了在导弹通信不可控，通信拓扑关系处于随机切换且不可持续连接状态情况下的协同攻击问题，设计了一种完全分布式的协同制导协议。该协议可以对所有导弹进行增益不一致设计，只需要局部通信信息，多枚导弹在碰撞时间达到一致后通信断开，切换为比例导引法，从而实现协同制导。文献[108]考虑了目标移动的问题，在偏离角制导的框架下准确推导了目标匀速运动时的剩余飞行时间表达式，无须对模型进行近似和小角度假设，最后通过一致性理论控制导弹的剩余飞行时间达到一致，从而实现协同制导。文献[109]在[108]的基础上，进一步考虑了目标机动，之后基于滑模、观测器等方法，推导出了三种制导律形式。但是，在面对机动目标时，制导指令存在奇异问题。文献[110]基于自适应动态规划研究了目标机动问题，求解了微分对策问题。文献[111]针对机动目标采用了协同围捕的策略，通过覆盖的方法，使得在攻击区内，至少有一枚导弹能够击中目标。文献[112]利用强化学习方法，将攻击时间协同制导问题用数值优化的方式进行智能求解，通过离线大规模训练以及在线使用的方式，实现了多飞行器对目标的同时打击。上述制导律均是在二维模型中进行设计，模型相对简单，因此研究较多，研究对象也主要集中在打击静止目标，对于进一步考虑目标机动和角度约束的研究相对较少。

对于三维情况，模型更加复杂，目前的研究主要是针对静止目标。文献[113]考虑了通信时延，设计了三维协同制导律，制导律分为两个阶段，在第一阶段基于一致性理论，控制协同量收敛到一致，之后切换为比例导引法，控制导弹击中目标。文献[114]考虑了通信关系动态变化和有向通信拓扑的条件，设计了一种两阶段的制导策略，在第一阶段基于预定时间最优一致性方法设计了制导律，为下一阶段生成所需要的初始条件，达到一致的时间可以根据任务要求离线指定。在第二阶段切换为比例导引法，导引导弹击中目标。文献[115]设计了一种快速一致性算法，使得各导弹状态趋于一致的时间缩短，弹间需要通信的时间减少。文献[116]提出了两种不同的三维协同制导策略，所设计的制导律既可以在预先指定的撞击时间，也可以在交战过程中决定的撞击时间。控制以事件触发的方式执行，从而在保证制导策略闭环性能的同时减少资源利用负担。对于视场角约束，文献[117]基于逆最优控制，构造了非二次的视场角约束，从而获得了分布式协同制导律的解析表达式，保证视场角不超过上界，无须对剩余飞行时间进行估计。在第二阶段切换到比例导引法，实现协同打击。文献[4]利用带有范围约束的一致性理论，将前置角选为协同量，制导参数由前置角的上下限决定，满足了视场角约束。在协同量达成一致后，切换为比例导引法，实现了对静止目标的协同打击。文献[118]在偏置比例导引法的基础上设计了两个辅助函数，实现了各枚导弹在不同视场角约束下的协同制导，适用于不同类型导引头的协同场景。且该制导律无须切换，制导指令平滑。在三维制导律中，研究更多考虑导弹之间通信关系变化，或者视场角范围约束，对于目标机动和视线角约束的研究还相对匮乏。

综上所述，对于动态协同制导律，针对推力控制制导模型的协同制导律，其制导律设计简单，无论是机动目标还是角度约束，都有一定的研究基础，所需要解决的主要是快速一致性、滑模抖振、制导精度等问题。针对无推力制导模型的协同制导律，由于仅有垂直于速度方向的控制量，模型更加复杂，特别是在三维情况下，模型的耦合严重，制导律设计难度高，研究主要集中在实现协同和视场角约束，对于角度约束以及目标机动的研究均较少。由于仅有垂直于速度方向的控制量，传统制导方法难以实现满足多种约束条件的制导律，是亟待解决的问题。

1.4　本书主要内容

本书以多枚空空导弹在二维平面或三维空间中协同拦截高速大机动目标为研究背景，基于滑模控制方法、真比例导引法、代数图论、多智能体一致性理论、李雅普诺夫稳定性定理(Lyapunov stability theory)等，在无须获取目标具体运动形式的先验信息下，针对多弹时间协同制导律设计和考虑空间约束的制导律设计等问题开展研究。本书主要内容安排如下：

第 1 章从多角度综述协同制导律的研究背景与研究现状。首先，介绍了本书背景、意义及依据；其次，总结了经典制导律和现代制导律的发展概况以及各自的优缺点；再次，分别针对时间约束和空间约束下的协同制导律研究现状展开分析，同时提及了一类新兴的针对高速大机动目标的协同围捕制导方法；最后，给出了本书主要内容安排。

第 2 章主要介绍后续分析设计制导律所需要的相关理论知识。首先，介绍导弹飞行力学相关的理论，包括相关坐标系和欧拉角的定义、质心运动学及动力学方程，以及弹-目相对运动方程；其次，介绍所涉及的控制理论知识，主要包括滑模控制理论、李雅普诺夫稳定性定理、有限时间理论；最后，介绍了支撑多智能体一致性理论的基石——代数图论及二阶龙格-库塔数值算法。

第 3 章介绍时间约束下的多弹协同制导律。根据弹-目相对运动制导模型，基干零控脱靶量这一重要概念以及平面拦截模型详细推导二维 TPN 指令。在三维空间中沿视线法向同样使用 TPN 指令，推导多弹动态时间协同制导律，并通过数值仿真验证所设计制导律的性能。

第 4 章介绍考虑视线角约束或攻击角约束的多弹协同制导律。根据建立的速度大小不可控的制导模型，在三维制导模型下，设计齐射攻击和视线角约束的多弹协同制导律。在考虑系统带有不确定参数和有界干扰的三维制导模型下，沿视线方向基于二阶一致性算法设计能同时实现齐射攻击和视线角约束的多弹协同制导律。所设计的制导律均通过数值仿真验证其性能。

第 5 章介绍基于推力控制制导模型设计带角度约束的三维协同制导律，包含静态协同和动态协同两种制导律。在该模型下，控制指令在视线坐标系三轴方向解耦，在沿视线方向基于一致性理论和滑模控制方法分别设计静态协同和动态协同制导律；在沿视线法向，基于滑模控制实现角度控制。另外，引入脉冲式发动机，将连续推力离散化，实现在离散推力下的多弹协同制导。

第 6 章介绍基于一致性理论的三维动态协同制导律设计。针对静止目标带角度约束的动态协同制导律，基于二维下的偏置比例导引法，推导剩余飞行时间的表达式，在此基础上设计协同项，实现了协同打击。针对打击机动目标的动态协同制导律，由比例导引项和协同项组成，设计了干扰观测器对目标的机动大小进行估计，实现多弹协同制导。

第 2 章　相关理论知识

针对协同制导律设计问题，需要的主要理论基础包括导弹飞行力学、滑模控制理论、李雅普诺夫稳定性定理以及由其扩展而来的有限时间理论、代数图论等。本章将详略结合地介绍设计制导律所需的理论知识，为后续章节奠定必要的理论基础。

2.1　导弹飞行力学相关知识

为了精确分析和研究导弹飞行过程中发生的物理现象及行为特征，需要建立全面描述导弹运动状态的数学模型。由于本书的研究重点为制导律设计，着重关注导弹作为一个质点模型在加速度控制指令下的运动规律，即需建立表征导弹质心运动的运动学和动力学方程组，而无须考虑导弹的姿态运动以及操纵关系方程。2.1.1 小节、2.1.2 小节和 2.1.3 小节分别介绍建立导弹质心运动方程组所需的基本概念和知识；2.1.4 小节基于矢量绝对导数与相对导数的关系在弹道坐标系中建立导弹的质心动力学方程，通过坐标转换关系在地面坐标系中建立了导弹的质心运动学方程；2.1.5 小节给出导弹-目标相对运动状态变量的计算公式。2.2 节和 2.3 节介绍常用的基础理论知识。

2.1.1　相关坐标系的定义

1. 地面坐标系 $Axyz$ 和导弹质心惯性坐标系 $Ox_1y_1z_1$

地面坐标系 $Axyz$ 与地球固连，原点 A 取在水平面上，Ax 轴和 Az 轴取水平面上两个相互正交的方向，Ay 轴垂直于水平面，方向向上取正，且三轴指向满足右手定则。对于战术导弹的末制导而言，地面坐标系可直接被视作惯性坐标系，该坐标系用于作为确定导弹质心运动的位置基准。

注意，地面坐标系 $Axyz$ 与导弹质心惯性坐标系 $Ox_1y_1z_1$ 的三轴取向完全重合，区别仅在于原点的选择不同，前者的原点一般取为导弹质心在水平面上的投影点，后者的原点选取为导弹的质心。

2. 弹道坐标系 $Ox_2y_2z_2$

弹道坐标系 $Ox_2y_2z_2$ 的原点 O 取为导弹的质心，Ox_2 轴与导弹质心的速度矢量重合且指向一致，Oy_2 轴位于包含速度矢量的铅垂平面内且垂直于 Ox_2 轴，方向向上取正，Oz_2 轴垂直于 x_2Oy_2 平面，指向由右手定则确定。弹道坐标系的重要意义在于能为导弹质心运动动力学方程的建立带来方便，且便于后续分析导弹质心的运动与过载之间的关系。

3. 视线坐标系 $Ox_Ly_Lz_L$

视线坐标系 $Ox_Ly_Lz_L$ 的原点 O 取在导弹的质心，Ox_L 轴与弹-目连线重合，从导弹指向目标为正，Oy_L 轴位于包含速度矢量的铅垂平面内且垂直于 Ox_L 轴，方向向上取正，Oz_L 轴垂直于 x_LOy_L 平面，指向由右手定则确定。视线坐标系的引入为描述导弹-目标相对运动关系提供了方便，是后续解决时间约束和空间约束制导问题的有力工具。

2.1.2 相关角的定义

1. 弹道倾角和弹道偏角

弹道倾角 θ：导弹的速度矢量 V 与水平面 xAz 之间的夹角。速度矢量 V 指向水平面上方时 θ 取正，反之取负。

弹道偏角 ψ：导弹的速度矢量 V 在水平面 xAz 上的投影 Ox' 与 Ax 轴之间的夹角。沿 Ay 轴向下看，当 Ax 轴逆时针方向转到投影 Ox' 上时 ψ 取正，反之取负。

2. 视线倾角和视线偏角

视线倾角 q_ε：目标相对导弹的位置矢量 r（从导弹质心指向目标质心）与水平面 xAz 之间的夹角。位置矢量 r 指向水平面上方时 q_ε 取正，反之取负。

视线偏角 q_β：目标相对导弹的位置矢量 r 在水平面 xAz 上的投影 Ox'' 与 Ax 轴之间的夹角。沿 Ay 轴向下看，当 Ax 轴逆时针方向转到投影 Ox'' 上时 q_β 取正，反之取负。

2.1.3 坐标系之间的转换

从导弹质心惯性坐标系变换至弹道坐标系，首先，需要将导弹质心惯性坐标系 $Ox_Iy_Iz_I$ 绕 Oy_I 轴旋转弹道偏角 ψ，旋转矢量的方向与 Oy_I 轴正向一致，得到过渡坐标系 $Ox'y_Iz_2$；其次，将过渡坐标系 $Ox'y_Iz_2$ 绕 Oz_2 轴旋转弹道倾角 θ，旋转矢量的方向与 Oz_2 轴正向一致，得到弹道坐标系 $Ox_2y_2z_2$，如图 2-1 所示。

从导弹质心惯性坐标系 $Ox_Iy_Iz_I$ 至弹道坐标系 $Ox_2y_2z_2$ 的转换关系为

$$
\begin{bmatrix} x_2 \\ y_2 \\ z_2 \end{bmatrix} = L_z(\theta) L_y(\psi) \begin{bmatrix} x_I \\ y_I \\ z_I \end{bmatrix} = \begin{bmatrix} \cos\theta & \sin\theta & 0 \\ -\sin\theta & \cos\theta & 0 \\ 0 & 0 & 1 \end{bmatrix} \begin{bmatrix} \cos\psi & 0 & -\sin\psi \\ 0 & 1 & 0 \\ \sin\psi & 0 & \cos\psi \end{bmatrix} \begin{bmatrix} x_I \\ y_I \\ z_I \end{bmatrix}
$$

$$
= \begin{bmatrix} \cos\theta\cos\psi & \sin\theta & -\cos\theta\sin\psi \\ -\sin\theta\cos\psi & \cos\theta & \sin\theta\sin\psi \\ \sin\psi & 0 & \cos\psi \end{bmatrix} \begin{bmatrix} x_I \\ y_I \\ z_I \end{bmatrix} \tag{2-1}
$$

从导弹质心惯性坐标系变换至视线坐标系，首先，需要将导弹质心惯性坐标系 $Ox_Iy_Iz_I$ 绕 Oy_I 轴旋转视线偏角 q_β，旋转矢量的方向与 Oy_I 轴正向一致，得到过渡坐标系 $Ox''y_Iz_L$；其次，将过渡坐标系 $Ox''y_Iz_L$ 绕 Oz_L 轴旋转视线倾角 q_ε，旋转矢量的方向与 Oz_2 轴正向一致，得到视线坐标系 $Ox_Ly_Lz_L$，如图 2-2 所示。

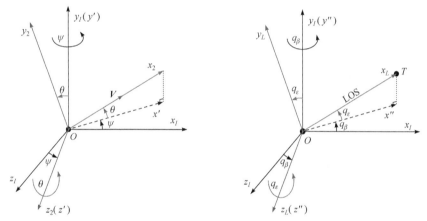

图 2-1　弹道坐标系与导弹质心惯性坐标系　　图 2-2　视线坐标系与质心惯性坐标系之间
　　　　之间的转换关系　　　　　　　　　　　　　的转换关系

从导弹质心惯性坐标系 $Ox_Iy_Iz_I$ 至视线坐标系 $Ox_Ly_Lz_L$ 的转换关系为

$$
\begin{bmatrix} x_L \\ y_L \\ z_L \end{bmatrix} = L_z(q_\varepsilon) L_y(q_\beta) \begin{bmatrix} x_I \\ y_I \\ z_I \end{bmatrix} = \begin{bmatrix} \cos q_\varepsilon & \sin q_\varepsilon & 0 \\ -\sin q_\varepsilon & \cos q_\varepsilon & 0 \\ 0 & 0 & 1 \end{bmatrix} \begin{bmatrix} \cos q_\beta & 0 & -\sin q_\beta \\ 0 & 1 & 0 \\ \sin q_\beta & 0 & \cos q_\beta \end{bmatrix} \begin{bmatrix} x_I \\ y_I \\ z_I \end{bmatrix}
$$

$$
= \begin{bmatrix} \cos q_\varepsilon \cos q_\beta & \sin q_\varepsilon & -\cos q_\varepsilon \sin q_\beta \\ -\sin q_\varepsilon \cos q_\beta & \cos q_\varepsilon & \sin q_\varepsilon \sin q_\beta \\ \sin q_\beta & 0 & \cos q_\beta \end{bmatrix} \begin{bmatrix} x_I \\ y_I \\ z_I \end{bmatrix} \tag{2-2}
$$

2.1.4　质心运动学及动力学方程

1. 质心运动学方程

2.1.1 小节中指出，地面坐标系 $Axyz$ 用于作为确定导弹质心运动的位置基

准，在该坐标系下建立导弹质心运动学方程最为方便。在地面坐标系中导弹速度的三轴分量为

$$\boldsymbol{V} = \begin{bmatrix} V_x \\ V_y \\ V_z \end{bmatrix} = \begin{bmatrix} \mathrm{d}x/\mathrm{d}t \\ \mathrm{d}y/\mathrm{d}t \\ \mathrm{d}z/\mathrm{d}t \end{bmatrix} \tag{2-3}$$

导弹的速度矢量 $\boldsymbol{V}$ 在弹道坐标系中可直接表示为 $\boldsymbol{V} = \begin{bmatrix} V & 0 & 0 \end{bmatrix}^{\mathrm{T}}$，转换至地面坐标系为

$$\begin{bmatrix} V_x \\ V_y \\ V_z \end{bmatrix} = \left[L_z(\theta) L_y(\psi) \right]^{\mathrm{T}} \begin{bmatrix} V \\ 0 \\ 0 \end{bmatrix} = \begin{bmatrix} \cos\theta\cos\psi & -\sin\theta\cos\psi & \sin\psi \\ \sin\theta & \cos\theta & 0 \\ -\cos\theta\sin\psi & \sin\theta\sin\psi & \cos\psi \end{bmatrix} \begin{bmatrix} V \\ 0 \\ 0 \end{bmatrix} = \begin{bmatrix} V\cos\theta\cos\psi \\ V\sin\theta \\ -V\cos\theta\sin\psi \end{bmatrix}$$

$$\tag{2-4}$$

比较式(2-3)和式(2-4)，令二者等号最右端对应相等，得地面坐标系中的导弹质心运动学方程为

$$\begin{bmatrix} \dfrac{\mathrm{d}x}{\mathrm{d}t} \\ \dfrac{\mathrm{d}y}{\mathrm{d}t} \\ \dfrac{\mathrm{d}z}{\mathrm{d}t} \end{bmatrix} = \begin{bmatrix} V\cos\theta\cos\psi \\ V\sin\theta \\ -V\cos\theta\sin\psi \end{bmatrix} \tag{2-5}$$

式(2-5)包含 3 个时变一阶非线性微分方程，6 个随时间变化的状态量，需要同后续的质心动力学方程组联立方能封闭求解。

2. 质心动力学方程

工程实践表明，在弹道坐标系 $Ox_2y_2z_2$ 中建立导弹质心运动的动力学方程最为方便，质心动力学方程的理论基础是牛顿第二定律：

$$m\frac{\mathrm{d}\boldsymbol{V}}{\mathrm{d}t} = m\boldsymbol{a} = \sum \boldsymbol{F} \tag{2-6}$$

式中，m 为导弹质量；$\boldsymbol{a}$ 为加速度；$\boldsymbol{F}$ 为合外力；$\boldsymbol{V}$ 为飞行速度。注意，式(2-6)仅在惯性坐标系中成立。若在非惯性系 $Ox_2y_2z_2$ 中建立质心动力学方程，需要利用矢量绝对导数与相对导数之间的关系，即

$$\frac{\mathrm{d}\boldsymbol{V}}{\mathrm{d}t} = \frac{\partial \boldsymbol{V}}{\partial t} + \boldsymbol{\varOmega} \times \boldsymbol{V} \tag{2-7}$$

式中，$\mathrm{d}\boldsymbol{V}/\mathrm{d}t$ 为速度矢量 $\boldsymbol{V}$ 在惯性坐标系中的绝对导数；$\partial \boldsymbol{V}/\partial t$ 为速度矢量 $\boldsymbol{V}$ 在

弹道坐标系(非惯性系)中的相对导数；$\boldsymbol{\Omega}$ 为弹道坐标系相对于惯性坐标系的转动角速度。将式(2-7)代入式(2-6)，得

$$m\left(\frac{\partial \boldsymbol{V}}{\partial t}+\boldsymbol{\Omega}\times\boldsymbol{V}\right)=m\boldsymbol{a}=\sum\boldsymbol{F} \tag{2-8}$$

将式(2-8)中的各个矢量在弹道坐标系 $Ox_2y_2z_2$ 中的投影依次表示为

$$\frac{\partial \boldsymbol{V}}{\partial t}=\begin{bmatrix}\dfrac{\mathrm{d}V_{x2}}{\mathrm{d}t}&\dfrac{\mathrm{d}V_{y2}}{\mathrm{d}t}&\dfrac{\mathrm{d}V_{z2}}{\mathrm{d}t}\end{bmatrix}^{\mathrm{T}}=\begin{bmatrix}\dot{V}&0&0\end{bmatrix}^{\mathrm{T}} \tag{2-9}$$

$$\boldsymbol{\Omega}=\begin{bmatrix}\Omega_{x2}\\\Omega_{y2}\\\Omega_{z2}\end{bmatrix}=L_z(\theta)\begin{bmatrix}0\\\dot{\psi}\\0\end{bmatrix}+\begin{bmatrix}0\\0\\\dot{\theta}\end{bmatrix}=\begin{bmatrix}\dot{\psi}\sin\theta\\\dot{\psi}\cos\theta\\\dot{\theta}\end{bmatrix} \tag{2-10}$$

$$\boldsymbol{V}=\begin{bmatrix}V_{x2}&V_{y2}&V_{z2}\end{bmatrix}^{\mathrm{T}}=\begin{bmatrix}V&0&0\end{bmatrix}^{\mathrm{T}} \tag{2-11}$$

$$\boldsymbol{a}=\begin{bmatrix}a_{x2}&a_{y2}&a_{z2}\end{bmatrix}^{\mathrm{T}} \tag{2-12}$$

$$\sum\boldsymbol{F}=\begin{bmatrix}F_{x2}&F_{y2}&F_{z2}\end{bmatrix}^{\mathrm{T}} \tag{2-13}$$

将式(2-9)～式(2-13)代入式(2-8)，得弹道坐标系中的导弹质心动力学方程为

$$\begin{bmatrix}m\dot{V}\\mV\dot{\theta}\\-mV\cos\theta\dot{\psi}\end{bmatrix}=\begin{bmatrix}ma_{x2}\\ma_{y2}\\ma_{z2}\end{bmatrix}=\begin{bmatrix}F_{x2}\\F_{y2}\\F_{z2}\end{bmatrix} \tag{2-14}$$

取式(2-14)左边第一个等式，消去质量 m ，等式两端分别同除一阶微分项的系数，得到弹道坐标系中以加速度形式描述的导弹质心动力学方程：

$$\begin{bmatrix}\dot{V}\\\dot{\theta}\\\dot{\psi}\end{bmatrix}=\begin{bmatrix}a_{x2}\\\dfrac{a_{y2}}{V}\\-\dfrac{a_{z2}}{V\cos\theta}\end{bmatrix} \tag{2-15}$$

需要注意，$\boldsymbol{a}=\begin{bmatrix}a_{x2}&a_{y2}&a_{z2}\end{bmatrix}^{\mathrm{T}}$，是需要设计的加速度指令，在制导律设计完成后属于已知量，故式(2-15)包含 3 个时变一阶非线性微分方程，同时只含有 3 个随时间变化的状态量，在已知加速度控制指令的前提下可单独封闭求解。于是，运动学方程式(2-5)和动力学方程式(2-15)两组微分方程联立后也可封闭求解，可方便地由已知加速度指令，通过数值积分的方法计算导弹任意时刻在惯性

坐标系中的位置(x,y,z)、速度大小V、弹道倾角θ和弹道偏角ψ。

导弹质心运动的运动学方程和动力学方程相结合，能够简明清晰地用于更新导弹的位置坐标，进而绘制出弹道轨迹。为了便于后续使用，将两组方程合并整理为一组导弹质心运动方程：

$$\begin{cases} \dot{V} = a_{x2} \\ \dot{\theta} = \dfrac{a_{y2}}{V} \\ \dot{\psi} = -\dfrac{a_{z2}}{V\cos\theta} \\ \dot{x} = V\cos\theta\cos\psi \\ \dot{y} = V\sin\theta \\ \dot{z} = -V\cos\theta\sin\psi \end{cases} \tag{2-16}$$

特别指出，本书不严格辨析过载矢量$\boldsymbol{n}$与加速度矢量$\boldsymbol{a}$的定义，g为重力加速度，简单认为两者满足如式(2-17)所示的比例关系：

$$\boldsymbol{n} = \frac{\boldsymbol{a}}{g} \tag{2-17}$$

或写为三轴分量形式：

$$\begin{bmatrix} n_x \\ n_y \\ n_z \end{bmatrix} = \frac{1}{g}\begin{bmatrix} a_x \\ a_y \\ a_z \end{bmatrix} \tag{2-18}$$

后文所述的"加速度指令(m/s^2)""过载指令(g)""导弹加速度(m/s^2)"均指同一个物理量。

2.1.5　弹−目相对运动变量的计算

2.1.1 小节中指出，视线坐标系的引入为描述导弹−目标相对运动关系提供了方便，这是因为相对运动关系可由沿视线方向的相对距离大小r及其导数$\dot{r}$，表征弹−目相对方位的视线倾角q_ε、视线偏角q_β及二者的导数$\dot{q}_\varepsilon$、$\dot{q}_\beta$所共同描述。这 6 个变量可依次由目标相对于导弹的相对位置矢量在惯性坐标系中的三轴分量$\boldsymbol{r} = \begin{bmatrix} x_r & y_r & z_r \end{bmatrix}^{\mathrm{T}}$及其导数在惯性坐标系中的三轴分量$\dot{\boldsymbol{r}} = \begin{bmatrix} \dot{x}_r & \dot{y}_r & \dot{z}_r \end{bmatrix}^{\mathrm{T}}$表示为

$$r = \sqrt{x_r^2 + y_r^2 + z_r^2} \tag{2-19}$$

$$\dot{r} = \frac{x_r\dot{x}_r + y_r\dot{y}_r + z_r\dot{z}_r}{\sqrt{x_r^2 + y_r^2 + z_r^2}} \tag{2-20}$$

$$q_\varepsilon = \arctan\left(\frac{y_r}{\sqrt{x_r^2 + z_r^2}}\right) \tag{2-21}$$

$$q_\beta = \arctan\left(\frac{-z_r}{x_r}\right) \tag{2-22}$$

$$\dot{q}_\varepsilon = \frac{\left(x_r^2 + z_r^2\right)\dot{y}_r - y_r\left(x_r\dot{x}_r + z_r\dot{z}_r\right)}{\left(x_r^2 + y_r^2 + z_r^2\right)\sqrt{x_r^2 + z_r^2}} \tag{2-23}$$

$$\dot{q}_\beta = \frac{z_r\dot{x}_r - x_r\dot{z}_r}{x_r^2 + z_r^2} \tag{2-24}$$

其中，r 与 $\dot{r}$ 的三轴分量在惯性坐标系中表示如下：

$$\boldsymbol{r} = \begin{bmatrix} x_r \\ y_r \\ z_r \end{bmatrix} = \begin{bmatrix} x_T - x_M \\ y_T - y_M \\ z_T - z_M \end{bmatrix} = \begin{bmatrix} x_{TM} \\ y_{TM} \\ z_{TM} \end{bmatrix}, \quad \dot{\boldsymbol{r}} = \begin{bmatrix} \dot{x}_r \\ \dot{y}_r \\ \dot{z}_r \end{bmatrix} = \begin{bmatrix} \dot{x}_T - \dot{x}_M \\ \dot{y}_T - \dot{y}_M \\ \dot{z}_T - \dot{z}_M \end{bmatrix} = \begin{bmatrix} \dot{x}_{TM} \\ \dot{y}_{TM} \\ \dot{z}_{TM} \end{bmatrix} = \begin{bmatrix} V_{Tx} - V_{Mx} \\ V_{Ty} - V_{My} \\ V_{Tz} - V_{Mz} \end{bmatrix} = \begin{bmatrix} V_{TMx} \\ V_{TMy} \\ V_{TMz} \end{bmatrix}$$

2.2　控制理论相关知识

2.2.1　滑模控制理论

1. 滑模变结构控制的定义

一般地，设有一非线性控制系统：

$$\dot{\boldsymbol{x}} = \boldsymbol{f}\left(\boldsymbol{x}, \boldsymbol{u}, t\right), \quad \boldsymbol{x} \in \mathbf{R}^n, \boldsymbol{u} \in \mathbf{R}^m, t \in \mathbf{R} \tag{2-25}$$

需确定滑动模态函数，简称滑模函数：

$$\boldsymbol{s}\left(\boldsymbol{x}\right), \quad \boldsymbol{s}\left(\boldsymbol{x}\right) \in \mathbf{R}^m \tag{2-26}$$

针对各状态分量求解控制函数：

$$\boldsymbol{u} = \begin{cases} \boldsymbol{u}^+\left(\boldsymbol{x}\right), & \boldsymbol{s}\left(\boldsymbol{x}\right) \geqslant 0 \\ \boldsymbol{u}^-\left(\boldsymbol{x}\right), & \boldsymbol{s}\left(\boldsymbol{x}\right) < 0 \end{cases} \tag{2-27}$$

其中，$\boldsymbol{u}^+\left(\boldsymbol{x}\right) \neq \boldsymbol{u}^-\left(\boldsymbol{x}\right)$，使得：

(1) 滑动模态存在，即式(2-27)成立；

(2) 满足可达性条件，即在滑模面 $\boldsymbol{s}\left(\boldsymbol{x}\right) = 0$ 以外的运动点都将于有限时间内到达滑模面；

(3) 保证滑模运动的稳定性；

(4) 达到控制系统的动态品质要求。

(1)~(3)是滑模变结构控制的三个基本问题，将满足该三个条件的控制称为滑模变结构控制。(4)由后文所述的滑模趋近律加以改善。

2. 滑模趋近律

滑模运动包含趋近运动和滑模运动两个过程。前者指系统从任意初始状态趋向并到达滑模面的过程，即 $s \to 0$ 的过程。根据滑模变结构原理，滑模可达性条件仅保证由状态空间任意位置运动点在有限时间内到达切换面的要求，而对于趋近运动的具体轨迹未作任何限制，采用趋近律的方法能够改善趋近运动的动态品质。以一维情形为例，常见的几种趋近律列举如下。

(1) 等速趋近律：

$$\dot{s} = -\varepsilon \cdot \mathrm{sign}(s), \quad \varepsilon > 0 \tag{2-28}$$

(2) 指数趋近律：

$$\dot{s} = -\varepsilon \cdot \mathrm{sign}(s) - k \cdot s, \quad \varepsilon > 0, k > 0 \tag{2-29}$$

(3) 幂次趋近律：

$$\dot{s} = -k \cdot |s|^{\alpha} \cdot \mathrm{sign}(s) = -k \cdot \mathrm{sig}^{\alpha}(s), \quad k > 0, \alpha > 0 \tag{2-30}$$

(4) 快速幂次趋近律：

$$\dot{s} = -k_1 s - k_2 \mathrm{sig}^{\alpha}(s), \quad k_1 > 0, k_2 > 0, \alpha > 1 \tag{2-31}$$

(5) 双幂次趋近律：

$$\dot{s} = -k_1 \mathrm{sig}^{\alpha}(s) - k_2 \mathrm{sig}^{\beta}(s), \quad k_1 > 0, k_2 > 0, 0 < \alpha < 1, \beta > 1 \tag{2-32}$$

2.2.2 李雅普诺夫稳定性定理

考虑由下述状态方程描述的动态系统：

$$\dot{\boldsymbol{x}} = \boldsymbol{f}(\boldsymbol{x}, t), \quad t \geq t_0 \tag{2-33}$$

式中，$\boldsymbol{x} = [x_1 \ x_2 \ \cdots \ x_n]^{\mathrm{T}}$，$\boldsymbol{f}(\boldsymbol{x}, t) = \begin{bmatrix} f_1(\boldsymbol{x}, t) & f_2(\boldsymbol{x}, t) & \cdots & f_n(\boldsymbol{x}, t) \end{bmatrix}^{\mathrm{T}}$，当 $\boldsymbol{f}(\boldsymbol{x}, t)$ 满足利普希茨(Lipschitz)条件时，即

$$\|\boldsymbol{f}(\boldsymbol{x}, t) - \boldsymbol{f}(\boldsymbol{y}, t)\| \leq K \|\boldsymbol{x} - \boldsymbol{y}\| \tag{2-34}$$

且 $\forall t \in [t_0, +\infty)$ 有

$$\|\boldsymbol{f}(\boldsymbol{x}, t)\| \leq M \tag{2-35}$$

式中，K、M 均为有限正常数。由式(2-33)式所描述的动态系统，从任意初始状态出发的解 $x(t;x_0,t_0)$ 唯一且连续地依赖于初始状态 $x(t_0)=x_0$。

李雅普诺夫直接法(第二法)稳定性思想的核心在于引入能量观点，即通过构造系统式(2-33)的广义能量函数，揭示系统能量的变化趋势来阐述和判断系统的稳定性。能量以不同形式普遍存在于世间万物之中，这使得李雅普诺夫稳定性定理具有广阔的应用面，适用于解决线性、非线性、时变、定常、连续、离散等各类系统的稳定性问题。

设系统状态方程为 $\dot{x}=f(x,t)$，不失一般性地将原点作为平衡状态；在原点的邻域内存在关于向量 x 的一个具有一阶连续偏导数的正定标量函数 $V(x,t)$。下面给出李雅普诺夫直接法稳定性定理所描述的系统稳定的充分条件：

(1) 若 $V(x,t)$ 正定，$\dot{V}(x,t)$ 负定，则系统关于原点是渐近稳定的。

(2) 若 $V(x,t)$ 正定，$\dot{V}(x,t)$ 负半定；$\dot{V}(x,t)$ 在非零状态不恒为零，根据拉萨尔(LaSalle)不变性原理，系统关于原点也是渐近稳定的。

(3) 若 $V(x,t)$ 正定，$\dot{V}(x,t)$ 负半定；$\dot{V}(x,t)$ 在非零状态恒为零，则系统关于原点是李雅普诺夫意义下稳定的。

(4) 若 $V(x,t)$ 正定，$\dot{V}(x,t)$ 正定，则系统关于原点是不稳定的。

2.2.3 有限时间理论

李雅普诺夫稳定性定理具有严格的数学定义和鲜明的物理含义。随着齐次理论的发展以及工程实际对系统快速性的需求，提出了有限时间稳定性和固定时间稳定性的概念，进一步拓展了李雅普诺夫稳定性定理。本小节未利用有限时间理论严格分析证明所设计制导律的有限时间收敛特性，均以定义的形式给出所设计制导律的理论依据，详细数学推导过程见相应的参考文献，下面给出有限时间稳定的定义。

定义 2-1 考虑如下非线性系统：

$$\dot{x}=f(x,t),\quad f(0,t)=0,\quad x\in \mathbf{R}^n \tag{2-36}$$

式中，$x\in \mathbf{U}\subseteq \mathbf{R}^n$；$f:\mathbf{U}\to \mathbf{R}^n$，为从定义域 $\mathbf{U}$ 映射到 $\mathbf{R}^n$ 空间上的连续函数。若对于定义域内的任意初始状态 $x(t_0)=x_0\in \mathbf{U}\subseteq \mathbf{U}_0$（$\mathbf{U}_0$ 为原点 $x=0$ 的一个开邻域），存在有限时间 $T\geqslant 0$，使得式(2-37)成立：

$$\lim_{t\to T(x_0)}x(t;x_0,t_0)=0$$
$$\forall t>T(x_0),x(t;x_0,t_0)=0 \tag{2-37}$$

则称系统的状态在有限时间内收敛至原点 $x=0$。若系统关于原点 $x=0$ 又是李雅普诺夫意义下稳定的，并且在有限时间内收敛至包含原点的一个邻域内，则称系统关于原点 $x = 0$ 是有限时间稳定的。特别地，当 $\mathbf{U} = \mathbf{R}^n$ 时，称系统关于原点 $x = 0$ 是全局有限时间稳定的。

2.3　图论理论与数值方法介绍

2.3.1　图论理论

对于一个多智能体系统，其相互间的通信拓扑关系由 $G(A) = (v, \xi, A)$ 描述，其中，v 表示由图中各个节点组成的集合；ξ 表示一组边的集合——每条边代表其所连接的一对节点之间的通信连接；与通信图相关联的矩阵 $A = \left[a_{ij} \right] \in \mathbf{R}^{n \times n}$，代表权系数矩阵，若导弹 i 和导弹 j 之间能够进行信息交换，则有 $a_{ij} = 1$，否则 $a_{ij} = 0$。特别地，假设通信拓扑中不存在自环，则对于所有节点均有 $a_{ii} = 0(i = 1, 2, \cdots, n)$，即权系数矩阵中的对角元素均为零。

如果 $G(A)$ 是无向图，则权系数矩阵 A 为实对称矩阵。进一步地，若其中任意两个节点之间都存在至少一条通路，则该无向图是连通的。如果 $G(A)$ 是有向图，则至少存在一对节点使得 $a_{ij} \neq a_{ji}$。进一步地，若其中任意两个节点之间至少存在一条有向通路，则该有向图是强连通的。

2.3.2　二阶龙格-库塔方法

通常情况下涉及的微分方程没有闭合解，故借助于数值积分的方法来求解这些微分方程。本书将在涉及的所有数值仿真中，均使用二阶龙格-库塔方法(Runge-Kutta method)来求解微分方程。给定一阶微分方程：

$$\dot{x} = f(x, t) \tag{2-38}$$

式中，t 为时间变量。求解该微分方程的目的是寻找一个满足式(2-38)，且以 t 作为自变量的函数 $x(t)$。数值积分方法则是通过找到 $x(t)$ 在各积分区间端点处的迭代关系，结合初值 $x(t_0)$，从而以一定的精度求解积分区间端点处的函数值 $x(t_0 + i \cdot h), i = 0, 1, 2, \cdots, n$。二阶龙格-库塔方法的迭代关系式：

$$x((i+1) \cdot h) = x(i \cdot h) + \frac{h}{2} \Big[f(x, i \cdot h) + f\big(x, (i+1) \cdot h\big) \Big] \tag{2-39}$$

式中，h 为积分步长，需足够小以使保证计算精度，本书在数值仿真计算中默认取 $h = 0.001\text{s}$。

2.4　本 章 小 结

本章介绍了导弹飞行力学相关的理论，包括相关坐标系和相关角的定义、质心运动学及动力学方程、弹-目相对运动方程；介绍了所涉及的控制理论相关知识，主要有滑模控制理论、李雅普诺夫稳定性定理、有限时间理论；在此基础上，介绍了图论理论与数值方法，即二阶龙格-库塔方法。

第3章 时间约束下的多弹协同制导律

3.1 引 言

时间约束下的多弹协同制导律通过有目的性地控制各枚导弹的飞行时间,以实现多弹齐射攻击;基于时间序列将评估任务穿插于打击任务之中,用小数目的导弹最大化协同打击效果,实现序贯打击。齐射是 ITCG 最典型、最广泛的应用之一,本章将基于比例导引法,围绕齐射攻击的战术目标展开设计时间约束下的多弹协同制导律。

3.1 节为问题描述,提出齐射攻击策略的示意图和制导律设计的期望目标;3.2 节在视线坐标系中分别建立平面和空间中的制导模型,用于描述弹-目相对运动关系;3.3 节基于零控脱靶量的概念分别推导二维真比例导引和三维真比例导引的加速度指令;3.4 节在二维平面中设计静态时间协同制导律,在三维空间中设计了动态时间协同制导律,均能实现对目标的齐射攻击。

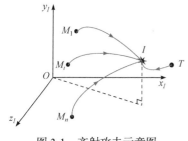

图 3-1 齐射攻击示意图

考虑图 3-1 所示的齐射攻击,$M_i(i=1,2,\cdots,n)$ 为 n 枚初始条件不同的战术导弹,用于协同拦截目标 T。齐射攻击的目的是使所有导弹在同一时刻 t_F 于 I 点碰撞拦截目标。静态时间协同制导需要事先人为设定一个多弹共同的碰撞时间 t_d,单独控制各枚导弹的飞行时间趋向于 t_d;动态时间协同制导通过弹间信息交互,整体协调多弹剩余飞行时间趋向于一致。

3.2 视线坐标系下的弹-目相对运动制导模型

视线坐标系下的导弹制导模型实质上是描述导弹-目标相对运动关系的一组二阶非线性微分方程,默认导弹视线方向和视线法向上的加速度均可精确控制,暂且假设沿视线方向、视线法向的弹-目相对加速度在制导律设计完成后均为已知量。在二维平面模型中包含两个微分方程,表征视线(line of sight,LOS)方向上的弹-目相对距离大小 r 和视线与水平线正向的夹角——视线角 q 两个变量之间的相互约束关系；在三维空间模型中包含三个微分方程，表征视线方向上的弹-目相对距离大小 r 、视线倾角 q_ε 和视线偏角 q_β 三个变量之间的相互约束关系。

3.2.1　二维平面相对运动制导模型

二维平面制导模型实质上是由三维空间制导模型退化而来，虽然仍在三维空间中推导，但仅考虑 xOy 平面内的运动。如图 3-2 所示，z 轴垂直于纸面向外，根据几何关系，视线坐标系 $Ox_Ly_Lz_L$ 与惯性坐标系 $Ox_Iy_Iz_I$ 之间的转换关系仅由视线角 q 表示：

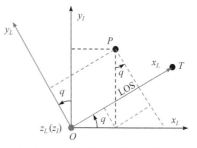

图 3-2　二维平面中视线坐标系
与惯性坐标系之间的转换关系

$$\begin{bmatrix} x_L \\ y_L \\ z_L \end{bmatrix} = L_z(q) \begin{bmatrix} x_I \\ y_I \\ z_I \end{bmatrix} = \begin{bmatrix} \cos q & \sin q & 0 \\ -\sin q & \cos q & 0 \\ 0 & 0 & 1 \end{bmatrix} \begin{bmatrix} x_I \\ y_I \\ z_I \end{bmatrix} \tag{3-1}$$

由矢量绝对导数与相对导数之间的关系，即有

$$V_r = \frac{\mathrm{d}\boldsymbol{r}}{\mathrm{d}t} = \frac{\partial \boldsymbol{r}}{\partial t} + \boldsymbol{\Omega} \times \boldsymbol{r} \tag{3-2}$$

式中，$V_r = V_T - V_M$，为目标相对于导弹的相对速度矢量；$\mathrm{d}\boldsymbol{r}/\mathrm{d}t$ 为目标相对于导弹的相对位置矢量 $\boldsymbol{r}$ 在惯性坐标系中的绝对导数；$\partial \boldsymbol{r}/\partial t$ 为矢量 $\boldsymbol{r}$ 在视线坐标系中的相对导数；$\boldsymbol{\Omega}$ 为视线坐标系相对于惯性坐标系的转动角速度。将式(3-2)中第一项和第三项的各个矢量在视线坐标系 $Ox_Ly_Lz_L$ 中的投影依次表示如下：

$$V_r = \begin{bmatrix} V_{rxL} & V_{ryL} & V_{rzL} \end{bmatrix}^{\mathrm{T}} \tag{3-3}$$

$$\frac{\partial \boldsymbol{r}}{\partial t} = \begin{bmatrix} \dfrac{\mathrm{d}x_{rL}}{\mathrm{d}t} & \dfrac{\mathrm{d}y_{rL}}{\mathrm{d}t} & \dfrac{\mathrm{d}z_{rL}}{\mathrm{d}t} \end{bmatrix}^{\mathrm{T}} = [\dot{r} \quad 0 \quad 0]^{\mathrm{T}} \tag{3-4}$$

$$\boldsymbol{\Omega} = [0 \quad 0 \quad \dot{q}]^{\mathrm{T}} \tag{3-5}$$

$$\boldsymbol{r} = [x_{rL} \quad y_{rL} \quad z_{rL}]^{\mathrm{T}} = [r \quad 0 \quad 0]^{\mathrm{T}} \tag{3-6}$$

将式(3-3)～式(3-6)代入式(3-2)，得

$$V_r = \begin{bmatrix} V_{TxL} - V_{MxL} \\ V_{TyL} - V_{MyL} \\ V_{TzL} - V_{MzL} \end{bmatrix} = \begin{bmatrix} V_{rxL} \\ V_{ryL} \\ V_{rzL} \end{bmatrix} = \begin{bmatrix} \dot{r} \\ r\dot{q} \\ 0 \end{bmatrix} \tag{3-7}$$

式中，下标 T 表示目标状态量；下标 M 表示导弹状态量；下标 r 表示目标相对

于导弹的状态量；下标 x、y、z 分别表示沿所选取坐标系的三轴分量；下标 L 表示视线坐标系中的状态量。

类似地，对式(3-2)继续求导：

$$\boldsymbol{a_r} = \frac{\mathrm{d}\boldsymbol{V_r}}{\mathrm{d}t} = \frac{\partial \boldsymbol{V_r}}{\partial t} + \boldsymbol{\Omega} \times \boldsymbol{V_r} \tag{3-8}$$

式中，$\boldsymbol{a_r} = \boldsymbol{a_T} - \boldsymbol{a_M}$，为目标相对于导弹的相对加速度矢量；$\mathrm{d}\boldsymbol{V_r}/\mathrm{d}t$ 为目标相对于导弹的相对速度矢量 $\boldsymbol{V_r}$ 在惯性坐标系中的绝对导数；$\partial \boldsymbol{V_r}/\partial t$ 为矢量 $\boldsymbol{V_r}$ 在视线坐标系中的相对导数；$\boldsymbol{\Omega}$ 为视线坐标系相对于惯性坐标系的转动角速度。将式(3-8)中第一项和第三项的各个矢量在视线坐标系 $Ox_L y_L z_L$ 中的投影依次表示如下：

$$\boldsymbol{a_r} = \begin{bmatrix} a_{rxL} & a_{ryL} & a_{rzL} \end{bmatrix}^T \tag{3-9}$$

$$\frac{\partial \boldsymbol{V_r}}{\partial t} = \begin{bmatrix} \dfrac{\mathrm{d}V_{rxL}}{\mathrm{d}t} & \dfrac{\mathrm{d}V_{ryL}}{\mathrm{d}t} & \dfrac{\mathrm{d}V_{rzL}}{\mathrm{d}t} \end{bmatrix}^T = \begin{bmatrix} \ddot{r} & \dot{r}\dot{q} + r\ddot{q} & 0 \end{bmatrix}^T \tag{3-10}$$

$$\boldsymbol{\Omega} = \begin{bmatrix} 0 & 0 & \dot{q} \end{bmatrix}^T \tag{3-11}$$

$$\boldsymbol{V_r} = \begin{bmatrix} V_{rxL} & V_{ryL} & V_{rzL} \end{bmatrix}^T = \begin{bmatrix} \dot{r} & r\dot{q} & 0 \end{bmatrix}^T \tag{3-12}$$

将式(3-9)～式(3-12)代入式(3-8)，得

$$\boldsymbol{a_r} = \begin{bmatrix} a_{TxL} - a_{MxL} \\ a_{TyL} - a_{MyL} \\ a_{TzL} - a_{MzL} \end{bmatrix} = \begin{bmatrix} a_{rxL} \\ a_{ryL} \\ a_{rzL} \end{bmatrix} = \begin{bmatrix} \ddot{r} - r\dot{q}^2 \\ 2\dot{r}\dot{q} + r\ddot{q} \\ 0 \end{bmatrix} \tag{3-13}$$

取式(3-13)中的前两个分量，最终得到二维平面中视线坐标系下的弹-目相对运动制导模型为

$$\begin{cases} a_{TxL} - a_{MxL} = \ddot{r} - r\dot{q}^2 \\ a_{TyL} - a_{MyL} = 2\dot{r}\dot{q} + r\ddot{q} \end{cases} \tag{3-14}$$

3.2.2 三维空间相对运动制导模型

同 3.2.1 小节中的求解思路完全一致，空间中视线坐标系 $Ox_L y_L z_L$ 与惯性坐标系 $Ox_I y_I z_I$ 之间的转换关系如图 3-3 所示，转换公式为

$$\begin{bmatrix} x_L \\ y_L \\ z_L \end{bmatrix} = \begin{bmatrix} \cos q_\varepsilon \cos q_\beta & \sin q_\varepsilon & -\cos q_\varepsilon \sin q_\beta \\ -\sin q_\varepsilon \cos q_\beta & \cos q_\varepsilon & \sin q_\varepsilon \sin q_\beta \\ \sin q_\beta & 0 & \cos q_\beta \end{bmatrix} \begin{bmatrix} x_I \\ y_I \\ z_I \end{bmatrix} \tag{3-15}$$

由矢量绝对导数与相对导数之间的关系，即有

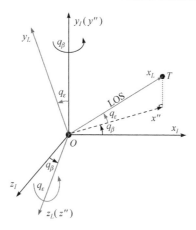

图 3-3　三维空间中视线坐标系与惯性坐标系之间的转换关系

$$V_r = \frac{\mathrm{d}r}{\mathrm{d}t} = \frac{\partial r}{\partial t} + \boldsymbol{\Omega} \times r \qquad (3\text{-}16)$$

$$a_r = \frac{\mathrm{d}V_r}{\mathrm{d}t} = \frac{\partial V_r}{\partial t} + \boldsymbol{\Omega} \times V_r \qquad (3\text{-}17)$$

式中，各个矢量的含义与 3.2.1 小节中完全相同。式(3-16)中的各矢量在视线坐标系 $Ox_L y_L z_L$ 中的投影依次表示如下：

$$V_r = \begin{bmatrix} V_{rxL} & V_{ryL} & V_{rzL} \end{bmatrix}^{\mathrm{T}} \qquad (3\text{-}18)$$

$$\frac{\partial r}{\partial t} = \begin{bmatrix} \dfrac{\mathrm{d}x_{rL}}{\mathrm{d}t} & \dfrac{\mathrm{d}y_{rL}}{\mathrm{d}t} & \dfrac{\mathrm{d}z_{rL}}{\mathrm{d}t} \end{bmatrix}^{\mathrm{T}} = [\dot{r} \quad 0 \quad 0]^{\mathrm{T}} \qquad (3\text{-}19)$$

$$\boldsymbol{\Omega} = L_z(q_\varepsilon) \begin{bmatrix} 0 \\ \dot{q}_\beta \\ 0 \end{bmatrix} + \begin{bmatrix} 0 \\ 0 \\ \dot{q}_\varepsilon \end{bmatrix} = \begin{bmatrix} \cos q_\varepsilon & \sin q_\varepsilon & 0 \\ -\sin q_\varepsilon & \cos q_\varepsilon & 0 \\ 0 & 0 & 1 \end{bmatrix} \begin{bmatrix} 0 \\ \dot{q}_\beta \\ 0 \end{bmatrix} + \begin{bmatrix} 0 \\ 0 \\ \dot{q}_\varepsilon \end{bmatrix} = \begin{bmatrix} \dot{q}_\beta \sin q_\varepsilon \\ \dot{q}_\beta \cos q_\varepsilon \\ \dot{q}_\varepsilon \end{bmatrix} \quad (3\text{-}20)$$

$$r = [x_{rL} \quad y_{rL} \quad z_{rL}]^{\mathrm{T}} = [r \quad 0 \quad 0]^{\mathrm{T}} \qquad (3\text{-}21)$$

将式(3-18)～式(3-21)代入式(3-16)，得

$$V_r = \begin{bmatrix} V_{TxL} - V_{MxL} \\ V_{TyL} - V_{MyL} \\ V_{TzL} - V_{MzL} \end{bmatrix} = \begin{bmatrix} V_{rxL} \\ V_{ryL} \\ V_{rzL} \end{bmatrix} = \begin{bmatrix} \dot{r} \\ r\dot{q}_\varepsilon \\ -r\dot{q}_\beta \cos q_\varepsilon \end{bmatrix} \qquad (3\text{-}22)$$

式(3-17)中的其余各矢量在视线坐标系 $Ox_L y_L z_L$ 中的投影依次表示如下：

$$a_r = \begin{bmatrix} a_{rxL} & a_{ryL} & a_{rzL} \end{bmatrix}^{\mathrm{T}} \qquad (3\text{-}23)$$

$$\frac{\partial V_r}{\partial t} = \begin{bmatrix} dV_{rxL}/dt \\ dV_{ryL}/dt \\ dV_{rzL}/dt \end{bmatrix} = \begin{bmatrix} \ddot{r} \\ \dot{r}\dot{q}_\varepsilon + r\ddot{q}_\varepsilon \\ -\dot{r}\dot{q}_\beta \cos q_\varepsilon - r\ddot{q}_\beta \cos q_\varepsilon + r\dot{q}_\varepsilon \dot{q}_\beta \sin q_\varepsilon \end{bmatrix} \tag{3-24}$$

将式(3-20)、式(3-22)、式(3-23)和式(3-24)代入式(3-17)，得

$$\boldsymbol{a}_r = \begin{bmatrix} a_{TxL} - a_{MxL} \\ a_{TyL} - a_{MyL} \\ a_{TzL} - a_{MzL} \end{bmatrix} = \begin{bmatrix} a_{rxL} \\ a_{ryL} \\ a_{rzL} \end{bmatrix} = \begin{bmatrix} \ddot{r} - r\dot{q}_\varepsilon^2 - r\dot{q}_\beta^2 \cos^2 q_\varepsilon \\ 2\dot{r}\dot{q}_\varepsilon + r\ddot{q}_\varepsilon + r\dot{q}_\beta^2 \sin q_\varepsilon \cos q_\varepsilon \\ -r\ddot{q}_\beta \cos q_\varepsilon - 2\dot{r}\dot{q}_\beta \cos q_\varepsilon + 2r\dot{q}_\varepsilon \dot{q}_\beta \sin q_\varepsilon \end{bmatrix} \tag{3-25}$$

式(3-25)即为三维空间中视线坐标系下的弹-目相对运动制导模型。

3.3 基于零控脱靶量的真比例导引法

真比例导引法(true proportional navigation，TPN)理论上是通过给导弹施加一个垂直于当前时刻视线方向的加速度指令，以达到零化视线角速率的目的进而实现沿碰撞三角零控脱靶量拦截目标。

零控脱靶量[119](zero effort miss，ZEM)的重要意义在于能够实时预测拦截偏差，而制导律设计的最终目标是实现零控脱靶量拦截，故有终端 ZEM 趋于零；此外，零控脱靶量将弹-目相对运动量同导弹剩余飞行时间相联系，由于借用零控脱靶量推导而来的真比例导引指令引入了剩余飞行时间，极大方便了 ITCG 的设计。

3.3.1 零控脱靶量

零控(预测)脱靶量定义如下：自当前时刻 t 开始至飞行碰撞时刻 t_F，$t_{go} = t_F - t$，这段时间内，假设导弹和目标均保持 t 时刻的运动状态，即匀速直线运动而不做任何机动，在飞行终止时刻 t_F 目标相对于导弹的脱靶量。

根据该定义，将 ZEM 以时变矢量的形式给出，表征 t_F 时刻沿各个坐标轴的零控脱靶量分量。在二维平面惯性坐标系中表示如下：

$$\mathbf{ZEM}(t) = \begin{bmatrix} \mathrm{ZEM}_x(t) \\ \mathrm{ZEM}_y(t) \end{bmatrix} \triangleq \begin{bmatrix} x_T - x_M + (V_{Tx} - V_{Mx})t_{go} \\ y_T - y_M + (V_{Ty} - V_{My})t_{go} \end{bmatrix} = \begin{bmatrix} x_{TM} + V_{TMx}t_{go} \\ y_{TM} + V_{TMy}t_{go} \end{bmatrix} = \begin{bmatrix} x_r(t) + V_{rx}(t)t_{go} \\ y_r(t) + V_{ry}(t)t_{go} \end{bmatrix}$$

$$\tag{3-26}$$

在三维空间惯性坐标系中表示如下：

$$\mathbf{ZEM}(t) = \begin{bmatrix} \mathrm{ZEM}_x(t) \\ \mathrm{ZEM}_y(t) \\ \mathrm{ZEM}_z(t) \end{bmatrix} \triangleq \begin{bmatrix} x_T - x_M + (V_{Tx} - V_{Mx})t_{go} \\ y_T - y_M + (V_{Ty} - V_{My})t_{go} \\ z_T - z_M + (V_{Tz} - V_{Mz})t_{go} \end{bmatrix} = \begin{bmatrix} x_{TM} + V_{TMx}t_{go} \\ y_{TM} + V_{TMy}t_{go} \\ z_{TM} + V_{TMz}t_{go} \end{bmatrix} = \begin{bmatrix} x_r(t) + V_{rx}(t)t_{go} \\ y_r(t) + V_{ry}(t)t_{go} \\ z_r(t) + V_{rz}(t)t_{go} \end{bmatrix}$$

$$\tag{3-27}$$

式中，t_{go} 为剩余飞行时间。

ZEM 是对最终脱靶量的一种简单线性预测，由于实际场景中导弹和目标均存在机动，在末制导初期 ZEM 会有很大误差。对于零控脱靶量拦截制导律，随着弹-目相对距离及剩余飞行时间的减小，ZEM 的预测精度将随之提高，直至在碰撞时刻 t_F 与实际脱靶量均趋向于零。对于零控脱靶量拦截，在碰撞时刻 t_F 有 $\mathbf{ZEM}=\mathbf{0}$。下面将以定理的形式详细说明这一点。

定理 3-1　实现零控脱靶量拦截的必要条件是 $\lim\limits_{t\to t_F}\mathbf{ZEM}=\mathbf{0}$。

证明： 如果进一步考虑导弹和目标的机动，假设两者的机动加速度均为已知时变函数，分别记为 $\boldsymbol{a}_M=\begin{bmatrix}a_{Mx}&a_{My}&a_{Mz}\end{bmatrix}^T$ 和 $\boldsymbol{a}_T=\begin{bmatrix}a_{Tx}&a_{Ty}&a_{Tz}\end{bmatrix}^T$，则预测脱靶量可解析表示为沿惯性坐标系三轴的三个连续函数：

$$\mathbf{MISS}_{predict}(t)=\begin{bmatrix}\mathrm{MISS}_{predictx}(t)\\\mathrm{MISS}_{predicty}(t)\\\mathrm{MISS}_{predictz}(t)\end{bmatrix}\triangleq\begin{bmatrix}x_r(t)+\int_t^{t_F}\left(V_{rx}(t)+\int_t^{t_F}a_{rx}(t)\mathrm{d}t\right)\mathrm{d}t\\y_r(t)+\int_t^{t_F}\left(V_{ry}(t)+\int_t^{t_F}a_{ry}(t)\mathrm{d}t\right)\mathrm{d}t\\z_r(t)+\int_t^{t_F}\left(V_{rz}(t)+\int_t^{t_F}a_{rz}(t)\mathrm{d}t\right)\mathrm{d}t\end{bmatrix}\tag{3-28}$$

若所使用的制导律能实现零控脱靶量拦截，则当弹-目相对距离 $r=\sqrt{x_r^2+y_r^2+z_r^2}\to0$ 时，同时有 $x_r\to0,y_r\to0,z_r\to0,t\to t_F$，剩余飞行时间 $t_{go}\to0$，即有

$$\lim_{\substack{r\to0\\t\to t_F\\t_{go}\to0}}\mathbf{MISS}_{predict}(t)=\lim_{\substack{r\to0\\t\to t_F\\t_{go}\to0}}\begin{bmatrix}\mathrm{MISS}_{predictx}(t)\\\mathrm{MISS}_{predicty}(t)\\\mathrm{MISS}_{predictz}(t)\end{bmatrix}=\begin{bmatrix}x_r(t_F)\\y_r(t_F)\\z_r(t_F)\end{bmatrix}=\mathbf{0}\tag{3-29}$$

对于零控脱靶量而言，也有

$$\lim_{\substack{r\to0\\t\to t_F\\t_{go}\to0}}\mathbf{ZEM}(t)=\lim_{\substack{r\to0\\t\to t_F\\t_{go}\to0}}\begin{bmatrix}\mathrm{ZEM}_x(t)\\\mathrm{ZEM}_y(t)\\\mathrm{ZEM}_z(t)\end{bmatrix}=\lim_{\substack{r\to0\\t\to t_F\\t_{go}\to0}}\begin{bmatrix}x_r+V_{rx}t_{go}\\y_r+V_{ry}t_{go}\\z_r+V_{rz}t_{go}\end{bmatrix}=\begin{bmatrix}x_r(t_F)\\y_r(t_F)\\z_r(t_F)\end{bmatrix}=\mathbf{0}\tag{3-30}$$

由式(3-29)和式(3-30)可知，对于能实现零控脱靶量拦截的制导律而言，在碰撞时刻 t_F 有

$$\lim_{\substack{r\to0\\t\to t_F\\t_{go}\to0}}\mathbf{ZEM}(t)=\lim_{\substack{r\to0\\t\to t_F\\t_{go}\to0}}\mathbf{MISS}_{predict}(t)=\mathbf{MISS}(t_F)=\mathbf{0}\tag{3-31}$$

这意味着即使导弹与目标进行任意形式的机动运动，ZEM 在 t_F 时刻依然能

与实际脱靶量同时趋向于零。

综上所述，虽然零控脱靶量是对实际脱靶量的一种简单线性预测，但能适用于任意形式的导弹、目标运动。ZEM 的优势在于具有简易的表达形式和清晰的物理概念，能够很方便地用于后续制导律设计。

3.3.2　剩余飞行时间

第 1 章提到剩余飞行时间估计是 ITCG 问题的核心和难点，事实上该状态量无法由弹上传感器直接测量获得，需要通过其他状态量估算或求解间接得到。剩余飞行时间的估计精度直接影响到 ITCG 的时间控制精度和多弹齐射攻击的时间一致性精度。

文献[17]～[20]均围绕剩余飞行时间的精确估计这一问题展开研究。针对比例导引律在末段时刻能零化视线角速率的性质，即末段弹道平直，接近于直线拦截，故选取式(3-32)作为剩余飞行时间估计值在末段制导中具有相当高的精度：

$$\hat{t}_{\mathrm{go}} = \frac{R_{TM}}{V_c} = \frac{r}{|\dot{r}|} \tag{3-32}$$

式中，上标"^"表示该变量为估计值；$R_{TM}=r$，为弹-目相对距离；$|\dot{r}|=V_c>0$，为视线方向的弹-目接近速率大小；$\dot{r}=-V_c<0$，为弹-目相对距离变化率。

3.3.3　二维真比例导引

1. 二维平面拦截模型

二维平面拦截几何模型如图 3-4 所示。其中，xOy 为惯性坐标系，导弹速度大小为 V_M，TPN 加速度指令为 n_c，垂直于视线方向；目标速度大小为 V_T，以法向加速度 n_T 做机动；LOS 与水平参考线夹角为视线角 q，目标速度 V_T 的方向与水平参考线夹角为 β；L 为理论速度前置角，其物理含义为当目标不做机动，导弹以该速度前置角 L 匀速直线飞行时，恰好能与目标在拦截点 I 相遇。此时导

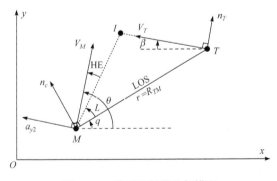

图 3-4　二维平面拦截几何模型

弹、目标的轨迹 *MI* 、 *TI* 与视线 *MT* 围成的三角形称为理想碰撞三角 *MIT* ； HE 为初始航向误差角(heading error)，表示导弹初始速度矢量偏离理想碰撞三角 *MIT* 的角度；导弹速度 V_M 的方向与 LOS 夹角为 $L+\text{HE}$ ；导弹速度 V_M 的方向与水平参考线夹角为平面中的弹道倾角 $\theta - \text{HE} + L + q$ 。上述角度的符号均按图示箭头方向取正，反之取负。

非线性平面拦截模型中关键变量的解析表达式如下：

$$\dot{\beta} = \frac{n_T}{V_T} \tag{3-33}$$

$$r = \sqrt{x_r^2 + y_r^2} \tag{3-34}$$

$$\dot{r} = \frac{x_r \dot{x}_r + y_r \dot{y}_r}{\sqrt{x_r^2 + y_r^2}} = \frac{x_r \dot{x}_r + y_r \dot{y}_r}{r} \tag{3-35}$$

$$q = \arctan \frac{y_T - y_M}{x_T - x_M} = \arctan \frac{y_{TM}}{x_{TM}} = \arctan \frac{y_r}{x_r} \tag{3-36}$$

$$\dot{q} = \frac{1}{1+\left(y_r/x_r\right)^2} \cdot \frac{\dot{y}_r x_r - y_r \dot{x}_r}{x_r^2} = \frac{\dot{y}_r x_r - y_r \dot{x}_r}{x_r^2 + y_r^2} = \frac{\dot{y}_r x_r - y_r \dot{x}_r}{r^2} \tag{3-37}$$

在理想碰撞三角中使用正弦定理求解导弹理论速度前置角 L ：

$$\frac{\left\|\overline{IT}\right\|}{\sin L} = \frac{\left\|\overline{MI}\right\|}{\sin\left(\beta+q\right)} \Leftrightarrow \frac{V_T t_{\text{go}}}{\sin L} = \frac{V_M t_{\text{go}}}{\sin\left(\beta+q\right)} \tag{3-38}$$

约去 t_{go} ，得

$$\frac{V_T}{\sin L} = \frac{V_M}{\sin\left(\beta+q\right)} \tag{3-39}$$

$$L = \arcsin\left(\frac{V_T \sin\left(\beta+q\right)}{V_M}\right) \tag{3-40}$$

当前时刻的脱靶量(弹-目相对距离)为

$$\mathbf{MISS}(t) = \boldsymbol{r}(t) = \begin{bmatrix} \text{MISS}_x(t) \\ \text{MISS}_y(t) \end{bmatrix} \triangleq \begin{bmatrix} x_{TM} \\ y_{TM} \end{bmatrix} = \begin{bmatrix} x_r \\ y_r \end{bmatrix} \tag{3-41}$$

$$\left\|\mathbf{MISS}(t)\right\| = \text{MISS}(t) = r = \sqrt{x_r^2 + y_r^2} \tag{3-42}$$

比例导引法定义：导弹飞行过程中速度矢量的转动角速度与 LOS 的转动角速度成比例，其导引关系式为

$$\dot{\theta} = N'\dot{q} \tag{3-43}$$

式中，N' 为比例系数。另外，制导关系满足：

$$\dot{\theta} = \frac{a_{y2}}{V} \tag{3-44}$$

联立式(3-43)和式(3-44)得比例导引法在垂直于速度方向(沿弹道坐标系 Oy_2 轴)的纯比例导引(pure proportional navigation，PPN)加速度指令为

$$a_{y2} = N'V\dot{q} \tag{3-45}$$

为了便于后续理论分析，以弹-目接近速率大小 $|\dot{r}|$ ($\dot{r} < 0, |\dot{r}| = -\dot{r}$)替换导弹飞行速度大小 V，同时用有效导航比 N 替换比例系数 N' 以实现对 a_{y2} 的补偿，显然有 $N'V = N|\dot{r}|$，则式(3-45)可进一步写为

$$a_{y2} = N|\dot{r}|\dot{q} \tag{3-46}$$

注意到，PPN 指令式(3-46)的方向垂直于导弹速度方向。由于比例导引能够零化视线角速率 $\dot{q}$，随着末制导的进行垂直于视线方向的弹-目相对速度分量趋于零，即导弹和目标几乎完全沿着理想碰撞三角运动。实际中的拦截场景大多近似于迎击拦截或尾追拦截，此时理想碰撞三角的 MI 和 IT 两条边近似与视线重合，故垂直于速度方向的 PPN 指令与垂直于视线方向的 TPN 指令方向趋于相同，以同样的形式给出 TPN 加速度控制指令 n_c：

$$n_c = N|\dot{r}|\dot{q} \tag{3-47}$$

式中，弹-目接近速率 $|\dot{r}|$ 可由多普勒雷达直接测算得到；视线变化率 $\dot{q}$ 由导引头直接测算得到；根据实际工程经验，有效导航比 N 取值范围通常为 $3 \leqslant N \leqslant 5$。

比例导引指令易于测算、便于实施，是战术导弹中应用最为广泛的一类经典制导律。

2. 线性化的平面拦截模型

线性化的平面拦截几何模型见图 3-5。由于进一步作出了更多假设而牺牲了一定的分析精度，该模型具有极为简单的表达形式，便于进一步分析理解 TPN 的性质。

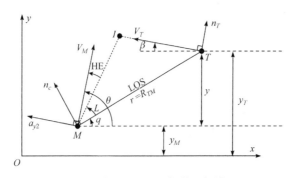

图 3-5　线性化的平面拦截几何模型

比例导引的最终目的是零化视线角速率 $\dot{q}$，因为一旦 $\dot{q}$ 能收敛至零，则一定可以实现零控脱靶量拦截，所以垂直于视线方向的弹-目相对运动状态量更值得关注。定义 Oy 方向上的弹-目相对距离 $y = y_T - y_M = y_{TM} = y_r$。为了便于分析，不妨作出以下假设。

假设 3-1(小角度假设) 在末制导阶段，导弹近似于水平迎击拦截或尾追拦截目标，且视线方向与水平参考线夹角较小，即有视线角 q、理论速度前置角 L、目标弹道倾角 β 均为小角度。

假设 3-2(等速率接近假设) 在末制导阶段，垂直于视线方向的弹-目相对速度逐渐趋于零(零化视线角速率)，而导弹加速度控制指令 n_c 及目标加速度指令 n_T 均接近垂直于视线，不改变沿视线方向的速度大小，故沿视线方向的弹-目接近速率 $|\dot{r}|$ 可视为常数。

根据以上假设，有

$$\ddot{y} = n_T \cos\beta - n_c \cos q = n_T - n_c \tag{3-48}$$

$$q = \sin q = \frac{y}{r} \tag{3-49}$$

迎击拦截的弹-目接近速率为

$$|\dot{r}| = V_M + V_T = \text{const}_1 \tag{3-50}$$

尾追拦截的弹-目接近速率为

$$|\dot{r}| = V_M - V_T = \text{const}_2 \tag{3-51}$$

$$r = |\dot{r}| t_{\text{go}} \tag{3-52}$$

对式(3-49)求导：

$$\dot{q} = \frac{\dot{y}r - y\dot{r}}{r^2} = \frac{\dot{y}|\dot{r}|t_{\text{go}} + y|\dot{r}|}{\left(|\dot{r}|t_{\text{go}}\right)^2} = \frac{\dot{y}t_{\text{go}} + y}{|\dot{r}|t_{\text{go}}^2} \tag{3-53}$$

在线性化模型中，定义当前时刻的脱靶量为 Oy 方向上的弹-目相对位置偏差：

$$\text{MISS}(t) \triangleq y_T - y_M = y_{TM} = y(t) \tag{3-54}$$

3. TPN 的能量最优性能

通过真比例导引的定义，并结合过载与运动的关系推导了真比例导引的加速度指令，此外基于线性化拦截模型，从能量最优控制的角度同样可以得到 TPN 加速度指令。

假设 3-3(目标零法向机动假设) 暂且忽略目标在末制导段沿视线法向的机动加速度，即有 $n_T = 0$。

定理 3-2(控制指令函数可积的充分条件) 将 TPN 加速度指令 n_c 也记为控制指令 u_c。若 TPN 指令 $u_c(t)$ 在整个末制导过程 $t \in [0, t_F]$ 中连续或有且仅有有限个第一类间断点，则 $u_c(t)$ 可积，即定积分 $\int_0^{t_F} u_c(t)\mathrm{d}t$ 存在。

需要指出，实际中的控制指令 $u_c(t)$ 一定可积，指令函数 $u_c(t)$ 最常见的第一类间断点为跳跃间断点，通常出现在多阶段制导按一定逻辑切换制导律的时刻。

能量最优性能指标通常以加速度平方的积分表示如下：

$$J = \int_0^{t_F} u_c^2(t)\mathrm{d}t \tag{3-55}$$

对于导弹和目标分别有

$$\ddot{y}_M = n_c \triangleq u_c \tag{3-56}$$

$$\ddot{y}_T = 0 \tag{3-57}$$

$$\ddot{y} = \ddot{y}_T - \ddot{y}_M = -u_c \tag{3-58}$$

从 t 时刻算起到 t_F 这段时间内，式(3-58)的两个初始条件为

$$y(0) = y_0, \quad \dot{y}(0) = \dot{y}_0 \tag{3-59}$$

终端条件为零控脱靶量拦截，即

$$y(t_F) = 0 \tag{3-60}$$

求解能量最优控制指令 u_c 的问题转化为求解在式(3-56)～式(3-60)的约束下，使得能量最优性能指标式(3-55)取得极小值的控制指令 u_c，该问题实质上是一个两点边值问题。可知 $u_c(t)$ 可积，对式(3-58)在区间 $[0,t]$ 上定积分得

$$\dot{y}(t) = \dot{y}_0 - \int_0^t u_c(t)\mathrm{d}t \tag{3-61}$$

注意到变上限积分函数 $\int_0^t u_c(t)\mathrm{d}t$ 可导，故连续且可积。构造如下变上限积分函数：

$$f(t) = \int_0^t (t-\xi)u_c(\xi)\mathrm{d}\xi \tag{3-62}$$

求导得

$$\begin{aligned}
\frac{\mathrm{d}}{\mathrm{d}t}\big(f(t)\big) &= \frac{\mathrm{d}}{\mathrm{d}t}\int_0^t (t-\xi)u_c(\xi)\mathrm{d}\xi \\
&= \frac{\mathrm{d}}{\mathrm{d}t}\left(t\int_0^t u_c(\xi)\mathrm{d}\xi\right) - \frac{\mathrm{d}}{\mathrm{d}t}\left(\int_0^t \xi u_c(\xi)\mathrm{d}\xi\right) \\
&= \int_0^t u_c(\xi)\mathrm{d}\xi
\end{aligned} \tag{3-63}$$

将式(3-63)代入式(3-61)得

$$\dot{y}(t) = \dot{y}_0 - \frac{\mathrm{d}}{\mathrm{d}t}\big(f(t)\big) \tag{3-64}$$

对式(3-64)在区间$[0,t]$上再定积分，即可得到$y(t)$的解析解为

$$y(t) = y_0 + \dot{y}_0 t - \int_0^t (t-\xi) u_c(\xi) \mathrm{d}\xi \tag{3-65}$$

能量最优问题需要考虑区间$[0,t_F]$上的整个飞行过程，令式(3-65)中$t = t_F$，结合终端条件式(3-60)得

$$y(t_F) = y_0 + \dot{y}_0 t_F - \int_0^{t_F} (t_F-\xi) u_c(\xi) \mathrm{d}\xi = 0 \tag{3-66}$$

即

$$y_0 + \dot{y}_0 t_F = \int_0^{t_F} (t_F-\xi) u_c(\xi) \mathrm{d}\xi \tag{3-67}$$

由柯西-施瓦茨不等式(Cauchy-Schwarz inequality)的积分形式可知，式(3-67)等号右端满足如下关系：

$$\left[\int_0^{t_F} (t_F-\xi) u_c(\xi) \mathrm{d}\xi\right]^2 \leqslant \int_0^{t_F} (t_F-\xi)^2 \mathrm{d}\xi \cdot \int_0^{t_F} u_c^2(\xi) \mathrm{d}\xi \tag{3-68}$$

结合能量最优性能指标，则有

$$J = \int_0^{t_F} u_c^2(\xi) \mathrm{d}\xi \geqslant \frac{\left[\int_0^{t_F} (t_F-\xi) u_c(\xi) \mathrm{d}\xi\right]^2}{\int_0^{t_F} (t_F-\xi)^2 \mathrm{d}\xi} \tag{3-69}$$

当且仅当

$$u_c(\xi) = K(t_F-\xi) \Leftrightarrow u_c(t) = K(t_F-t) \tag{3-70}$$

时式(3-69)取等。此时有

$$J = \int_0^{t_F} K^2 (t_F-\xi)^2 \mathrm{d}\xi = \frac{K^2 t_F^3}{3} \tag{3-71}$$

将式(3-71)代入式(3-67)得

$$K = \frac{3(y_0 + \dot{y}_0 t_F)}{t_F^3} \tag{3-72}$$

将式(3-72)代入式(3-71)，得到能量最优性能指标J的极小值为

$$J = \int_0^{t_F} u_c^2(t) \mathrm{d}t = \frac{K^2 t_F^3}{3} = \frac{3(y_0 + \dot{y}_0 t_F)^2}{t_F^3} \tag{3-73}$$

将式(3-72)代入式(3-70)，得加速度控制指令为

$$u_c(t) = \frac{3(y_0 + \dot{y}_0 t_F)}{t_F^3}(t_F - t) = \frac{3(y_0 + \dot{y}_0 t_F)}{t_F^3} t_{go} \tag{3-74}$$

至此，已经完成了对能量最优控制问题的求解，式(3-74)即为使得能量最优性能指标 J 取极小值的控制指令。

假设 3-4(控制指令生成方式) 控制指令的计算周期为 Δt，实际在计算控制指令时，总认为当前时刻为 $t = 0$，故总有 $t_{go} = t_F$，所求出的控制指令 $u_c(0)$ 适用于一个很小的时间段 $t \in [0, \Delta t] (\Delta t \to 0)$，下个制导周期再重新计算新的控制指令。

后续推导均基于假设 3-4，则有

$$u_c(t) = u_c(0) = \frac{3(y_0 + \dot{y}_0 t_F)}{t_F^2} = \frac{3(y_0 + \dot{y}_0 t_{go})}{t_{go}^2} \tag{3-75}$$

分式上下同乘 $|\dot{r}|$：

$$u_c(t) = u_c(0) = \frac{3|\dot{r}|(y_0 + \dot{y}_0 t_{go})}{|\dot{r}| t_{go}^2} \tag{3-76}$$

式(3-53)已经给出了线性化拦截模型中视线角速率 $\dot{q}$ 的计算公式，重申如下：

$$\dot{q}(t) = \dot{q}(0) = \frac{y_0 + \dot{y}_0 t_{go}}{|\dot{r}| t_{go}^2} \tag{3-77}$$

将式(3-77)代入式(3-76)有

$$u_c(t) = u_c(0) = N|\dot{r}|\dot{q}(t) \quad (N = 3) \tag{3-78}$$

即

$$u_c = N|\dot{r}|\dot{q} \quad (N = 3) \tag{3-79}$$

至此，论证了在假设 3-3 的条件下，制导系统按照假设 3-4 的方式生成控制指令时，能量最优控制指令即为式(3-79)，即有效导航比 $N = 3$ 时的 TPN 指令。

4. 基于零控脱靶量的 TPN 控制指令

3.3.1 小节指出零控脱靶量是对最终脱靶量的一种简单线性预测。对于 TPN 而言，将重点关注垂直于视线方向的 ZEM 分量，这是因为一旦视线法向上的 ZEM 分量收敛至零并保持为零，导弹必定能沿着视线方向直接碰撞拦截目标。

如前所述，二维平面中的零控脱靶量矢量在惯性坐标系中记为

$$\mathbf{ZEM} = \begin{bmatrix} \text{ZEM}_x \\ \text{ZEM}_y \end{bmatrix} = \begin{bmatrix} x_{TM} + V_{TMx} t_{go} \\ y_{TM} + V_{TMy} t_{go} \end{bmatrix} = \begin{bmatrix} x_r + V_{rx} t_{go} \\ y_r + V_{ry} t_{go} \end{bmatrix} \tag{3-80}$$

将沿 LOS 方向的零控脱靶量分量记为 $\mathrm{ZEM}_{\mathrm{parLOS}}$，垂直于视线方向的零控脱靶量分量记为 $\mathrm{ZEM}_{\mathrm{perLOS}}$，则由图 3-6 所示的几何关系，有

$$\mathrm{ZEM}_{\mathrm{parLOS}} = \mathrm{ZEM}_x \cos q + \mathrm{ZEM}_y \sin q \tag{3-81}$$

$$\mathrm{ZEM}_{\mathrm{perLOS}} = -\mathrm{ZEM}_x \sin q + \mathrm{ZEM}_y \cos q \tag{3-82}$$

$$\begin{cases} \sin q = \dfrac{y_T - y_M}{r} = \dfrac{y_{TM}}{r} = \dfrac{y_r}{r} \\[3mm] \cos q = \dfrac{x_T - x_M}{r} = \dfrac{x_{TM}}{r} = \dfrac{x_r}{r} \end{cases} \tag{3-83}$$

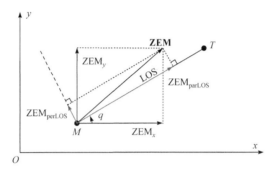

图 3-6　平面中的 **ZEM** 矢量分解

将式(3-80)和式(3-83)代入式(3-82)，化简得

$$\mathrm{ZEM}_{\mathrm{perLOS}} = \frac{\left(V_{ry} x_r - V_{rx} y_r\right) t_{\mathrm{go}}}{r} = \frac{\left(\dot{y}_r x_r - \dot{x}_r y_r\right) t_{\mathrm{go}}}{r} \tag{3-84}$$

视线角和视线角速率重申如下：

$$q = \arctan \frac{y_r}{x_r} \tag{3-85}$$

$$\dot{q} = \frac{\dot{y}_r x_r - y_r \dot{x}_r}{r^2} \tag{3-86}$$

根据 3.3.2 小节所述，有如下关系式近似成立：

$$|\dot{r}| = \frac{r}{t_{\mathrm{go}}} \tag{3-87}$$

联立式(3-84)、式(3-86)和式(3-87)，得到以零控脱靶量形式描述的、垂直于视线方向的 TPN 加速度指令为

$$n_c = N|\dot{r}|\dot{q} = N \frac{r}{t_{\mathrm{go}}} \frac{\dot{y}_r x_r - y_r \dot{x}_r}{r^2} = N \frac{1}{t_{\mathrm{go}}^2} \frac{\left(\dot{y}_r x_r - y_r \dot{x}_r\right) t_{\mathrm{go}}}{r} = \frac{N \cdot \mathrm{ZEM}_{\mathrm{perLOS}}}{t_{\mathrm{go}}^2} \tag{3-88}$$

3.3.4　二维真比例导引

类比 3.3.3 小节中的思想，同样关注垂直于视线方向的 ZEM 分量。注意到，在空间中垂直于视线方向(LOS 的法平面 $\varPi$ 内任意一条直线)有无数个，选择将 **ZEM** 矢量分解为两个矢量之和——沿视线方向的 $\mathbf{ZEM}_{\text{parLOS}}$ 及垂直于视线方向的 $\mathbf{ZEM}_{\text{perLOS}}$，如图 3-7 所示，这样便能唯一确定视线法向的 **ZEM** 矢量。

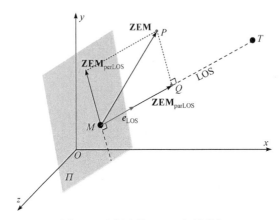

图 3-7　空间中的 **ZEM** 矢量分解

ZEM 矢量分解方法：对于空间中任一零控脱靶量矢量 $\mathbf{ZEM} = \boldsymbol{MP}$，自矢端 P 点向 LOS 作垂线，垂足为 Q 点，则矢量 $\boldsymbol{MQ}$ 即为沿视线方向的零控脱靶量矢量分量 $\mathbf{ZEM}_{\text{parLOS}}$，矢量 $\boldsymbol{QP}$ 即为垂直于视线方向的零控脱靶量矢量分量 $\mathbf{ZEM}_{\text{perLOS}}$。由于有 $\boldsymbol{PQ} \perp \boldsymbol{MT}$，故矢量 $\mathbf{ZEM}_{\text{perLOS}} = \boldsymbol{QP}$ 必定平行于 LOS 的法平面 $\varPi$，且由 P、Q 两点唯一确定。至此有

$$\mathbf{ZEM} = \mathbf{ZEM}_{\text{parLOS}} + \mathbf{ZEM}_{\text{perLOS}} \tag{3-89}$$

将 $\mathbf{ZEM}_{\text{perLOS}}$ 分解至惯性坐标系三轴：

$$\mathbf{ZEM}_{\text{perLOS}} = \mathbf{ZEM} - \mathbf{ZEM}_{\text{parLOS}} = \begin{bmatrix} \text{ZEM}_{\text{perLOS}x} \\ \text{ZEM}_{\text{perLOS}y} \\ \text{ZEM}_{\text{perLOS}z} \end{bmatrix} \tag{3-90}$$

如前所述，三维空间中的零控脱靶量矢量在惯性坐标系中记为

$$\mathbf{ZEM} = \begin{bmatrix} \text{ZEM}_x \\ \text{ZEM}_y \\ \text{ZEM}_z \end{bmatrix} = \begin{bmatrix} x_{TM} + V_{TMx}t_{\text{go}} \\ y_{TM} + V_{TMy}t_{\text{go}} \\ z_{TM} + V_{TMz}t_{\text{go}} \end{bmatrix} = \begin{bmatrix} x_r + V_{rx}t_{\text{go}} \\ y_r + V_{ry}t_{\text{go}} \\ z_r + V_{rz}t_{\text{go}} \end{bmatrix} \tag{3-91}$$

下面需求解 $\mathbf{ZEM}_{\text{parLOS}}$ 在惯性坐标系中的三轴分量。LOS 方向的单位矢量在

惯性坐标系中的三轴分量，可由弹-目相对状态量表示为

$$e_{\text{LOS}} = \begin{bmatrix} \dfrac{x_{TM}}{r} & \dfrac{y_{TM}}{r} & \dfrac{z_{TM}}{r} \end{bmatrix}^{\text{T}} = \begin{bmatrix} \dfrac{x_r}{r} & \dfrac{y_r}{r} & \dfrac{z_r}{r} \end{bmatrix}^{\text{T}} \tag{3-92}$$

$\mathbf{ZEM}$ 在 LOS 方向上的投影即为 $\mathbf{ZEM}_{\text{parLOS}}$ 的模长 $\text{ZEM}_{\text{parLOS}}$，由 $\mathbf{ZEM}$ 与 e_{LOS} 的点积求解：

$$\begin{aligned}
\text{ZEM}_{\text{parLOS}} &= \mathbf{ZEM} \cdot e_{\text{LOS}} = \mathbf{ZEM} \cdot 1 \cdot \cos\langle \mathbf{ZEM}, e_{\text{LOS}} \rangle \\
&= \begin{bmatrix} \text{ZEM}_x & \text{ZEM}_y & \text{ZEM}_z \end{bmatrix}^{\text{T}} \cdot \begin{bmatrix} \dfrac{x_r}{r} & \dfrac{y_r}{r} & \dfrac{z_r}{r} \end{bmatrix}^{\text{T}} \\
&= \frac{\text{ZEM}_x x_r}{r} + \frac{\text{ZEM}_y y_r}{r} + \frac{\text{ZEM}_z z_r}{r}
\end{aligned} \tag{3-93}$$

则 $\mathbf{ZEM}_{\text{parLOS}}$ 在惯性坐标系中的三轴分量表示为

$$\mathbf{ZEM}_{\text{parLOS}} = \text{ZEM}_{\text{parLOS}} \cdot e_{\text{LOS}} = \left(\frac{\text{ZEM}_x x_r}{r} + \frac{\text{ZEM}_y y_r}{r} + \frac{\text{ZEM}_z z_r}{r} \right) \begin{bmatrix} x_r/r \\ y_r/r \\ z_r/r \end{bmatrix} \tag{3-94}$$

将式(3-91)和式(3-94)代入式(3-90)，得到 $\mathbf{ZEM}_{\text{perLOS}}$ 在惯性坐标系中的三轴分量：

$$\begin{aligned}
\mathbf{ZEM}_{\text{perLOS}} &= \begin{bmatrix} \text{ZEM}_{\text{perLOS}x} \\ \text{ZEM}_{\text{perLOS}y} \\ \text{ZEM}_{\text{perLOS}z} \end{bmatrix} = \mathbf{ZEM} - \mathbf{ZEM}_{\text{parLOS}} = \begin{bmatrix} \text{ZEM}_x \\ \text{ZEM}_y \\ \text{ZEM}_z \end{bmatrix} - \text{ZEM}_{\text{parLOS}} \begin{bmatrix} x_r/r \\ y_r/r \\ z_r/r \end{bmatrix} \\
&= \begin{bmatrix} \text{ZEM}_x - \text{ZEM}_{\text{parLOS}} \cdot x_r/r \\ \text{ZEM}_y - \text{ZEM}_{\text{parLOS}} \cdot y_r/r \\ \text{ZEM}_z - \text{ZEM}_{\text{parLOS}} \cdot z_r/r \end{bmatrix}
\end{aligned} \tag{3-95}$$

类比二维情形下的 TPN 加速度指令式(3-88)，三维 TPN 加速度指令 n_c 应平行于矢量 $\mathbf{ZEM}_{\text{perLOS}}$，模值正比于 $\text{ZEM}_{\text{perLOS}}$ 且反比于 t_{go}^2，其矢量形式以及在惯性坐标系中的三轴分量可表示为

$$n_c = \frac{N \cdot \mathbf{ZEM}_{\text{perLOS}}}{t_{\text{go}}^2} = \begin{bmatrix} n_{cx} \\ n_{cy} \\ n_{cz} \end{bmatrix} = \begin{bmatrix} \dfrac{N \cdot \text{ZEM}_{\text{perLOS}x}}{t_{\text{go}}^2} \\[3mm] \dfrac{N \cdot \text{ZEM}_{\text{perLOS}y}}{t_{\text{go}}^2} \\[3mm] \dfrac{N \cdot \text{ZEM}_{\text{perLOS}z}}{t_{\text{go}}^2} \end{bmatrix} \tag{3-96}$$

3.4 基于 TPN 的多弹时间协同制导律

本节将围绕多弹时间协同的战术目标，分别基于视线坐标系下二维平面和三维空间中的制导模型，将时间约束和 TPN 指令相结合，在平面中设计静态 ITCG，在空间中设计动态时间协同制导律，均能有效实现齐射攻击。

为了便于设计制导律和分析其性质，事先有必要提出以下假设(适用于全书)。

假设 3-5 导弹和目标均为质点模型，即仅考虑它们的质心平动运动，而不考虑绕质心的转动运动。

假设 3-6 与制导回路相比，导弹的导引头和自动驾驶仪的动力学响应特性足够快，可忽略不计。

假设 3-7 目标机动加速度上界不超过$12g$。

3.4.1 基于二维 TPN 的 ITCG

本小节所设计的静态协同制导律无须弹间通信，本质上是对各枚导弹单独进行时间控制，使多弹在共同设定的期望时刻拦截目标，故仅对其中单个导弹进行制导律设计。3.2.1 小节已经建立了平面中视线坐标系下的弹-目相对运动模型，重申如下：

$$\begin{cases} a_{TxL} - a_{MxL} = \ddot{r} - r\dot{q}^2 \\ a_{TyL} - a_{MyL} = 2\dot{r}\dot{q} + r\ddot{q} \end{cases} \tag{3-97}$$

TPN 仅能提供垂直于视线方向的加速度指令 n_c，用于零化视线角速率，而无法控制沿视线方向的弹-目接近速率 $|\dot{r}|$。为了能够实现对导弹飞行时间的精确控制，需要沿视线方向设计 ITCG，使得各枚导弹的实际飞行时间 t_F 趋向于事先设定的期望飞行时间 t_d。本小节制导律设计的目标为

$$t_F = t_d \tag{3-98}$$

$$\exists 0 < T < t_F, \quad \text{s.t.} \forall t \geqslant T, \dot{q} = 0 \tag{3-99}$$

式(3-99)由视线法向的 TPN 指令式(3-88)实现，此后仅需考虑沿视线方向的时间约束目标式(3-98)。

1. 静态协同制导律设计

选取如下四个状态变量，即 $x_1 = r, x_2 = \dot{r}, x_3 = q, x_4 = \dot{q}$，将平面制导模型式(3-97)写成以状态变量描述的状态空间形式：

$$\begin{cases} \dot{x}_1 = x_2 \\ \dot{x}_2 = x_1 x_4^2 - a_{MxL} + a_{TxL} \\ \dot{x}_3 = x_4 \\ \dot{x}_4 = \dfrac{-2x_2 x_4 - a_{MyL}}{x_1} + \dfrac{a_{TyL}}{x_1} \end{cases} \tag{3-100}$$

对于 ITCG 而言，为了实现期望的碰撞时间，仅需额外设计沿视线方向的控制指令 a_{MxL}，考虑式(3-100)中的前两个状态方程：

$$\begin{cases} \dot{x}_1 = x_2 \\ \dot{x}_2 = x_1 x_4^2 - a_{MxL} + a_{TxL} \end{cases} \tag{3-101}$$

根据制导律的时间约束式(3-98)，选取如下滑模函数：

$$s = \hat{t}_F - t_d = t + \hat{t}_{go} - t_d \tag{3-102}$$

其含义为当总飞行时间 t_F 收敛至期望值 t_d 时，导弹状态到达滑模面 $s=0$。其中，t_d 为事先人为设定的期望飞行时间，是一确定常数；$\hat{t}_F$ 为总飞行时间的估计值，记当前时刻为 t，剩余飞行时间估计值为 $\hat{t}_{go}$，则有 $\hat{t}_F = t + \hat{t}_{go}$。选取式(3-32)作为剩余飞行时间估计值的表达式，用本小节定义的状态变量表示为

$$\hat{t}_{go} = \frac{r}{|\dot{r}|} = -\frac{x_1}{x_2} \tag{3-103}$$

对滑模函数式(3-102)求导，并将式(3-101)代入，得

$$\dot{s} = 1 + \dot{\hat{t}}_{go} = \frac{x_1^2 x_4^2}{x_2^2} - \frac{x_1}{x_2^2} a_{MxL} + \frac{x_1}{x_2^2} a_{TxL} \tag{3-104}$$

选取如下快速幂次趋近律：

$$\dot{s} = -k_1 \cdot |s|^\alpha \cdot \mathrm{sign}(s) - k_2 s \quad (k_1、k_2 > 0,\ 0 < \alpha < 1) \tag{3-105}$$

由于目标沿视线方向的机动加速度 a_{TxL} 通常是一个未知变量，这里将含有目标加速度的项视作有界干扰 d，即有

$$d = x_1 / x_2^2 \cdot a_{TxL}$$
$$0 \leqslant |d| \leqslant \Delta_d \tag{3-106}$$

式中，Δ_d 为一有限正常数。联立式(3-104)、式(3-105)，并结合式(3-106)，设计导弹沿视线方向的加速度控制指令为

$$a_{MxL} = \frac{x_2^2}{x_1} \left[\frac{x_1^2 x_4^2}{x_2^2} + k_1 \cdot |s|^\alpha \cdot \mathrm{sign}(s) + k_2 s + \mathrm{sign}(s) \cdot \Delta_d \right] \tag{3-107}$$

定义函数 $\mathrm{sig}^{\alpha}\left(\cdot\right)=\left|\cdot\right|^{\alpha}\mathrm{sign}\left(\cdot\right)$，则式(3-107)可写为

$$a_{MxL} = \frac{x_2^2}{x_1}\left[\frac{x_1^2 x_4^2}{x_2^2} + k_1 \cdot \mathrm{sig}^{\alpha}\left(s\right) + k_2 s + \mathrm{sign}\left(s\right)\cdot \varDelta_d\right] \qquad (3\text{-}108)$$

定理 3-3　针对系统式(3-101)，选取滑模函数式(3-102)及滑模趋近律式(3-105)，在沿视线方向制导律式(3-108)的作用下，所选取的滑模函数关于原点 $s=0$ 是渐近稳定的，即导弹总飞行时间的估计值 $\hat{t}_{\mathrm{F}}$ 能收敛至预设的期望值 t_{d}。

证明：将式(3-108)代入式(3-104)得

$$\dot{s} = -k_1 \cdot \mathrm{sig}^{\alpha}\left(s\right) - k_2 s + d - \mathrm{sign}\left(s\right)\cdot \varDelta_d \qquad \left(k_1\text{、}\ k_2 > 0,\quad 0 < \alpha < 1\right) \qquad (3\text{-}109)$$

选取如下正定的李雅普诺夫标量函数：

$$V = \frac{1}{2}s^2 \qquad (3\text{-}110)$$

其导数为

$$\dot{V} = s\dot{s} = s\left(-k_1 \cdot \mathrm{sig}^{\alpha}\left(s\right) - k_2 s - \left(\mathrm{sign}\left(s\right)\cdot \varDelta_d - d\right)\right) \qquad (3\text{-}111)$$

显然，$\forall s \in \mathbf{R}, \dot{V} \leqslant 0$ 恒成立，当且仅当 $s=0$ 时，$\dot{V}=0$，故 $\dot{V}$ 在非零状态下不恒为零。由李雅普诺夫直接法稳定性定理可知，所选取的滑模函数关于原点 $s=0$ 是渐近稳定的。

为了减小滑模抖振，将视线方向控制指令式(3-108)的最后一项估值项 $\mathrm{sign}\left(s\right)\cdot \varDelta_d$ 中的符号函数用如下饱和函数 $\mathrm{sat}\left(\cdot\right)$ 替代，不妨取边界层厚度 $\delta=1$，后文将在仿真分析中说明其优越性：

$$\mathrm{sat}\left(s,\delta\right) = \begin{cases} \mathrm{sign}\left(s\right), & \left|s\right| \geqslant \delta \\ \dfrac{s}{\delta}, & \left|s\right| < \delta \end{cases} \qquad (3\text{-}112)$$

综上所述，本节在平面视线坐标系下分别沿视线方向和视线法向设计了静态协同制导律。沿视线方向采用控制指令式(3-108)，沿视线法向采用 TPN 指令式(3-88)，总结如下：

$$\begin{cases} a_{MxL} = \dfrac{x_2^2}{x_1}\left[\dfrac{x_1^2 x_4^2}{x_2^2} + k_1 \cdot \mathrm{sig}^{\alpha}\left(s\right) + k_2 s + \mathrm{sat}\left(s,\delta\right)\cdot \varDelta_d\right] \\ a_{MyL} = \dfrac{N \cdot \mathrm{ZEM}_{\mathrm{perLOS}}}{t_{\mathrm{go}}^2} \end{cases} \qquad \left(k_1\text{、}\ k_2 > 0,\quad 0 < \alpha < 1\right) \qquad (3\text{-}113)$$

2. 仿真分析

本节将通过数值仿真验证所提出 ITCG 的制导效果。下面分别针对四枚空空导

弹协同拦截匀速直线运动的目标和做常值机动的目标两种场景，展开仿真分析。对于大气层内飞行的战术导弹，其可用过载受操纵面偏转角度、临界攻角值、弹体结构强度等因素限制，故导弹的可用过载是受限的。仿真时默认导弹的最大可用过载为 $30g$，仿真步长为 $1\mathrm{ms}$。制导参数选取：$k_1=0.3,k_2=5,\alpha=0.8,\delta=1$，$N=4$，目标机动干扰的上界选取为 $\Delta_d=\left|x_1/x_2^2\cdot a_{TxL}\right|=12g\cdot x_1/x_2^2$。导引头盲区距离为 $r_0=50\mathrm{m}$，即当弹-目相对距离小于 $50\mathrm{m}$ 后控制指令切换为停控状态，导弹以匀速直线运动状态继续飞向目标。

(1) 场景一：目标做匀速直线运动。

二维 TPN 下目标匀速直线运动时四枚导弹的初始条件与时间约束如表 3-1 所示。位置和速度均分解至惯性坐标系中，为实现齐射攻击，各枚导弹的期望飞行时间均设为相同值。

表 3-1　二维 TPN 下目标匀速直线运动时四枚导弹的初始条件与时间约束

导弹编号	初始位置 $(x_I,y_I)/\mathrm{km}$	初始速度 $(V_{Mx},V_{My})/(\mathrm{km/s})$	期望飞行时间 t_d/s
M_1	(1,13)	(3.2,0)	7
M_2	(3,15)	(2.9,0)	7
M_3	(0,14)	(3.1,0)	7
M_4	(2,16)	(3.0,0)	7

二维 TPN 下目标匀速直线运动时目标运动信息如表 3-2 所示，初始位置、初始速度及机动加速度均分解至惯性坐标系中。

表 3-2　二维 TPN 下目标匀速直线运动时运动信息

目标	初始位置 $(x_I,y_I)/\mathrm{km}$	初始速度 $(V_{Tx},V_{Ty})/(\mathrm{km/s})$	机动加速度 $(a_{Tx},a_{Ty})g$
T	(30,10)	(−1.02,0.34)	(0,0)

二维 TPN 下目标匀速直线运动时仿真结果如图 3-8 所示。其中图 3-8(a)为导弹和目标的运动轨迹曲线，图 3-8(b)为弹-目相对距离变化曲线，图 3-8(a)和(b)说明多弹能在预设的期望时间 $t_d=7\mathrm{s}$ 共同实现对目标的零控脱靶量拦截；图 3-8(c)和(d)分别为视线方向的过载指令曲线和视线法向的过载指令曲线，曲线光滑且在末制导中有效避免了饱和现象；图 3-8(e)为视线角曲线，显然当目标不做机动时，视线法向的 TPN 指令能够零化视线角速率，实现导弹与目标的准平行接近；图 3-8(f)为剩余飞行时间曲线，在快速幂次趋近律式(3-105)

的作用下，多弹剩余飞行时间能在 0.8s 左右迅速趋于一致，并收敛于实际剩余飞行时间。

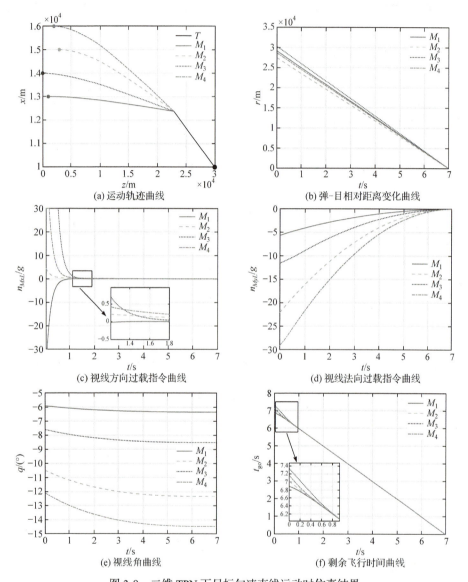

图 3-8　二维 TPN 下目标匀速直线运动时仿真结果

二维 TPN 下目标匀速直线运动时各枚导弹的脱靶量和实际拦截时间如表 3-3 所示。对于匀速直线运动目标，脱靶量极小，且在 ITCG 的作用下可以近乎无时间误差地命中目标。

表 3-3　二维 TPN 下目标匀速直线运动时各枚导弹脱靶量及实际拦截时间

导弹编号	脱靶量/m	实际拦截时间/s
M_1	2.4949×10^{-9}	7.000
M_2	9.8924×10^{-9}	7.000
M_3	3.4736×10^{-9}	7.000
M_4	1.3302×10^{-8}	7.000

本节沿视线方向使用了滑模控制方法，由于采用符号函数的估计值不连续，将不可避免地出现滑模抖振现象。采用连续的饱和函数替代跳变的符号函数，能有效削弱甚至消除抖振现象，在其余条件均相同的情况下，对比控制指令式(3-108)及式(3-113)中沿视线方向的分量，如图 3-9 所示。

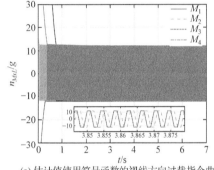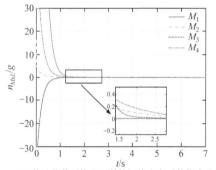

(a) 估计值使用符号函数的视线方向过载指令曲线　　(b) 估计值使用饱和函数的视线方向过载指令曲线

图 3-9　二维 TPN 下目标匀速直线运动时视线方向控制指令对比

(2) 场景二：目标做常值机动运动。

二维 TPN 下目标常值机动时四枚导弹的初始条件及期望的飞行时间与表 3-1 中保持一致，目标运动信息如表 3-4 所示。

表 3-4　二维 TPN 下目标常值机动时运动信息

目标	初始位置 (x_I, y_I)/km	初始速度 (V_{Tx}, V_{Ty})/(km/s)	机动加速度 $(a_{Tx}, a_{Ty})g$
T	$(30,10)$	$(-1.02,0.34)$	$(1,4)$

二维 TPN 下目标常值机动时仿真结果如图 3-10 所示。虽然相较于拦截场景一中的目标匀速直线运动，目标机动引起了脱靶量的增加，末段沿视线方向的过载指令发生小范围的起伏以及末段视线角变化率不为零，但本节所设计的制导律也能有效拦截机动目标。注意，末段过载指令突变至零是目标处于导引头盲区范围 $r_0 < 50\text{m}$ 停控导致的。

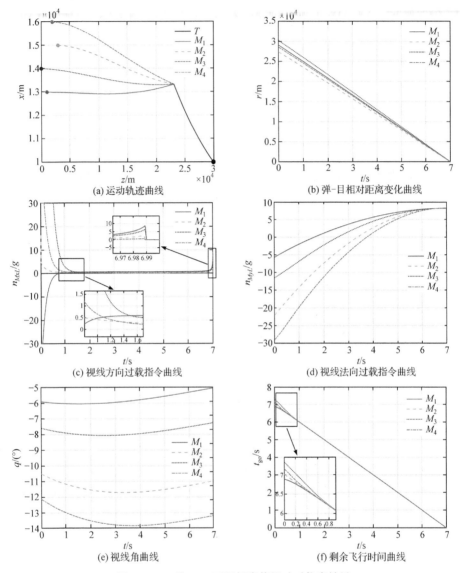

图 3-10　二维 TPN 下目标常值机动时仿真结果

　　二维 TPN 下目标常值机动时各枚导弹的脱靶量和实际拦截时间如表 3-5 所示。相较于场景一，拦截脱靶量在可接受范围内有所增加，实际拦截时间也能无误差地趋向于期望时间。

表 3-5　二维 TPN 下目标常值机动时各枚导弹脱靶量及实际拦截时间

导弹编号	脱靶量/m	实际拦截时间/s
M_1	0.1388	7.000

续表

导弹编号	脱靶量/m	实际拦截时间/s
M_2	0.0414	7.000
M_3	0.1003	7.000
M_4	0.0106	7.000

3.4.2 基于三维 TPN 的 ITCG

本小节所设计的动态协同制导律需要弹间在线协调各枚导弹的状态变量，以使多弹剩余飞行时间在有限时间内均达到一致。区别于 3.4.1 小节，生成时间协同制导指令需要同时利用当下所有导弹的状态信息，为了区别各枚导弹，必要时将用下标"i"表示第 i 枚导弹的状态变量 $(i=1,2,\cdots,n)$。视线坐标系下的弹-目相对运动模型，重申如下：

$$\boldsymbol{a}_r = \begin{bmatrix} a_{TxL} - a_{MxL} \\ a_{TyL} - a_{MyL} \\ a_{TzL} - a_{MzL} \end{bmatrix} = \begin{bmatrix} a_{rxL} \\ a_{ryL} \\ a_{rzL} \end{bmatrix} = \begin{bmatrix} \ddot{r} - r\dot{q}_\varepsilon^2 - r\dot{q}_\beta^2 \cos^2 q_\varepsilon \\ 2\dot{r}\dot{q}_\varepsilon + r\ddot{q}_\varepsilon + r\dot{q}_\beta^2 \sin q_\varepsilon \cos q_\varepsilon \\ -r\ddot{q}_\beta \cos q_\varepsilon - 2\dot{r}\dot{q}_\beta \cos q_\varepsilon + 2r\dot{q}_\varepsilon \dot{q}_\beta \sin q_\varepsilon \end{bmatrix} \quad (3\text{-}114)$$

同样地，三维空间中的 TPN 仅能提供视线法向的加速度控制指令式(3-96)，该指令用于零化视线角速率。为了实现各枚导弹的剩余飞行时间在有限时间内达到一致，需要在视线方向上设计时间协同制导律。本小节制导律设计的目标为

$$\forall i \neq j, \ i,j \in \mathbf{N}^*, \ i,j \leqslant n, \quad \exists 0 < T_1 < t_F, \quad \text{s.t.} \forall t \geqslant T_1$$
$$r_i = r_j \wedge \dot{r}_i = \dot{r}_j \Rightarrow t_{\text{go},i} = t_{\text{go},j} \quad (3\text{-}115)$$

$$\exists 0 < T_2 < t_F, \quad \text{s.t.} \forall t \geqslant T_2, \quad \dot{q}_\varepsilon = \dot{q}_\beta = 0 \quad (3\text{-}116)$$

式(3-116)由空间中视线法向的 TPN 指令实现，本小节将基于一种二阶一致性算法，针对弹间通信拓扑无向且连通的情形设计沿视线方向的时间协同制导律，以达到协同制导目标。

1. 动态协同制导律设计

选取如下六个状态变量，即 $x_1 = r, x_2 = \dot{r}, x_3 = q_\varepsilon, x_4 = \dot{q}_\varepsilon, x_5 = q_\beta, x_6 = \dot{q}_\beta$，将三维制导模型式(3-114)写成以状态变量描述的状态空间形式：

$$
\begin{cases}
\dot{x}_1 = x_2 \\
\dot{x}_2 = x_1 x_4^2 + x_1 x_6^2 \cos^2 q_\varepsilon - a_{MxL} + a_{TxL} \\
\dot{x}_3 = x_4 \\
\dot{x}_4 = -\dfrac{2 x_2 x_4}{x_1} - x_6^2 \sin q_\varepsilon \cos q_\varepsilon - \dfrac{a_{MyL}}{x_1} + \dfrac{a_{TyL}}{x_1} \\
\dot{x}_5 = x_6 \\
\dot{x}_6 = -\dfrac{2 x_2 x_6}{x_1} + 2 x_4 x_6 \tan q_\varepsilon + \dfrac{a_{MzL}}{x_1 \cos q_\varepsilon} - \dfrac{a_{TzL}}{x_1 \cos q_\varepsilon}
\end{cases}
\tag{3-117}
$$

假设 3-8　导弹机动能力能对目标构成明显优势，目标沿视线方向的加速度 a_{TxL} 暂且忽略不计。

对于时间协同制导律而言，为了使各枚导弹的剩余飞行时间 $t_{\rm go}$ 达到一致，即各枚导弹的状态变量 x_1、x_2 均能达到一致，仅需额外设计沿视线方向的控制指令 $a_{MxL,i}$，结合假设 3-8，考虑式(3-117)中的前两个状态方程：

$$
\begin{cases}
\dot{x}_{1,i} = x_{2,i} \\
\dot{x}_{2,i} = x_{1,i} x_{4,i}^2 + x_{1,i} x_{6,i}^2 \cos^2 q_{\varepsilon,i} - a_{MxL,i} + a_{TxL}
\end{cases}
\tag{3-118}
$$

定义 3-1[120]　针对一个二阶多智能体系统：

$$
\begin{cases}
\dot{\xi}_i = v_i \\
\dot{v}_i = u_i
\end{cases}
\tag{3-119}
$$

式中，$\xi_i \in \mathbf{R}$，表示第 i 个智能体的位置；$v_i \in \mathbf{R}$，表示第 i 个智能体的速度；$u_i \in \mathbf{R}$，表示对第 i 个智能体施加的加速度指令。若所设计的加速度指令 u_i 能使 ξ_i 和 v_i 均达到一致，则称 u_i 为二阶一致性算法。

另有 $x_{1,i} = \xi_i = r_i, x_{2,i} = v_i = \dot{r}_i$，于是可将视线方向的两个状态方程式(3-118)视作一个二阶多智能体系统：

$$
\begin{cases}
\dot{\xi}_i = v_i \\
\dot{v}_i = u_i = x_{1,i} x_{4,i}^2 + x_{1,i} x_{6,i}^2 \cos^2 q_{\varepsilon,i} - a_{MxL,i} + a_{TxL}
\end{cases}
\tag{3-120}
$$

式中，u_i 为第 i 枚导弹的虚拟控制指令；沿视线方向的实际加速度指令 $a_{MxL,i}$ 由 u_i 以及关于导弹状态量的补偿项求和得到。

引理 3-1[121]　对于一个二阶多智能体系统式(3-119)，且受以下速度约束条件：

$$
v_{\min} \leqslant v_i \leqslant v_{\max}
\tag{3-121}
$$

速度初始值也满足

$$
v_{\min} \leqslant v_i(0) \leqslant v_{\max}
\tag{3-122}
$$

式中，$v_{\min}$ 和 $v_{\max}$ 分别是人为选取速度 v_i 常值的下界和上界。如果多智能体之间

的通信拓扑图 G 是无向且连通的，设计如下的控制指令 u_i：

$$u_i = -k(v_i - v_{ci}) \tag{3-123}$$

式中，$k > 0$，为一常数；v_{ci} 的表达式如下：

$$v_{ci} = \alpha - \beta \cdot f\left(k_e \sum_{j=1}^{n} a_{ij}(\xi_i - \xi_j) + c\right) \tag{3-124}$$

式中，$k_e > 0$，为一常数；a_{ij} 为通信权系数矩阵 $\boldsymbol{A}$ 的元素，α 和 β 取值如下：

$$\alpha = \frac{v_{\max} + v_{\min}}{2} \tag{3-125}$$

$$\beta = \frac{v_{\max} - v_{\min}}{2} \tag{3-126}$$

$f(\cdot)$ 为一连续函数，且同时满足如下四条性质：

$$\begin{cases} \lim\limits_{x \to -\infty} f(x) = -1 \\ \lim\limits_{x \to +\infty} f(x) = 1 \\ f(0) = 0 \\ f(x) \text{为严格单调递增的函数} \end{cases} \tag{3-127}$$

参数 c 取值如下：

$$c = f^{-1}((\alpha - v_{\mathrm{d}})/\beta) \tag{3-128}$$

式中，$f^{-1}(\cdot)$ 是 $f(\cdot)$ 的反函数；v_{d} 是人为选取的二阶多智能体系统式(3-119)的参考速度状态量。当满足所有上述条件时，则 ξ_i 和 v_i 均能达到一致，且 $v_i \in [v_{\min}, v_{\max}]$，能一致渐近收敛于参考量 v_{d}，即有

$$\forall i \neq j; i, j \in \mathbf{N}^*; i, j \leqslant n$$
$$\lim_{t \to +\infty} \xi_i = \xi_j; \lim_{t \to +\infty} v_i = v_j = v_{\mathrm{d}} \in [v_{\min}, v_{\max}] \tag{3-129}$$

根据引理 3-1，设计虚拟控制指令 u_i 为

$$u_i = -k\left(x_{2,i} - \alpha + \beta \cdot f\left(k_e \sum_{j=1}^{n} a_{ij}(x_{1,i} - x_{1,j}) + c\right)\right) \tag{3-130}$$

将式(3-130)代入式(3-120)中的第二式，得加速度指令 $a_{MxL,i}$ 为

$$\begin{aligned} a_{MxL,i} &= x_{1,i} x_{4,i}^2 + x_{1,i} x_{6,i}^2 \cos^2 q_{\varepsilon,i} - u_i \\ &= x_{1,i} x_{4,i}^2 + x_{1,i} x_{6,i}^2 \cos^2 q_{\varepsilon,i} + k\left(x_{2,i} - \alpha + \beta \cdot f\left(k_e \sum_{j=1}^{n} a_{ij}(x_{1,i} - x_{1,j}) + c\right)\right) \end{aligned} \tag{3-131}$$

其各项含义已在引理 3-1 中详细说明。函数 $f(\cdot)$ 选取如下：

$$f(x) = \frac{2}{\pi}\arctan(ax) \quad (a > 0,\ a \in \mathbf{R}) \tag{3-132}$$

$f(x)$ 的函数图像如图 3-11 所示(不妨取 $a = 3$),显然满足式(3-127)中的性质。$f(x)$ 的反函数为

$$f^{-1}(x) = \frac{1}{a}\tan\left(\frac{\pi}{2}x\right) \quad (a > 0,\ a \in \mathbf{R},\ x \in (-1,1)) \tag{3-133}$$

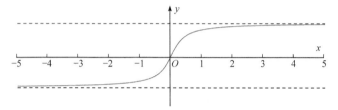

图 3-11　反正切函数式(3-132)图像

在视线方向制导律式(3-131)的作用下,各枚导弹的状态量 $x_{1,i}$ 和 $x_{2,i}$ 均能趋于一致,且有 $x_{2,i} = v_i \to v_{\mathrm{d}}$。

综上所述,本节在空间视线坐标系下分别沿视线方向和视线法向设计了动态协同制导律。沿视线方向采用控制指令式(3-131),沿视线法向采用 TPN 指令式(3-96)(需要从惯性坐标系转换至视线坐标系中使用),总结如下:

$$\begin{cases} a_{MxL,i} = x_{1,i}x_{4,i}^2 + x_{1,i}x_{6,i}^2\cos^2 q_{\varepsilon,i} - u_i \\[2mm] a_{MyL,i} = -\sin q_\varepsilon\cos q_\beta \cdot \dfrac{N \cdot \mathrm{ZEM_{perLOS}}x}{t_{\mathrm{go}}^2} + \cos q_\varepsilon \cdot \dfrac{N \cdot \mathrm{ZEM_{perLOS}}y}{t_{\mathrm{go}}^2} + \sin q_\varepsilon\sin q_\beta \cdot \dfrac{N \cdot \mathrm{ZEM_{perLOS}}z}{t_{\mathrm{go}}^2} \\[2mm] a_{MzL,i} = \sin q_\beta \cdot \dfrac{N \cdot \mathrm{ZEM_{perLOS}}x}{t_{\mathrm{go}}^2} + \cos q_\beta \cdot \dfrac{N \cdot \mathrm{ZEM_{perLOS}}z}{t_{\mathrm{go}}^2} \end{cases}$$

$$\tag{3-134}$$

2. 仿真分析

本小节将通过数值仿真验证所提出 ITCG 的效果。下面分别针对四枚空空导弹协同拦截水平面内做常值机动和水平面内做周期阶跃机动的目标两种场景,进行仿真分析。仿真时,默认导弹的最大可用过载为 $30g$,仿真步长为 1ms。制导参数选取:$k = 1, k_e = 0.001, v_{\min} = -1000\mathrm{m/s}, v_{\max} = -600\mathrm{m/s}, v_{\mathrm{d}} = -900\mathrm{m/s}$。导引头盲区距离 $r_0 = 50\mathrm{m}$,且只要有一枚导弹的导引头进入盲区距离内,所有导弹将不受控制指令作用影响,此后均匀速直接飞向目标。弹间通信拓扑无向且连

通。四枚导弹间的通信拓扑结构如图 3-12 所示，与其对应的权系数矩阵如图 3-13 所示。

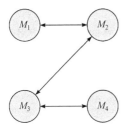

$$A=\begin{bmatrix} 0 & 1 & 0 & 0 \\ 1 & 0 & 1 & 0 \\ 0 & 1 & 0 & 1 \\ 0 & 0 & 1 & 0 \end{bmatrix}$$

图 3-12 四枚导弹间的通信拓扑结构　　　　　图 3-13 通信权系数矩阵

(1) 场景一：目标在水平面内做常值机动。

三维 TPN 下目标常值机动时四枚导弹的初始条件如表 3-6 所示。初始位置和初始速度均分解至惯性坐标系中，注意区别于上述静态制导律，本节所设计的动态协同制导律无须事先设定期望的拦截时间，而是通过二阶一致性算法相互协调多弹剩余飞行时间并使其趋于一致。

表 3-6　三维 TPN 下目标常值机动时四枚导弹的初始条件

导弹编号	初始位置 (x_I, y_I, z_I)/km	初始速度 (V_{Mx}, V_{My}, V_{Mz})/(km/s)
M_1	$(0, 25, -3)$	$(1.8, 0, 0)$
M_2	$(5, 31, 0)$	$(1.8, 0, 0)$
M_3	$(3, 28, -1)$	$(1.8, 0, 0)$
M_4	$(6, 35, 2)$	$(1.8, 0, 0)$

三维 TPN 下目标常值机动时目标运动信息如表 3-7 所示，位置、速度及加速度均分解至惯性坐标系中。

表 3-7　三维 TPN 下目标常值机动时运动信息

目标	初始位置 (x_I, y_I, z_I)/km	初始速度 (V_{Mx}, V_{My}, V_{Mz})/(km/s)	机动加速度 $(a_{Tx}, a_{Ty}, a_{Tz})g$
T	$(30, 10, 0)$	$(-0.24, 0, 0)$	$(0, 0, 3)$

三维 TPN 下目标常值机动时仿真结果如图 3-14 所示。图 3-14(a)为导弹和目标的运动轨迹曲线，图 3-14(b)为弹-目相对距离变化曲线；图 3-14(c)、(d)、(e)分别为视线方向、视线倾角方向及视线偏角方向的过载指令曲线，末段制导指令突变至零是由于切换至停控阶段；图 3-14(f)、(g)分别为视线倾角和视线偏角曲线，

当弹-目相对距离足够近时，视线角会因目标机动而发生快速变化；图 3-14(h)为剩余飞行时间曲线，起初由于各枚导弹的初始条件各不相同，剩余飞行时间差异较大，在沿视线方向的二阶一致性算法的作用下，弹-目距离 r_i 及弹-目接近速度 $\dot{r}_i$ 均能逐渐趋于一致，显然剩余飞行时间估计值 $\hat{t}_{\text{go},i}=-r_i/\dot{r}_i$ 也随之趋于一致，并收敛于实际剩余飞行时间(黑色参考基准曲线)；图 3-14(i)为沿视线方向的弹-目接近速度 $\dot{r}_i<0$，在该二阶一致性算法的作用下，该状态量不仅能趋于一致，而且能收敛于事先设定的期望值 $v_{\text{d}}=-900\text{m/s}$。

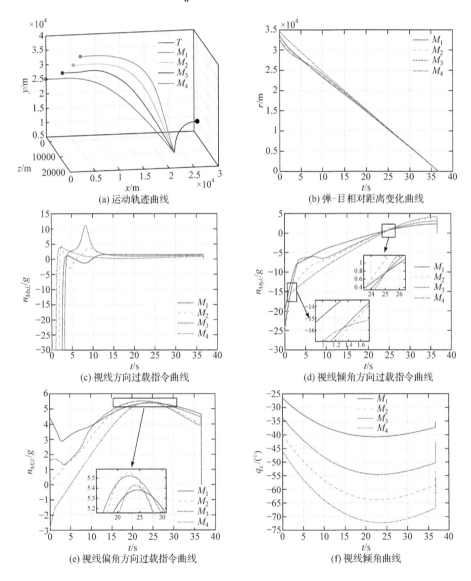

(a) 运动轨迹曲线 (b) 弹-目相对距离变化曲线
(c) 视线方向过载指令曲线 (d) 视线倾角方向过载指令曲线
(e) 视线偏角方向过载指令曲线 (f) 视线倾角曲线

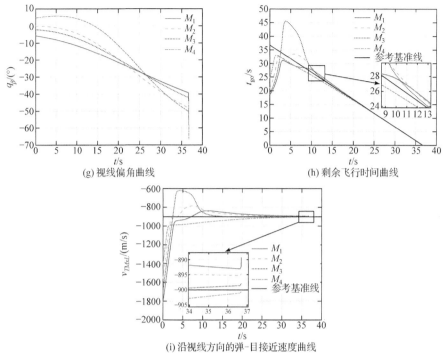

(g) 视线偏角曲线　　　　　　(h) 剩余飞行时间曲线

(i) 沿视线方向的弹-目接近速度曲线

图 3-14　三维 TPN 下目标常值机动时仿真结果

三维 TPN 下目标常值机动时各枚导弹的脱靶量和实际拦截时间如表 3-8 所示。各弹脱靶量均在可接受的范围内，飞行时间的最大协同误差 $t_{F,4} - t_{F,1} = 64\text{ms}$，能有效达成时间协同的制导目标。

表 3-8　三维 TPN 下目标常值机动时各枚导弹脱靶量及实际拦截时间

导弹编号	脱靶量/m	实际拦截时间/s
M_1	0.0899	36.696
M_2	0.1445	36.714
M_3	0.4342	36.742
M_4	0.4553	36.760

(2) 场景二：目标在水平面内做周期阶跃机动。

三维 TPN 下目标阶跃机动时四枚导弹的初始条件与表 3-6 中保持一致，目标运动信息如表 3-9 所示。

表 3-9 三维 TPN 下目标阶跃机动时运动信息

目标	初始位置 $(x_I, y_I, z_I) / \text{km}$	初始速度 $(V_{Mx}, V_{My}, V_{Mz}) / (\text{km/s})$	机动加速度 $(a_{Tx}, a_{Ty}, a_{Tz}) g$
T	$(30,10,0)$	$(-0.24, 0, 0)$	$(0, 0, 6\text{sign}(\sin(\pi t/10)))$

三维 TPN 下目标阶跃机动时仿真结果如图 3-15 所示。该场景下目标以 $6g$ 的侧向加速度在水平面内做周期为 20s 的阶跃机动，拦截难度明显高于场景一。图 3-15(c) 中沿视线方向的过载指令曲线相较于场景一发生了多次起伏；图 3-15(d) 中沿视线倾

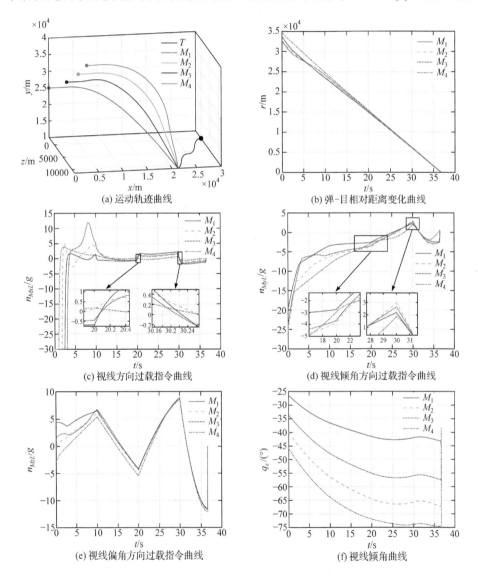

(a) 运动轨迹曲线

(b) 弹-目相对距离变化曲线

(c) 视线方向过载指令曲线

(d) 视线倾角方向过载指令曲线

(e) 视线偏角方向过载指令曲线

(f) 视线倾角曲线

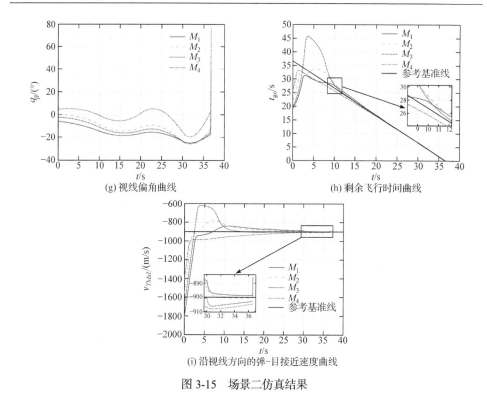

(g) 视线偏角曲线　　　　　　　　　(h) 剩余飞行时间曲线

(i) 沿视线方向的弹-目接近速度曲线

图 3-15　场景二仿真结果

角方向的过载指令曲线相较于场景一存在多个"突变点";图 3-15(e)中沿视线偏角方向的过载指令曲线相较于场景一有大范围的起伏和多个"突变点";图 3-15(h)剩余飞行时间曲线和图 3-15(i)沿视线方向的弹-目接近速度曲线与场景一极为相似,也均能满足该二阶一致性算法的约束目标。

三维 TPN 下目标阶跃机动时各枚导弹的脱靶量和实际拦截时间如表 3-10 所示。由于该场景中的目标机动加速度相较于场景一更大,对制导律提出了更为严苛的要求,脱靶量略有增加。飞行时间的最大协同误差 $t_{F,4} - t_{F,1} = 85 \text{ms}$。

表 3-10　三维 TPN 下目标阶跃机动时各枚导弹脱靶量及实际拦截时间

导弹编号	脱靶量/m	实际拦截时间/s
M_1	0.1961	36.627
M_2	0.4050	36.652
M_3	0.7835	36.684
M_4	1.1560	36.712

3.5　本章小结

本章紧密围绕齐射攻击这一核心战术策略展开多弹协同制导律设计。首先，在 3.1~3.3 节中全方位展开论述了齐射攻击的战术理念、平面和空间中的弹-目相对运动制导模型、零控脱靶量的概念、比例导引指令的表达式和性质、基于 ZEM 的真比例导引方法及其性质等。

3.4.1 小节在二维平面中设计了静态协同制导律，沿视线方向使用滑模控制方法，借助快速幂次趋近律使得多弹剩余飞行时间估计值迅速趋于实际值。3.4.2 小节在三维空间中设计了动态协同制导律，沿视线方向使用带有类速度变量约束的二阶一致性算法，一方面使得多弹剩余飞行时间相互协调至一致，另一方面也使得多弹的弹-目接近速度均趋于事先设定的期望值，保证末段具有足够的速度进而具备足够的机动能力和杀伤效果。

第4章 空间约束下的多弹协同制导律

4.1 引　言

第3章制导律的主要设计目标是实现齐射攻击,在时间层面上已经具有较为理想的协同效果。本章在齐射攻击的基础上更进一步,考虑对多弹施加进一步的空间约束,同时尝试使用多种方法尽可能抑制滑模抖振现象。

空间约束旨在通过控制导弹的碰撞角,进而实现从期望的特定方位攻击敌方目标。空间约束具有深刻的实战意义:一方面,能通过垂直下落等方式增加对装甲目标或地下深埋目标的毁伤效果;另一方面,通过多方位齐射攻击显著提升对敌方反导系统的威胁程度,进而实现饱和打击。考虑到实战中导引头视场角受限,空间约束有助于确保全制导过程中目标处于导引头的视场范围内,避免丢失目标信息。此外,多弹在空间约束制导律的作用下以围猎态势包夹目标,也有助于增加协同探测的精度和范围并压缩目标逃逸区,大幅增加拦截概率。

4.1 节为引言,给出带有视线角约束的齐射拦截策略示意图,以及制导律设计的目标;4.2 节基于惯性坐标系中速度不可控的平面制导模型及超螺旋(super-twisting)滑模控制算法设计带攻击角约束的空间制导律;4.3 节基于一阶一致性算法及典型滑模控制方法设计带视线角约束的时间协同制导律;4.4 节基于二阶一致性算法及自适应鲁棒滑模控制方法设计带视线角约束的时间协同制导律;4.5 节基于自适应鲁棒滑模控制理论,在带视线角约束条件下开展三维时间协同制导律设计;4.6 节基于积分滑模和超螺旋滑模理论,设计多弹协同制导律。

考虑图 4-1 所示的空间交战场景,由 n 枚导弹 $M_i(i=1,2,\cdots,n)$ 协同拦截目标 T。一方面,要求各枚导弹在同一时刻碰撞拦截目标(4.4 节除外);另一方面,要求以期望的碰撞角拦截目标。碰撞角在平面中常由视线角描述,在空间中一般由视线倾角和视线偏角描述,表征导弹和目标在相遇时刻的相对方位关系。有时也会用攻击角描述空间约束问题,其本质上可转换为终端视线角约束问题。

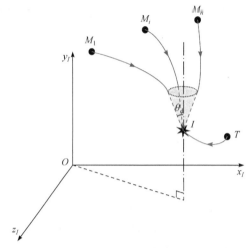

图 4-1 视线角约束示意图

4.2 基于超螺旋滑模控制算法带攻击角约束的空间制导律

本节将基于平面惯性坐标系中的制导模型，在视线法向上基于超螺旋滑模控制算法设计带攻击角约束的制导律，希望各枚导弹以事先规定的期望攻击角 $\theta_{MT,d,i}$ 命中目标。

攻击角的定义：在碰撞时刻 t_F，导弹与目标的速度矢量所形成的夹角[8]，即

$$\theta_{MT} = \theta_M(t_F) - \theta_T(t_F) \tag{4-1}$$

式中，θ_M 和 θ_T 分别为导弹的速度倾角和目标的速度倾角。

将第 i 枚导弹的期望攻击角记为 $\theta_{MT,d,i}$，则本节制导律的设计目标表述如下：

$$\forall i \in \mathbf{N}^*, i \leqslant n, \quad \exists 0 < T_1 < t_F, \quad \text{s.t.} \forall t \geqslant T_1, \dot{q}_i = 0 \wedge (\theta_{M,i} - \theta_T) = \theta_{MT,d,i} \tag{4-2}$$

4.2.1 二维平面中速度大小不可控的制导模型

本小节将建立平面惯性坐标系中的制导模型，注意区别于 3.3.1 小节中平面视线坐标系下的制导模型。考虑平面惯性坐标系中的拦截几何模型，如图 4-2 所示。以编队中的第 i 枚导弹 M_i 为例，其视线角为 q_i，速度倾角为 $\theta_{M,i}$，速度大小为 $V_{M,i}$，法向加速度为 $a_{M,i}$；目标 T 的速度倾角为 θ_T，速度大小为 V_T，法向加速度为 a_T；弹-目相对距离为 r_i。所有角度均以逆时针方向(图示箭头方向)取正值，反之取负值。加速度矢量与图示箭头方向一致取正值，反之取负值。

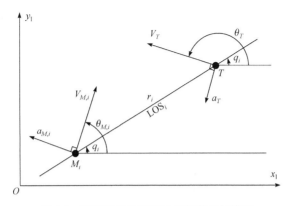

图 4-2 平面惯性坐标系中的拦截几何模型

注意，法向加速度仅能改变导弹和目标的速度方向，暂不考虑阻力效应，二者的速度大小均为常量。该模型相较于 3.4.1 小节中视线坐标系下的制导模型具有如下局限性：一方面，沿速度法向给出的制导加速度指令 $a_{M,i}$ 在视线方向和视线法向上的分量相互耦合，若考虑在视线法向上对攻击角或视线角进行约束，其所要求的加速度指令 $a_{M,i}$ 沿视线方向的分量无法直接对导弹的飞行时间进行约束；另一方面，由于该模型下所要求的加速度指令始终垂直于速度方向，在速度方向上无控制力作用，其所描述的导弹运动模型更接近于实际中大多数导弹的工作方式，具备更深厚的工程实践基础。

弹-目相对运动方程为

$$\begin{cases} \dot{r}_i = V_T \cos(q_i - \theta_T) - V_{M,i}\cos(q_i - \theta_{M,i}) \\ r_i\dot{q}_i = -V_T\sin(q_i - \theta_T) + V_{M,i}\sin(q_i - \theta_{M,i}) \\ \dot{\theta}_{M,i} = \dfrac{a_{M,i}}{V_{M,i}} \\ \dot{\theta}_T = \dfrac{a_T}{V_T} \end{cases} \tag{4-3}$$

对式(4-3)中的第一式求导，并结合第三、第四式得

$$\ddot{r}_i = r_i\dot{q}_i^2 + a_T\sin(q_i - \theta_T) - a_{M,i}\sin(q_i - \theta_{M,i}) \tag{4-4}$$

对式(4-3)中的第二式求导，并结合第三、第四式得

$$\begin{cases} \dot{r}_i\dot{q}_i + r_i\ddot{q}_i = a_T\cos(q_i - \theta_T) - a_i\cos(q_i - \theta_{M,i}) - \dot{r}_i\dot{q}_i \\ \ddot{q}_i = \dfrac{-2\dot{r}_i\dot{q}_i}{r_i} + \dfrac{a_T\cos(q_i - \theta_T)}{r_i} - \dfrac{a_{M,i}\cos(q_i - \theta_{M,i})}{r_i} \end{cases} \tag{4-5}$$

下面求解攻击角 $\theta_{MT,i}$ 与终端视线角 $q_i(t_F)$ 之间的解析关系，由式(4-1)及

式(1-3)中的第二式可知，在终端时刻 t_F 有

$$V_{M,i}\sin\left(q_i\left(t_F\right)-\theta_{M,i}\left(t_F\right)\right)-V_T\sin\left(q_i\left(t_F\right)-\theta_T\left(t_F\right)\right)=0 \tag{4-6}$$

作如下加减项变形，构造攻击角 $\theta_{MT,i}$：

$$\begin{cases} V_{M,i}\sin\left(\left(q_i\left(t_F\right)-\theta_T\left(t_F\right)\right)+\left(\theta_T\left(t_F\right)-\theta_{M,i}\left(t_F\right)\right)\right)-V_T\sin\left(q_i\left(t_F\right)-\theta_T\left(t_F\right)\right)=0 \\ V_{M,i}\sin\left(\left(q_i\left(t_F\right)-\theta_T\left(t_F\right)\right)-\theta_{MT,i}\right)-V_T\sin\left(q_i\left(t_F\right)-\theta_T\left(t_F\right)\right)=0 \end{cases} \tag{4-7}$$

将式(4-7)第二式左边第一项用正弦函数的和角公式展开，等式两边同时除以 $\cos\left(q_i\left(t_F\right)-\theta_T\left(t_F\right)\right)$，整理化简得

$$q_i\left(t_F\right)=\theta_T\left(t_F\right)+\arctan\left(\frac{\sin\theta_{MT,i}}{\cos\theta_{MT,i}-V_T/V_M}\right) \quad \left(q_i\left(t_F\right)\in\left[-\frac{\pi}{2},\frac{\pi}{2}\right]\right) \tag{4-8}$$

特别注意视线角 q_i 的取值范围，规定视线角始终取从水平参考线沿小角度方向旋转至视线所转过的角度，逆时针旋转取正值，顺时针旋转取负值。若由式(4-8)计算得到的 q_i 不在 $[-\pi/2,\pi/2]$ 范围，则需按照上述规定重新考虑视线角在取值范围内取值。在目标运动状态已知的前提下 $\theta_T\left(t_F\right)$ 能够由 $\hat{\theta}_T\left(\hat{t}_F\right)=\hat{\theta}_T\left(t+\hat{t}_{go}\right)$ 实时估算，故终端视线角 $q_i\left(t_F\right)$ 由攻击角 $\theta_{MT,i}$ 唯一确定，对攻击角的约束问题能通过式(4-8)转换为对视线角的约束问题。记 $q_{d,i}$ 为期望攻击角 $\theta_{MT,d,i}$ 所对应的终端期望视线角。一方面，需要零化视线角速率以实现准平行接近和零控脱靶量拦截，另一方面，要使得终端视线角收敛于期望值，故本节制导律的设计目标重新表述如下：

$$\forall i\in\mathbf{N}^*,i\leqslant n,\quad \exists 0<T_2<t_F,\quad s.t.\forall t\geqslant T_2$$

$$\dot{q}_i=0\wedge q_i=q_{d,i}=\theta_T\left(t_F\right)+\arctan\left(\frac{\sin\theta_{MT,d,i}}{\cos\theta_{MT,d,i}-V_T/V_M}\right) \tag{4-9}$$

特别指出，当目标静止时，即令式(4-8)中 $\theta_T\left(t_F\right)=V_T=0$，则有 $q_i\left(t_F\right)=\theta_{MT,i}$，此时的终端视线角即为攻击角。

选取如下四个状态变量：$x_1=r,x_2=\dot{r},x_3=q-q_d,x_4=\dot{q}$，将本节中的平面制导模型，即式(4-3)的第一、第二式，式(4-4)和式(4-5)写为以状态变量描述的状态空间的形式：

$$\begin{cases} \dot{x}_1=x_2 \\ \dot{x}_2=x_1x_4^2+a_T\sin\left(q-\theta_T\right)-a_M\sin\left(q-\theta_M\right) \\ \dot{x}_3=x_4 \\ \dot{x}_4=-\dfrac{2x_2x_4}{x_1}+\dfrac{a_T\cos\left(q-\theta_T\right)}{x_1}-\dfrac{a_M\cos\left(q-\theta_M\right)}{x_1} \end{cases} \tag{4-10}$$

4.2.2　带有攻击角约束的制导律设计

根据视线法向上的制导律设计目标，即使得 x_3 和 x_4 均能趋于零，选取如下非奇异快速终端滑模函数：

$$s = x_4 + \lambda x_3 + k \cdot \text{sig}^\alpha(x_3) \quad (\lambda、k > 0, \quad 0 < \alpha < 1) \tag{4-11}$$

引理 4-1[122]　标准超螺旋滑模控制二阶滑模算法设计如下：

$$\begin{cases} \dot{s} = -k_1 |s|^{1/2} \text{sign}(s) + w + \rho_1 \\ \dot{w} = -k_2 \text{sign}(s) + \rho_2 \end{cases} \tag{4-12}$$

式中，k_1、k_2 为需要设计的制导参数；ρ_1、ρ_2 为摄动项。在某些情况下，参数 k_1、k_2 对于有界摄动具有鲁棒性。由于式(4-12)右端不连续，将在菲利波夫 (Filippov)意义下理解其解的含义。

$\forall x_3 \neq 0$，所选取的滑模函数式(4-11)可导，其导数为

$$\begin{aligned} \dot{s} &= \dot{x}_4 + \left(\lambda + k \cdot \alpha |x_3|^{\alpha-1} \right) x_4 \\ &= -\frac{2x_{2,i} x_{4,i}}{x_{1,i}} - \frac{\cos(q_i - \theta_{M,i})}{x_{1,i}} a_{M,i} + d_{q,i} + \left(\lambda + k \cdot \alpha |x_3|^{\alpha-1} \right) x_4 \end{aligned} \tag{4-13}$$

使用了超螺旋滑模控制二阶滑模算法的制导律对目标机动具有较强的鲁棒性，且导弹机动能力能对目标构成明显优势，暂且忽略目标机动项的干扰 $d_{q,i}$，则

$$\dot{s} = -\frac{2x_{2,i} x_{4,i}}{x_{1,i}} - \frac{\cos(q_i - \theta_{M,i})}{x_{1,i}} a_{M,i} + \left(\lambda + k \cdot \alpha |x_3|^{\alpha-1} \right) x_4 \tag{4-14}$$

忽略摄动项的影响，即令 $\rho_1 = \rho_2 = 0$，同时联立式(4-12)和式(4-14)得

$$\begin{cases} a_{M,i} = \dfrac{x_{1,i}}{\cos(q_i - \theta_{M,i})} \left(k_1 |s|^{1/2} \text{sign}(s) - \dfrac{2x_{2,i} x_{4,i}}{x_{1,i}} + \left(\lambda + k \cdot \alpha |x_3|^{\alpha-1} \right) x_4 - w \right) \\ \dot{w} = -k_2 \text{sign}(s) \\ w(0) = 0 \end{cases} \tag{4-15}$$

4.2.3　仿真分析

本小节将通过数值仿真验证所提出的攻击角约束制导律的实际效果。下面分别针对四枚空空导弹协同迎击拦截匀速直线飞行目标和蛇形机动目标两种场景，展开仿真分析。仿真时默认导弹的最大可用过载为 30g，仿真步长为 1ms，各枚

导弹速度大小均为常值，$V_M = 3Ma$，目标速度大小也为常值，$V_T = 0.8Ma$。

为方便起见，取$1Ma = 340\text{m/s}$。制导参数选取：$\lambda = 5, k = 20, \alpha = 0.5, k_1 = 0.01$，$k_2 = 0.001$。导引头盲区距离$r_0 = 50\text{m}$。

(1) 场景一：目标做匀速直线运动。

该场景下四枚导弹的初始条件与约束条件、目标运动信息分别如表4-1和表4-2所示。该场景下目标以$0.8Ma$的速度水平向左做匀速直线运动，四枚导弹仅存在用于改变速度方向的垂直于速度矢量的加速度指令，而各枚导弹的速度大小始终保持为一常值。

表 4-1　超螺旋滑模下目标做匀速直线运动时四枚导弹的初始条件与约束条件

导弹编号	初始位置 $(x_I, y_I)/\text{km}$	速度大小 V_M	初始速度倾角 $\theta_M/(°)$	期望终端攻击角 $\theta_{MT,d}/(°)$	按式(4-8)计算得到的期望终端视线角 $q_d/(°)$
M_1	(0,30)	$3Ma$	0	$-25-180=-205$	-19.8139
M_2	(0,30)	$3Ma$	10	$-30-180=-210$	-23.8179
M_3	(0,30)	$3Ma$	-20	$5-180=-175$	3.9480
M_4	(0,30)	$3Ma$	-20	$10-180=-170$	7.8996

注：$\theta_{MT,d} = \theta_{M,d} - \theta_T(t_F)$。

表 4-2　超螺旋滑模下目标做匀速直线运动时运动信息

目标	初始位置 $(x_I, y_I)/\text{km}$	速度大小 V_T	速度倾角 $\theta_T/(°)$	机动加速度 $a_T g$
T	(150,10)	$0.8Ma$	180	0

超螺旋滑模下目标做匀速直线运动时仿真结果如图4-3所示。其中图4-3(a)为导弹和目标的运动轨迹曲线，各枚导弹能在平面中以包夹之势拦截目标；图4-3(b)为弹-目相对距离变化曲线，各枚导弹均能近乎以零控脱靶量拦截目标；图 4-3(c)为导弹的过载指令曲线，采用超螺旋滑模控制算法的滑模控制方法能有效抑制控制指令的抖振现象，除初始段需用过载较大外，过载曲线在全弹道上较为平顺；图 4-3(d)为剩余飞行时间曲线；图 4-3(e)为视线角曲线，黑色虚线为期望终端视线角，在终端时刻目标相对于各枚导弹的视线角能收敛至期望值；图 4-3(f)为弹-目速度矢量夹角曲线，$\theta_{MT}(t) = \theta_M(t) - \theta_T(t)$，该状态量终端时刻的取值即为前文定义的攻击角，显然在终端时刻各枚导弹的攻击角能收敛至期望值。

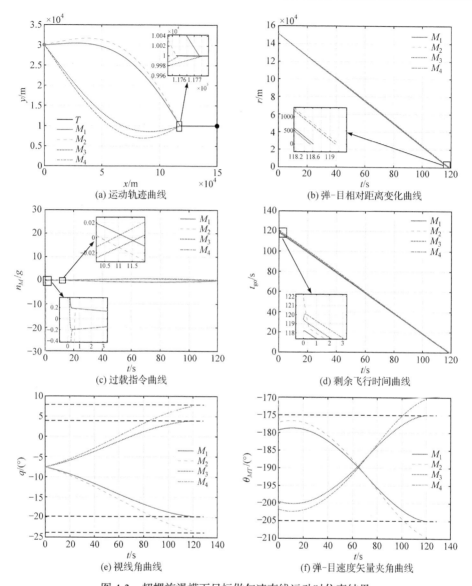

(a) 运动轨迹曲线　　(b) 弹-目相对距离变化曲线
(c) 过载指令曲线　　(d) 剩余飞行时间曲线
(e) 视线角曲线　　(f) 弹-目速度矢量夹角曲线

图 4-3　超螺旋滑模下目标做匀速直线运动时仿真结果

各枚导弹的脱靶量、实际拦截时间、实际终端攻击角和实际终端视线角及其期望值如表 4-3 所示。实际终端攻击角和实际终端视线角与其期望值的误差均在 1° 之内。虽然未对剩余飞行时间进行控制,各枚导弹在所选取的约束条件下仍能以较小的时间误差遇靶。

表 4-3 超螺旋滑模下目标做匀速直线运动各枚导弹的脱靶量、实际拦截时间、实际终端攻击角和实际终端视线角及其期望值

导弹编号	脱靶量/m	实际拦截时间/s	实际终端攻击角/(°)	期望终端攻击角/(°)	实际终端视线角/(°)	期望终端视线角/(°)
M_1	0.2981	118.618	−204.9105	−205	−19.8977	−19.8139
M_2	0.3602	119.204	−209.3839	−210	−23.4550	−23.8179
M_3	0.4714	118.541	−175.0442	−175	3.9796	3.9480
M_4	0.2195	119.123	−170.4973	−170	7.6027	7.8996

(2) 场景二：目标做蛇形机动。

该场景下四枚导弹的初始条件与约束条件、目标运动信息分别如表 4-4 和表 4-5 所示。注意，本节中所设计的制导律旨在对各枚导弹的终端攻击角加以约束，在目标机动的场景下其终端速度倾角无法直接获知，故终端期望视线角也无法直接通过式(4-8)式直接计算得到，但如前所述，二者均可以通过剩余飞行时间进行实时预测。区别于场景一，期望终端攻击角式(4-18)和期望终端视线角式(4-19)均为时变估计量，相关表达式如下：

$$\hat{t}_{go} = \frac{r}{|\dot{r}|} \tag{4-16}$$

$$\hat{\theta}_T\left(\hat{t}_F\right) = \hat{\theta}_T\left(t + \hat{t}_{go}\right) \tag{4-17}$$

$$\hat{\theta}_{MT,d,i} = \theta_{M,d,i} - \hat{\theta}_T\left(\hat{t}_F\right) = \theta_{M,d,i} - \hat{\theta}_T\left(t + \hat{t}_{go}\right) \tag{4-18}$$

$$\hat{q}_{d,i}\left(\hat{t}_F\right) = \hat{\theta}_T\left(\hat{t}_F\right) + \arctan\left(\frac{\sin\hat{\theta}_{MT,d,i}}{\cos\hat{\theta}_{MT,d,i} - V_T/V_M}\right) \quad \left(q_i \in \left[-\frac{\pi}{2}, \frac{\pi}{2}\right]\right) \tag{4-19}$$

表 4-4 超螺旋滑模下目标做蛇形机动时四枚导弹的初始条件与约束条件

导弹编号	初始位置 (x_I, y_I)/km	速度大小 V_M	初始速度倾角 θ_M/(°)	期望终端速度倾角 $\theta_{M,d}$/(°)
M_1	(0,30)	3Ma	20	−33
M_2	(0,30)	3Ma	10	−28
M_3	(0,30)	3Ma	0	−25
M_4	(0,30)	3Ma	−20	10

表 4-5 超螺旋滑模下目标做蛇形机动时运动信息

目标	初始位置 (x_I, y_I)/km	速度大小 V_T	初始速度倾角 θ_T/(°)	机动形式
T	(150,10)	0.8Ma	135	每 1/4 周期±1.6g 交替做圆周运动

该场景下目标以 0.8Ma 的常值速度大小、1.6g 的向心加速度做 1/4 周期交替圆周运动，机动形式示意如图 4-4 所示。因为加速度指令垂直于速度方向，所以四枚导弹的速度大小始终保持为一常值。

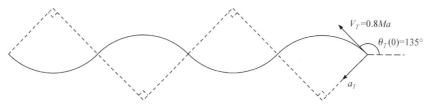

图 4-4　目标机动形式示意图

超螺旋滑模下目标做蛇形机动时仿真结果如图 4-5 所示。该场景下，由于目标做周期性机动，所设计制导律的加速度指令呈现周期性的起伏，运动轨迹也随之弯曲。各枚导弹的脱靶量、实际拦截时间、实际终端攻击角和实际终端视线角及其期望值如表 4-6 所示。在所选取的初始条件和约束条件下，各枚导弹的视线角和攻击角在实际终端时刻能够接近于期望值。

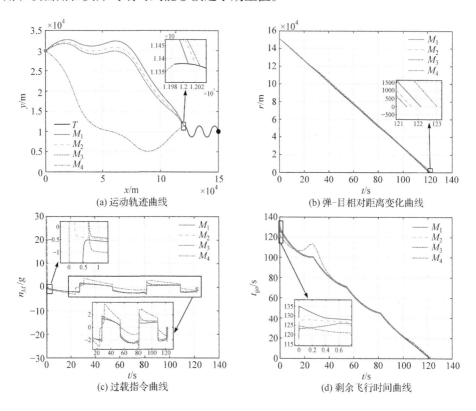

(a) 运动轨迹曲线　　　　　　　(b) 弹-目相对距离变化曲线

(c) 过载指令曲线　　　　　　　(d) 剩余飞行时间曲线

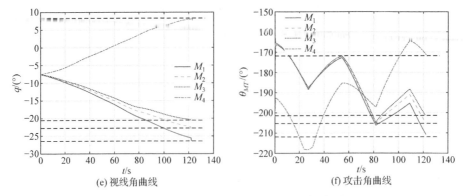

(e) 视线角曲线　　　　　　　　　　　(f) 攻击角曲线

图 4-5　超螺旋滑模下目标做蛇形机动时仿真结果

表 4-6　超螺旋滑模下目标做蛇形机动时各枚导弹的脱靶量、实际拦截时间、实际终端攻击角和实际终端视线角及其期望值

导弹编号	脱靶量/m	实际拦截时间/s	实际终端攻击角/(°)	期望终端攻击角/(°)	实际终端视线角/(°)	期望终端视线角/(°)
M_1	0.0632	122.160	−210.7704	−211.8982	−26.3649	−26.4456
M_2	0.5407	121.677	−204.8011	−205.3030	−23.6532	−22.7530
M_3	0.0160	121.409	−201.1709	−201.4183	−21.0394	−20.5392
M_4	0.1765	123.042	−171.9991	−171.8147	7.6220	8.2795

4.3　二维平面内带空间约束多弹协同制导律

随着科技的发展,现代战场环境日益复杂,空中高机动目标威胁越来越大,各国反导系统构建逐渐完善,导弹作为精确制导武器,在战场上发挥着重要作用。为了满足未来作战的需求,对导弹作战提出以下两个要求:一是要求多枚导弹以不同初始条件发射,同时攻击目标,实现对目标的饱和打击;二是要求多枚导弹以预期方位打击目标,显著提高导弹对反导系统的威胁程度以及对目标的毁伤效果。

4.3.1　问题描述

1. 二维制导模型建立

图 4-6 演示了交战场景。$M_i(i=1,2,\cdots,n)$ 为 n 枚协同作战导弹,T 为导弹所要拦截的机动目标。所谓带视线角约束的多导弹协同拦截目标,一方面,要求导弹以不同初始条件发射,即各导弹初始发射位置不同、初始发射速度不同,最终

能够在同一时刻拦截到目标；另一方面，要求各导弹在最终拦截到目标时，以所期望的特定方位打击目标。

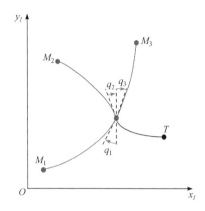

图 4-6　二维带视线角约束的多弹协同打击演示

本节制导律设计目的是在视线方向上控制导弹的飞行时间，在视线法向上控制导弹的视线角度。为了设计满足多弹齐射攻击要求的协同制导律，引入变量 t_{go} 作为导弹与目标之间的剩余飞行时间，根据文献[21]，剩余飞行时间 t_{go} 可以估计如下：

$$\hat{t}_{go} = -\frac{r}{\dot{r}} \tag{4-20}$$

式中，$\hat{t}_{go}$ 为 t_{go} 的估计值。通过控制 r 和 $\dot{r}$，可以控制各导弹剩余飞行时间趋于一致，实现多导弹协同打击。同样地，为满足导弹视线角达到理想终端视线角，可以取 $q - q_d$ 作为状态变量（q_d 为理想终端视线角），通过控制 q，使得 q 最终收敛于 q_d，实现导弹的视线角约束。综上，应取 $x_1 = r$、$x_2 = \dot{r}$、$x_3 = q - q_d$、$x_4 = \dot{q}$ 作为在二维情况下，设计多弹协同制导律所需要的状态变量。

第 2 章中已经详细推导了导弹在视线坐标系下的导弹动力学模型，再次重申：

$$a = \begin{bmatrix} a_{TxL} - a_{MxL} \\ a_{TyL} - a_{MyL} \end{bmatrix} = \begin{bmatrix} \ddot{r} - r\dot{q}^2 \\ 2\dot{r}\dot{q} + r\ddot{q} \end{bmatrix} \tag{4-21}$$

对式(4-21)化简得到

$$\ddot{r} = r\dot{q}^2 - a_{MxL} + a_{TxL} \tag{4-22}$$

$$\ddot{q} = \frac{1}{r}\left(-2\dot{r}\dot{q} - a_{MyL}\right) + \frac{a_{TxL}}{r} \tag{4-23}$$

将式(4-22)和式(4-23)写为以状态变量描述的状态空间的形式，如下所示：

$$\begin{cases} \dot{r}_{1,i} = x_{2,i} \\ \dot{x}_{2,i} = x_{1,i}x_{4,i}^2 - a_{MxL,i} + a_{TxL} \\ \dot{x}_{3,i} = x_{4,i} \\ \dot{x}_{4,i} = \dfrac{-2x_{2,i}x_{4,i}}{x_{1,i}} - \dfrac{a_{MyL,i}}{x_{1,i}} + \dfrac{a_{TyL}}{x_{1,i}} \end{cases} \tag{4-24}$$

式中，i 代表第 i 枚导弹的状态变量（$i=1,2,\cdots,n$），对于多弹协同制导来说，需要同时考虑多枚导弹。从上述状态空间方程可以看出，视线方向加速度指令 $a_{MxL,i}$ 与视线法向加速度指令 $a_{MyL,i}$ 互不干涉，即两个通道上方程组已解耦。由此可见，将导弹的加速度指令分解到视线方向与视线法向分别设计是合理的。本章后续的制导律设计也将从这两个方向开展。

2. 二维弹-目相对运动变量

弹-目相对运动距离 r 及其变化率 $\dot{r}$ 的计算表达式：

$$r = \sqrt{x_r^2 + y_r^2} \tag{4-25}$$

$$\dot{r} = \frac{x_r\dot{x}_r + y_r\dot{y}_r}{\sqrt{x_r^2 + y_r^2}} = \frac{x_r\dot{x}_r + y_r\dot{y}_r}{r} \tag{4-26}$$

式中，$x_r = x_T - x_M$；$y_r = y_T - y_M$。

视线角 q 和视线角速率 $\dot{q}$ 的计算表达式：

$$q = \arctan\frac{y_r}{x_r} \tag{4-27}$$

$$\dot{q} = \frac{1}{1+\left(y_r/x_r\right)^2} \cdot \frac{\dot{y}_r x_r - y_r\dot{x}_r}{x_r^2} = \frac{\dot{y}_r x_r - y_r\dot{x}_r}{r^2} \tag{4-28}$$

4.3.2　基于静态协同制导的二维空间约束多弹协同制导律

静态协同制导从本质来说是一种对单枚导弹飞行时间的控制方法，通过预先为各枚导弹设置相同的期望飞行时间，最终实现导弹同时发射与同时攻击，从而达到协同作战的目的。这是一种开环控制，不需要导弹相互通信，也无须组建导弹的通信网络，更容易实现。

1. 视线方向制导律设计

3.2 节中已经推导得到了导弹的状态变量方程，并证明了视线方向与视线法向两个通道不存在耦合，可以独立设计该方向上的制导律，对于设计视线方向上的加速度指令，只需要考虑式(4-24)中的前两个公式：

$$\begin{cases} \dot{x}_{1,i} = x_{2,i} \\ \dot{x}_{2,i} = x_{1,i}x_{4,i}^2 - a_{MxL,i} + a_{TxL} \end{cases} \tag{4-29}$$

式中，$a_{MxL,i}$ 为所要设计的导弹视线方向上的加速度指令。静态协调制导需要导弹实际飞行时间最终收敛于期望飞行时间，即

$$\lim_{t \to t_d} t_{F,i} = t_d \tag{4-30}$$

式中，$t_{F,i}$ 为实际飞行时间；t_d 为期望飞行时间。然而，实际情况下，导弹实际飞行总时间无法获得，通常由式(4-31)估计得到：

$$\hat{t}_{F,i} = t + \hat{t}_{go,i} \tag{4-31}$$

记导弹发射时 $t = 0$，$\hat{t}_{F,i}$ 为导弹飞行总时间的估计值，t 为导弹飞行过程中当前时间值，$\hat{t}_{go,i}$ 为剩余飞行时间的估计值。因此，视线方向上加速度指令的设计目的式(4-31)可以表示如下：

$$\hat{t}_{F,i} = t + \hat{t}_{go,i} = t_d \tag{4-32}$$

即设计 $a_{MxL,i}$ 使得 $\hat{t}_{F,i}$ 最终收敛于 t_d。由此，可选取以下滑模函数

$$s_{r,i} = t + \hat{t}_{go,i} - t_d \tag{4-33}$$

$\hat{t}_{go,i}$ 可由式(4-20)式得到，将式(4-20)式代入式(4-33)可得

$$s_{r,i} = t - \frac{r_i}{\dot{r}_i} - t_d \tag{4-34}$$

对式(4-33)式求导并将式(4-29)式代入，可得

$$\dot{s}_{r,i} = \frac{r_i \ddot{r}_i}{(\dot{r}_i)^2} = \frac{x_{1,i}^2 x_{4,i}^2 - x_{1,i}a_{MxL,i} + x_1 a_{TxL}}{x_{2,i}^2} \tag{4-35}$$

为了让系统状态变量快速收敛到滑模面，选取如下快速幂次趋近律：

$$\dot{s}_{r,i} = -k_1 s_{r,i} - k_2 \mathrm{sig}^{\rho_1}(s_{r,i}) \quad (k_1, k_2 > 0, \ 0 < \rho_1 < 1) \tag{4-36}$$

式中，$\mathrm{sig}^\rho(s) = |s|^\rho \mathrm{sign}(s)$。综合式(4-35)和式(4-36)，设计所得导弹在实现方向的加速度控制指令表达式如下所示：

$$a_{MxL,i} = \frac{x_{2,i}^2}{x_{1,i}}\left[\frac{x_{1,i}^2 x_{4,i}^2}{x_{2,i}^2} + \frac{x_{1,i}}{x_{2,i}^2}a_{TxL} + k_1 s_i + k_2 \mathrm{sig}^{\rho_1}(s_i)\right] \tag{4-37}$$

定理 4-1　对于系统式(4-29)，选取滑模面式(4-33)和趋近律式(4-36)，则滑模

函数在 $s_{l,i} = 0$ 处是渐近稳定的，即导弹在式(4-37)设计的加速度指令 $a_{MxL,i}$ 作用下，导弹飞行总时间估计值 $\hat{t}_{F,i}$ 最终能够收敛到期望飞行时间 t_d。

证明：选取以下正定的李雅普诺夫标量函数：

$$V = \frac{1}{2}s^2 \tag{4-38}$$

其导数为

$$\dot{V} = s\dot{s} = s\left(-k_1 s - k_2 \mathrm{sig}^{\rho_1}(s)\right) \tag{4-39}$$

显然，$\forall s \in \mathbf{R}, \dot{V} \leqslant 0$，仅当 $s = 0$ 时，$\dot{V} = 0$，故 $\dot{V}$ 在非零状态不为零，即 $\dot{V}$ 为负定。由李雅普诺夫稳定性定理知，所选取的滑模函数 s 关于原点渐近稳定。证明完毕。

2. 视线法向制导律设计

对于设计视线法向上的加速度指令，需要考虑系统状态方程式(4-24)的后两个方程式：

$$\begin{cases} \dot{x}_{3,i} = x_{4,i} \\ \dot{x}_{4,i} = \dfrac{-2x_{2,i}x_{4,i}}{x_{1,i}} - \dfrac{a_{MyL,i}}{x_{1,i}} + \dfrac{a_{TyL}}{x_{1,i}} \end{cases} \tag{4-40}$$

式中，$a_{MyL,i}$ 为所要设计的导弹视线法向加速度指令。在此方向上，制导律设计目的可以表示为

$$\lim_{t \to t_d} q_i = q_{d,i} \tag{4-41}$$

$$\lim_{t \to t_d} \dot{q}_i = 0 \tag{4-42}$$

式(4-41)和式(4-42)表示在所设计的 $a_{MyL,i}$ 加速度指令作用下，导弹视线角 q 最终收敛于期望视线角 q_d。为此，设计以下线性滑模面：

$$s_{n,i} = x_{4,i} + cx_{3,i} \quad (c > 0) \tag{4-43}$$

对方程两边求导得

$$\dot{s}_{n,i} = \dot{x}_{4,i} + c\dot{x}_{3,i} = \frac{-2x_{2,i}x_{4,i}}{x_{1,i}} - \frac{a_{MyL,i}}{x_{1,i}} + \frac{a_{TyL}}{x_{1,i}} + cx_{4,i} \tag{4-44}$$

选择快速幂次趋近律：

$$\dot{s}_{n,i} = -l_1 s_{n,i} - l_2 \mathrm{sig}^{\rho_2}(s_{n,i}) \quad (l_1,\ l_2 > 0,\ 0 < \rho_2 < 1) \tag{4-45}$$

联立式(4-42)、式(4-43)可得

$$a_{MyL,i} = x_{1,i}\left(\frac{-2x_{2,i}x_{4,i}}{x_{1,i}} + \frac{a_{TyL}}{x_{1,i}} + cx_{4,i} + l_1 s_{n,i} + l_2 \mathrm{sig}^{\rho_2}\left(s_{n,i}\right)\right) \tag{4-46}$$

定理 4-2 对于系统式(4-40),选取滑模面式(4-43)和趋近律式(4-45),则滑模函数在 $s_n = 0$ 处是渐近稳定的,即导弹在式(4-44)设计的加速度指令 $a_{MyL,i}$ 作用下,导弹视线角 q_i 最终能够收敛到期望终端视线角 $q_{\mathrm{d},i}$,并且导弹视线角速率 $\dot{q}_i$ 最终收敛到 0。

证明: 证明过程同定理 4-1,此处不再赘述。

综上所述,本节在视线方向上设计了一种静态协同制导律,在视线法向上采用线性滑模控制,两通道的加速度指令总结如下:

$$\begin{cases} a_{MxL,i} = \dfrac{x_{2,i}^2}{x_{1,i}}\left[\dfrac{x_{1,i}^2 x_{4,i}^2}{x_{2,i}^2} + \dfrac{x_{1,i}}{x_{2,i}^2}a_{TxL} + k_1 s_i + k_2 \mathrm{sig}^{\rho_1}\left(s_i\right)\right] \\[3mm] a_{MyL,i} = x_{1,i}\left(\dfrac{-2x_{2,i}x_{4,i}}{x_{1,i}} + \dfrac{a_{TyL}}{x_{1,i}} + cx_{4,i} + l_1 s_{n,i} + l_2 \mathrm{sig}^{\rho_2}\left(s_{n,i}\right)\right) \end{cases} \tag{4-47}$$

$$\left(k_1 、 k_2 、 c 、 l_1 、 l_2 > 0, \quad 0 < \rho_1 、 \rho_2 < 1\right)$$

3. 仿真分析

下面将通过计算机仿真,验证所设计的二维静态协同制导律的制导效果。本小节分别针对四枚导弹在水平面拦截匀加速目标和周期机动目标这两种场景,展开仿真分析。仿真步长为 0.001s,期望飞行时间 $t_\mathrm{d} = 110\mathrm{s}$,并作出以下假设:

假设 4-1 目标机动加速度 a_{TxL} 和 a_{TyL} 未知且对控制指令影响可忽略,即式(4-47)中 $a_{TxL} = a_{TyL} = 0$。

假设 4-2 导弹最大可用过载为 30g,且导弹执行机构响应足够快。

假设 4-3 导弹导引头盲区距离为 50m,即弹-目相对距离小于 50m 后,导弹失去控制,匀速飞向目标。

制导律相关参数选取如表 4-7 所示。

表 4-7 制导律相关参数选取

方向	视线方向	视线法向
	$k_1 = 10$	$l_1 = 5$
制导参数	$k_2 = 0.3$	$l_2 = 5$
	$\rho_1 = 0.8$	$c = 0.1$, $\rho_2 = 2/3$

(1) 场景一：目标在水平面内做匀加速运动。

该场景下四枚导弹各自初始条件如表 4-8 所示。目标初始条件如表 4-9 所示。

表 4-8　静态协同下目标匀加速时各导弹初始条件

导弹编号	初始位置 (x, y) / km	初始速度 (V_{Mx}, V_{My}) /(km/s)	视线角约束 q_d /(°)
M_1	(0,20)	(1.02,0)	10
M_2	(0,10)	(1.02,0)	15
M_3	(0,30)	(1.02,0)	−20
M_4	(0,40)	(1.02,0)	−25

表 4-9　静态协同下目标匀加速时初始条件

目标	初始位置 (x, y) / km	速度大小 V_T /(km/s)	初始速度倾角 θ_T /(°)	机动形式
T	(150,10)	0.51	135	每 1/4 周期±1.6g 交替做圆周运动

静态协同下目标匀加速时仿真结果如图 4-7 所示。其中，图 4-7(a)为各导弹及目标的运动轨迹曲线，四枚导弹从不同初始位置发射，迎面呈包夹之势打击处于匀速直线运动的目标。图 4-7(b)为弹-目相对距离变化曲线，可以看到弹-目相对距离最终收敛到 0，即各导弹均能成功拦截到目标。图 4-7(c)为导弹沿视线方向的过载指令曲线，初始时刻过载指令变化幅度较大，后段逐渐平缓。图 4-7(d)为导弹沿视线法向的过载指令曲线，末制导初始阶段该方向过载达到饱和。图 4-7(e)为各导弹视线角变化曲线，水平虚线预先设计的期望视线角，可以看到四枚导弹均在 45s 后收敛到期望视线角。图 4-7(f)为剩余飞行时间曲线，可以看到各导弹剩余飞行时间在静态加速度制导律控制下，迅速收敛到一致。

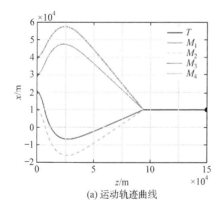

(a) 运动轨迹曲线

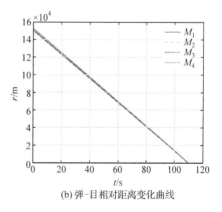

(b) 弹-目相对距离变化曲线

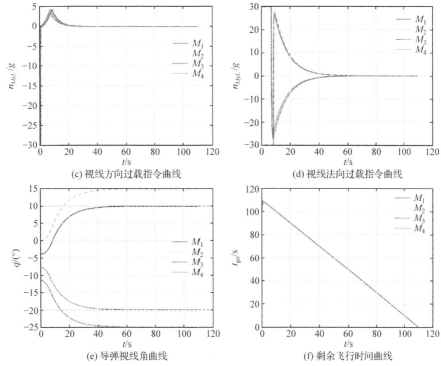

(c) 视线方向过载指令曲线　　　　　　(d) 视线法向过载指令曲线

(e) 导弹视线角曲线　　　　　　　　(f) 剩余飞行时间曲线

图 4-7　静态协同下目标匀加速时仿真结果

　　静态协同下目标匀加速时制导误差如表 4-10 所示。当目标处于本场景所设计的运动，在该加速度控制指令作用下，各导弹飞行时间均能趋于预先设计的110s 拦截时间，并且脱靶量与视线角误差均非常小。

表 4-10　静态协同下目标匀加速时制导误差

导弹编号	实际拦截时间 t_F / s	脱靶量/m	视线角误差/(°)
M_1	110	1.1860×10^{-6}	3.3562×10^{-4}
M_2	110	1.2816×10^{-6}	3.6352×10^{-2}
M_3	110	9.3704×10^{-7}	2.6345×10^{-4}
M_4	110	9.9996×10^{-7}	2.9653×10^{-4}

(2) 场景二：目标在水平面内做周期阶跃机动。

该场景下导弹初始条件与表 4-8 保持一致，目标初始条件如表 4-11 所示。

表 4-11　静态协同下目标阶跃机动时初始条件

目标	初始位置 (x,y) / km	速度大小 V_T /(km/s)	初始速度倾角 θ_T /(°)	机动形式
T	(150,10)	0.51	135	每 1/4 周期±1.6g 交替做圆周运动

　　静态协同下目标阶跃机动时仿真结果如图 4-8 所示。该场景下，目标做周期阶跃机动，导弹拦截目标难度明显要高于场景一。由图 4-8(a)可以看到，受目标机动影响，导致导弹运动轨迹发生一定程度的弯曲。图 4-8(c)与(d)中，目标的周期性运动使得加速度控制指令也产生周期性起伏，并且存在多个过载曲线快速变化的突变点，该点处过载变化率较大，对导弹实际机构响应速度提出了很高的要求。由图 4-8(e)可以看到，各导弹均在 40s 后收敛到期望视线角处，但是导弹在

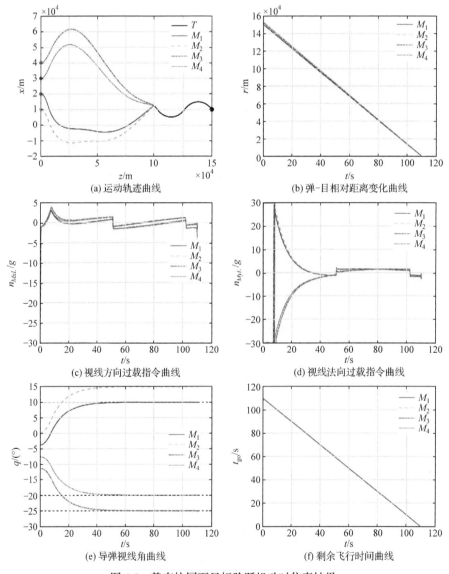

图 4-8　静态协同下目标阶跃机动时仿真结果

弹-目相对距离达到 50m 后失去控制，进入导引头盲区，导致视线角曲线在末端有一定突变，最终会使得视线角误差较大。

静态协同下目标阶跃机动时制导误差如表 4-12 所示。由于场景二目标处于周期阶跃机动，各导弹的脱靶量与视线角误差相较于场景一均有明显增加，但仍处于小范围内，即导弹仍能有效拦截到目标。

表 4-12　静态协同下目标阶跃机动时制导误差

导弹编号	实际拦截时间 t_F / s	脱靶量/m	视线角误差/(°)
M_1	110	0.1150	0.3206
M_2	110	0.1262	0.2935
M_3	110	0.0373	0.4177
M_4	110	0.0255	0.3998

4.3.3　基于多智能体一阶一致性算法的二维空间约束多弹协同制导律

本节及 3.4 节均采用多智能体一致性算法解决时间协同问题，即动态协同方法。区别于静态协同，动态协同利用多个导弹之间的信息交互，调节各导弹的飞行状态，使得导弹的剩余飞行时间达到一致，是一种闭环控制。动态协同需要在导弹间组成通信网络，会增加导弹通信负担，但是不需要预设导弹预期飞行时间，更加符合导弹实际作战情况。

1. 视线方向制导律设计

取视线方向通道状态变量作为本小节设计制导律所需要的状态变量：

$$\begin{cases} \dot{x}_{1,i} = x_{2,i} \\ \dot{x}_{2,i} = x_{1,i} x_{4,i}^2 - a_{MxL,i} + a_{TxL} \end{cases} \tag{4-48}$$

本小节采用多智能体一阶一致性算法，对于动态协同制导而言，制导目的是使各导弹总飞行时间 $t_{F,i}$ 趋于一致。在 3.3 节中，已经得到了总飞行时间 $t_{F,i}$ 的估计值 $\hat{t}_{F,i}$ 的计算方法，只需要控制各导弹 $\hat{t}_{F,i}$ 趋于一致，便可以实现各导弹协同。以下是对多智能体一阶一致性算法的简介。

定义 4-1　对于一个多智能体一阶多智能体系统：

$$\dot{v}_i = u_i \tag{4-49}$$

式中，$\dot{v}_i$ 代表第 i 个智能体的状态变量；u_i 代表施加在第 i 个智能体上的控制量。当智能体在控制量 u_i 作用下，状态变量 $\dot{v}_i$ 实现一致，则称 u_i 为多智能体一阶一致性算法。

由式(4-31)可知：

$$\hat{t}_{F,i} = t - \frac{r_i}{\dot{r}_i} \tag{4-50}$$

对式(4-50)求导可得

$$\dot{\hat{t}}_{F,i} = \frac{r_i \ddot{r}_i}{\left(\dot{r}_i\right)^2} \tag{4-51}$$

将式(4-35)代入状态变量式(4-51)，可得

$$\dot{\hat{t}}_{F,i} = \frac{x_{1,i}^2 x_{4,i}^2 - x_{1,i} a_{MxL,i} + x_{1,i} a_{TxL}}{x_{2,i}^2} \tag{4-52}$$

$\hat{t}_{F,i}$ 为各导弹所需要趋于一致的状态变量，取以下方程作为一阶多智能体系统：

$$\dot{\hat{t}}_{F,i} = u_i \tag{4-53}$$

由文献[22]可知，对于一个具有 n 个个体的多智能体系统，若智能体之间的通信拓扑图 G 是无向且连通的，可设计以下控制量 u_i：

$$u_i = \text{sign}\left(\sum_{j=1}^n a_{ij}\left(\hat{t}_{F,j} - \hat{t}_{F,i}\right)\right)\left|\sum_{j=1}^n a_{ij}\left(\hat{t}_{F,j} - \hat{t}_{F,i}\right)\right|^\xi \tag{4-54}$$

式中，a_{ij} 为导弹之间的通信权重。综合式(4-50)、式(4-40)和式(4-52)，可以求得 $a_{MxL,i}$ 表达式如下：

$$\begin{cases} a_{MxL,i} = \frac{x_{2,i}^2}{x_{1,i}}\left(\frac{x_{1,i}^2 x_{4,i}^2}{x_{2,i}^2} + \frac{x_{1,i} a_{TxL}}{x_{2,i}^2} - u_i\right) \\ u_i = \text{sign}\left(\sum_{j=1}^n a_{ij}\left(\hat{t}_{F,j} - \hat{t}_{F,i}\right)\right)\sum_{j=1}^n a_{ij}\left|\hat{t}_{F,j} - \hat{t}_{F,i}\right|^\xi \end{cases} \quad \left(0 < \xi < 1\right) \tag{4-55}$$

2. 视线法向制导律设计

取视线方向通道状态变量作为本小节设计制导律所需要的状态变量：

$$\begin{cases} \dot{x}_{3,i} = x_{4,i} \\ \dot{x}_{4,i} = \frac{-2x_{2,i} x_{4,i}}{x_{1,i}} - \frac{a_{MyL,i}}{x_{1,i}} + \frac{a_{TyL}}{x_{1,i}} \end{cases} \tag{4-56}$$

根据 3.3.2 小节阐述的视线法向制导律设计目标，选取以下非线性终端滑模函数：

$$s_{n,i} = k_1 x_{3,i} + k_2 x_{4,i} + k_3 \text{sig}^{\alpha}\left(x_{3,i}\right) \quad (k_1、k_2、k_3 > 0,\ 0 < \alpha < 1) \tag{4-57}$$

对滑模函数求导可得

$$\dot{s}_{n,i} = k_1 x_{4,i} + k_2 \dot{x}_{4,i} + k_3 \alpha \left|x_{3,i}\right|^{\alpha-1} x_4 \tag{4-58}$$

滑模趋近律选择快速幂次趋近律：

$$\dot{s}_{n,i} = -l_1 s_{n,i} - l_2 \text{sig}^{\beta}\left(s_{n,i}\right) \quad (l_1、l_2 > 0,\ 0 < \beta < 1) \tag{4-59}$$

结合式(4-54)、式(4-56)和式(4-57)可得

$$k_1 x_{4,i} + k_2\left(\frac{-2x_{2,i}x_{4,i}}{x_{1,i}} - \frac{a_{MyL,i}}{x_{1,i}} + \frac{a_{TyL}}{x_{1,i}}\right) + k_3 \alpha\left|x_{3,i}\right|^{\alpha-1} x_4 = -l_1 s_{n,i} - l_2 \text{sig}^{\rho_2}\left(s_{n,i}\right) \tag{4-60}$$

化简得到 $a_{MyL,i}$ 的表达式如下：

$$a_{MyL,i} = \frac{x_{1,i}}{k_2}\begin{pmatrix} k_1 x_{4,i} - k_2 \dfrac{2x_{2,i}x_{4,i}}{x_{1,i}} + k_2 \dfrac{a_{TyL}}{x_{1,i}} + k_3 \alpha\left|x_{3,i}\right|^{\alpha-1} x_4 \\ + l_1 s_{n,i} + l_2 \text{sig}^{\beta}\left(s_{n,i}\right) \end{pmatrix} \tag{4-61}$$

$$\left(k_1、k_2、k_3、l_1、l_2 > 0,\quad 0 < \alpha、\beta < 1\right)$$

综上所述，本节在视线方向上采用了多智能体一阶一致性算法，在视线法向上采用非奇异终端滑模面，两通道的加速度指令总结如下：

$$\begin{cases} a_{MxL,i} = \dfrac{x_{2,i}^2}{x_{1,i}}\left(\dfrac{x_{1,i}^2 x_{4,i}^2}{x_{2,i}^2} + \dfrac{x_{1,i} a_{TxL}}{x_{2,i}^2} - u_i\right) \\[3mm] u_i = \text{sign}\left(\displaystyle\sum_{j=1}^{n} a_{ij}\left(\hat{t}_{F,j} - \hat{t}_{F,i}\right)\right)\displaystyle\sum_{j=1}^{n} a_{ij}\left|\hat{t}_{F,j} - \hat{t}_{F,i}\right|^{\xi} \\[3mm] a_{MyL,i} = \dfrac{x_{1,i}}{k_2}\begin{pmatrix} k_1 x_{4,i} - k_2 \dfrac{2x_{2,i}x_{4,i}}{x_{1,i}} + k_2 \dfrac{a_{TyL}}{x_{1,i}} + k_3 \alpha\left|x_{3,i}\right|^{\alpha-1} x_4 \\ + l_1 s_{n,i} + l_2 \text{sig}^{\beta}\left(s_{n,i}\right) \end{pmatrix} \end{cases} \tag{4-62}$$

$$\left(k_1、k_2、k_3、l_1、l_2 > 0,\quad 0 < \alpha、\beta、\xi < 1\right)$$

3. 仿真分析

下面将通过计算机仿真，验证所设计的二维静态协同制导律的制导效果。本小节分别针对四枚导弹在水平面拦截匀速目标和周期机动目标这两种场景，展开仿真分析。仿真步长为0.001s，并作以下假设。

假设 4-4 目标机动加速度 a_{TxL} 和 a_{TyL} 未知且对控制指令影响可忽略，即式(4-62)

中 $a_{TxL} = 0$ ， $a_{TyL} = 0$ 。

四枚导弹间的通信拓扑关系如图 4-9 所示。根据通信关系，导弹的通信权系数矩阵 A 如图 4-10 所示。制导律相关参数选取如表 4-13 所示。

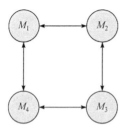

$$A = \begin{bmatrix} 0 & 1 & 0 & 1 \\ 1 & 0 & 1 & 0 \\ 0 & 1 & 0 & 1 \\ 1 & 0 & 1 & 0 \end{bmatrix}$$

图 4-9　四枚导弹间的通信拓扑关系　　　　图 4-10　通信权系数矩阵

表 4-13　制导律相关参数选取

方向	视线方向	视线法向
	$k_1 = 0.3$, $k_2 = 10$, $k_3 = 0.1$	
制导参数	$l_1 = l_2 = 10$	$\xi = 0.01$
	$\alpha = \beta = 0.7$	

(1) 场景一：目标在水平面内做匀速运动。

一阶一致性下目标匀速运动时各导弹初始条件如表 4-14 所示，目标初始条件如表 4-15 所示。

表 4-14　一阶一致性下目标匀速运动时各导弹初始条件

导弹编号	初始位置 (x, y) /km	初始速度 (V_{Mx}, V_{My}) /(km/s)	视线角约束 q_d /(°)
M_1	$(0, 20)$	$(1.02, 0)$	10
M_2	$(0, 10)$	$(1.02, 0)$	15
M_3	$(0, 30)$	$(1.02, 0)$	−20
M_4	$(0, 40)$	$(1.02, 0)$	−25

表 4-15　一阶一致性下目标匀速运动时初始条件

目标	初始位置 (x, y) /km	初始速度 (V_{Tx}, V_{Ty}) /(km/s)	机动加速度 $(a_{Tx}, a_{Ty})g$
T	$(150, 10)$	$(-0.51, 0)$	$(0, 0)$

　　一阶一致性下目标匀速运动时仿真结果如图 4-11 所示。其中，图 4-11(a)为各导弹和目标的运动轨迹曲线，四枚导弹从不同初始位置发射，受到视线角约束从两个方向上拦截目标。图 4-11(b)为弹-目相对距离变化曲线，一阶一致性算法不需要控制各弹-目相对距离收敛。图 4-11(c)为导弹沿视线方向的过载指令曲线，相比于 3.3.3 小节，本小节初始时刻过载指令变化幅度较小。图 4-11(d)为导弹沿视线法向的过载指令曲线，由于初始时刻视线角度误差较大，故过载指令在

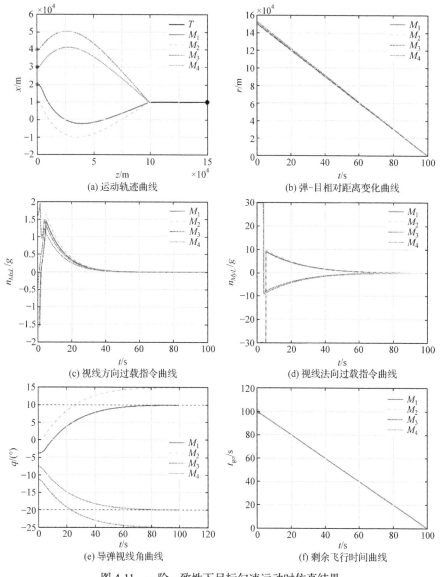

图 4-11　一阶一致性下目标匀速运动时仿真结果

前 5s 左右出现饱和。图 4-11(e)为各导弹视线角曲线，水平虚线预先设计的期望视线角，可以看到四枚导弹均在 65s 后收敛到期望视线角，收敛速度较上一部分更慢。图 4-11(f)为剩余飞行时间曲线，可以看到各导弹剩余飞行时间在一阶一致性算法控制下，迅速收敛到一致。

一阶一致性下目标匀速运动时制导误差如表 4-16 所示，从第二、第三列来看，各导弹时间协同误差为 0，最大脱靶量为 0.0904m，表明导弹可以很好地实现同时拦截到目标，最大视线角误差为 0.0126°。

表 4-16　一阶一致性下目标匀速运动时制导误差

导弹编号	实际拦截时间 t_F / s	脱靶量/m	视线角误差/(°)
M_1	99.939	0.0888	0.0097
M_2	99.939	0.0886	0.0126
M_3	99.939	0.0894	0.0052
M_4	99.939	0.0904	0.0077

(2) 场景二：目标在水平面内做周期阶跃机动。

一阶一致性下目标周期阶跃机动时导弹初始条件与表 4-14 保持一致，目标初始条件如表 4-17 所示。

表 4-17　一阶一致性下目标周期阶跃机动时初始条件

目标	初始位置 (x,y)/km	速度大小 V_T/(km/s)	初始速度倾角 θ_T/(°)	机动形式
T	(150,10)	0.51	135	每 1/4 周期±1.6g 交替做圆周运动

一阶一致性下目标周期阶跃机动时仿真结果如图 4-12 所示。相比于场景

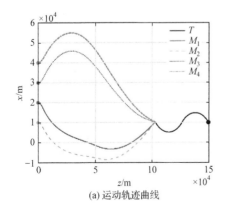

(a) 运动轨迹曲线

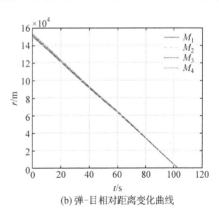

(b) 弹-目相对距离变化曲线

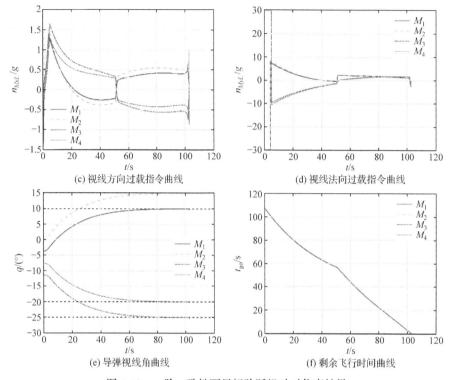

(c) 视线方向过载指令曲线　　　　　　　　　(d) 视线法向过载指令曲线

(e) 导弹视线角曲线　　　　　　　　　　　(f) 剩余飞行时间曲线

图 4-12　一阶一致性下目标阶跃机动时仿真结果

一，本场景下导弹沿视线方向和视线法向过载指令曲线发生明显变化，随着目标机动产生一定阶跃变化。剩余飞行时间曲线也不再近似为一条直线，呈现为两端曲线。

一阶一致性下目标周期阶跃机动时制导误差如表 4-18 所示。可以看到，时间协同误差仍非常小，为 0.001s，但由于目标机动影响，最大脱靶量(0.2858m)和最大视线角误差(0.3460°)有明显增加。

表 4-18　一阶一致性下目标周期阶跃机动时制导误差

导弹编号	实际拦截时间 t_F / s	脱靶量/m	视线角误差/(°)
M_1	102.859	0.0162	0.3460
M_2	102.859	0.0678	0.2854
M_3	102.858	0.2568	0.3309
M_4	102.858	0.2858	0.3432

4.3.4　基于二阶一致性算法的二维空间约束多弹协同制导律

本小节将采用二阶一致性算法解决视线方向和视线法向上的时间协同问题。

相比于一阶一致性算法直接控制 $\hat{t}_F$ ，使得各导弹总飞行时间趋于一致，二阶一致性算法通过控制使得各导弹的弹-目相对距离 r_i 与其变化率 $\dot{r}_i$ 趋于一致，由 $\hat{t}_{go,i} = -r_i / \dot{r}_i$ 知，各导弹剩余飞行时间估计值 $\hat{t}_{go}$ 也将趋于一致，又因为 $\hat{t}_{F,i} = t + \hat{t}_{go,i}$ ，最终间接实现各导弹总飞行时间的一致性。

1. 视线方向制导律设计

首先引入二阶一致性算法的定义。

定义 4-2 对于一个二阶多智能体系统：

$$\begin{cases} \dot{x}_{1,i} = x_{2,i} \\ \dot{x}_{2,i} = u_i \end{cases} \tag{4-63}$$

式中，$x_{1,i}$ 代表第 i 个智能体的位置状态；$x_{2,i}$ 代表第 i 个智能体的速度状态；u_i 代表施加在第 i 个智能体上的控制量。当智能体在控制量 u_i 作用下，状态变量 $x_{1,i}$ 和 $x_{2,i}$ 均能实现一致，则称 u_i 为多智能体二阶一致性算法。

选取导弹视线方向的两个状态方程，作为一个二阶多智能体系统：

$$\begin{cases} \dot{x}_{1,i} = x_{2,i} \\ \dot{x}_{2,i} = x_{1,i} x_{4,i}^2 - a_{MxL,i} + a_{TxL} = u_i \end{cases} \tag{4-64}$$

化简可得

$$a_{MxL,i} = x_{1,i} x_{4,i}^2 + a_{TxL} - u_i \tag{4-65}$$

由文献[23]可知，对于一个具有 n 个个体的多智能体系统，若智能体之间的通信拓扑图 G 是无向且连通的，可设计以下控制量 u_i ：

$$u_i = \sum_{j=1}^{n} a_{ij} \left[\psi_1 \left(\mathrm{sig}^\alpha \left(x_{1,j} - x_{1,i} \right) \right) + \psi_2 \left(\mathrm{sig}^{\frac{2\alpha}{1+\alpha}} \left(x_{2,j} - x_{2,i} \right) \right) \right] \quad (0 < \alpha < 1) \tag{4-66}$$

式中，a_{ij} 为导弹之间的通信权重；$\psi_1(x)$ 和 $\psi_2(x)$ 均为在原点有定义的连续递增奇函数，且满足 $x\psi_i(x) > 0 (\forall x \neq 0 \text{且} x \in \mathbf{R})$ ，在零附近有 $\psi_i(x) = ax + o(x)$ （a 为正数)。在 u_i 作用下，各导弹 $x_{1,i}$ 和 $x_{2,i}$ 将在有限时间下趋于一致。

根据以上要求，取 $\psi_1(x)$ 和 $\psi_2(x)$ 为可调参数的双曲正切函数，表达式如下：

$$\begin{cases} \psi_1(x) = m_1 \tanh(x, \varepsilon_1) = m_1 \dfrac{\mathrm{e}^{x/\varepsilon_1} - \mathrm{e}^{-x/\varepsilon_1}}{\mathrm{e}^{x/\varepsilon_1} + \mathrm{e}^{-x/\varepsilon_1}} \quad (m_1 \text{、} \ \varepsilon_1 > 0) \\[4mm] \psi_2(x) = m_2 \tanh(x, \varepsilon_2) = m_2 \dfrac{\mathrm{e}^{x/\varepsilon_2} - \mathrm{e}^{-x/\varepsilon_2}}{\mathrm{e}^{x/\varepsilon_2} + \mathrm{e}^{-x/\varepsilon_2}} \quad (m_2 \text{、} \ \varepsilon_2 > 0) \end{cases} \tag{4-67}$$

显然，双曲正切函数在原点有定义且为连续递增的奇函数。其余条件证明如下。

证明：

$$x\psi_i = m_i x \frac{\mathrm{e}^{x/\varepsilon_i} - \mathrm{e}^{-x/\varepsilon_i}}{\mathrm{e}^{x/\varepsilon_i} + \mathrm{e}^{-x/\varepsilon_i}} \tag{4-68}$$

当 $x > 0$ 时，$\psi_i > 0$；当 $x < 0$ 时，$\psi_i < 0$；仅当 $x = 0$，$x\psi_i = 0$。所取函数满足 $x\psi_i(x) > 0\,(\forall x \neq 0 \text{且} x \in \mathbf{R})$。该双曲正切函数在 $x = 0$ 处的一阶导数为

$$\left.\frac{\mathrm{d}\psi_i(x)}{\mathrm{d}x}\right|_{x=0} = \frac{m_i}{\varepsilon_i} \tag{4-69}$$

该双曲正切函数在 $x = 0$ 处带佩亚诺余项的泰勒展开式为

$$\begin{aligned}
\psi_i(x) &= \psi_i(0) + \left.\frac{\mathrm{d}\psi_i(x)}{\mathrm{d}x}\right|_{x=0} \cdot x + o(x) \\
&= \frac{m_i}{\varepsilon_i}x + o(x)
\end{aligned} \tag{4-70}$$

满足在 $x = 0$ 附近有 $\psi_i(x) = ax + o(x)$（a 为正数）。证明完毕。

综上，在二阶一致性算法控制下，导弹视线方向上加速度指令 $a_{MxL,i}$ 如下：

$$\begin{cases}
a_{MxL,i} = x_{1,i}x_{4,i}^2 + a_{TxL} - u_i \\
u_i = \displaystyle\sum_{j=1}^{n} a_{ij}\left[\psi_1\left(\mathrm{sig}(x_{1,j} - x_{1,i})^{\alpha}\right) + \psi_2\left(\mathrm{sig}(x_{2,j} - x_{2,i})^{\frac{2\alpha}{1+\alpha}}\right)\right]
\end{cases} \quad (0 < \alpha < 1) \tag{4-71}$$

2. 视线法向制导律设计

取视线法向通道状态变量作为本小节设计制导律所需要的状态变量：

$$\begin{cases}
\dot{x}_{3,i} = x_{4,i} \\
\dot{x}_{4,i} = \dfrac{-2x_{2,i}x_{4,i}}{x_{1,i}} - \dfrac{a_{MyL,i}}{x_{1,i}} + \dfrac{a_{TyL}}{x_{1,i}}
\end{cases} \tag{4-72}$$

根据 3.3.2 小节阐述的视线法向制导律设计目标，选取以下非奇异快速终端滑模函数：

$$s_{n,i} = x_{3,i} + l_1\mathrm{sig}^{\lambda_1}(x_{3,i}) + l_2\mathrm{sig}^{\lambda_2}(x_{4,i}) \quad (l_1,\ l_2 > 0,\ \lambda_1 > \lambda_2,\ 1 < \lambda_2 < 2) \tag{4-73}$$

对滑模函数求导可得

$$\dot{s}_{n,i} = x_{4,i} + l_1\lambda_1\left|x_{3,i}\right|^{\lambda_1-1}x_{4,i} + l_2\lambda_2\left|x_{4,i}\right|^{\lambda_2-1}\dot{x}_{4,i} \tag{4-74}$$

趋近律选择双幂次趋近律：

$$\dot{s}_{n,i} = -k_1 \mathrm{sig}^{\xi_1}\left(s_{n,i}\right) - k_2 \mathrm{sig}^{\xi_2}\left(s_{n,i}\right) \quad \left(k_1、\ k_2 > 0,\ 0 < \xi_1 < 1,\ \xi_2 > 1\right) \tag{4-75}$$

该趋近律以 $s_{n,i} = 1$ 为界限，系统状态从任何初始位置到达滑模面的过程分为两个阶段：当系统状态距离滑模面较远时，即 $\left|s_{n,i}\right| > 1$，此时第二项 $k_2 \mathrm{sig}^{\xi_2}\left(s_{n,i}\right)$ 作用较强，可以使得系统状态快速趋近到滑模面；当系统状态靠近滑模面时，$0 < \left|s_{n,i}\right| < 1$，此时趋近律主要取决于第一项 $-k_1 \mathrm{sig}^{\xi_1}\left(s_{n,i}\right)$。双幂次趋近律相比于传统快速律和幂次趋近律，趋近速度更快，且能一定程度上抑制滑模抖振。

结合式(4-66)、式(4-68)和式(4-69)可得，导弹视线法向加速度指令 $a_{MyL,i}$ 如下：

$$a_{MyL,i} = \frac{x_1}{l_2 \lambda_2 \left|x_{4,i}\right|^{\lambda_2 - 1}} \left(\begin{array}{l} x_{4,i} + l_1 \lambda_1 \left|x_{3,i}\right|^{\lambda_1 - 1} x_{4,i} - \dfrac{2l_2 \lambda_2 \left|x_{4,i}\right|^{\lambda_2 - 1} x_{2,i} x_{4,i}}{x_{1,i}} \\[3mm] + \dfrac{l_2 \lambda_2 \left|x_{4,i}\right|^{\lambda_2 - 1}}{x_{1,i}} a_{TxL} + k_1 \mathrm{sig}^{\xi_1}\left(s_{n,i}\right) + k_2 \mathrm{sig}^{\xi_2}\left(s_{n,i}\right) \end{array}\right) \tag{4-76}$$

$$\left(\begin{array}{l} l_1、\ l_2 > 0,\quad \lambda_1 > \lambda_2,\quad 1 < \lambda_2 < 2 \\ k_1、\ k_2 > 0,\quad 0 < \xi_1 < 1,\quad \xi_2 > 1 \end{array}\right)$$

综上所述，本小节在视线方向上采用了二阶一致性算法，在视线法向上采用非奇异终端滑模面，两通道的加速度指令总结如下：

$$\left\{\begin{array}{l} a_{MxL,i} = x_{1,i} x_{4,i}^2 + a_{TxL} - u_i \\[2mm] u_i = \displaystyle\sum_{j=1}^{n} a_{ij}\left[\psi_1\left(\mathrm{sig}^{\alpha}\left(x_{1,j} - x_{1,i}\right)\right) + \psi_2\left(\mathrm{sig}^{\frac{2\alpha}{1+\alpha}}\left(x_{2,j} - x_{2,i}\right)\right)\right] \\[4mm] a_{MyL,i} = \dfrac{x_1}{l_2 \lambda_2 \left|x_{4,i}\right|^{\lambda_2 - 1}} \left(\begin{array}{l} x_{4,i} + l_1 \lambda_1 \left|x_{3,i}\right|^{\lambda_1 - 1} x_{4,i} - \dfrac{2l_2 \lambda_2 \left|x_{4,i}\right|^{\lambda_2 - 1} x_{2,i} x_{4,i}}{x_{1,i}} \\[3mm] + \dfrac{l_2 \lambda_2 \left|x_{4,i}\right|^{\lambda_2 - 1}}{x_{1,i}} a_{TxL} + k_1 \mathrm{sig}^{\xi_1}\left(s_{n,i}\right) + k_2 \mathrm{sig}^{\xi_2}\left(s_{n,i}\right) \end{array}\right) \end{array}\right. \tag{4-77}$$

$$\left(\begin{array}{l} l_1、\ l_2 > 0,\quad \lambda_1 > \lambda_2,\quad 1 < \lambda_2 < 2 \\ k_1、\ k_2 > 0,\quad 0 < \alpha、\ \xi_1 < 1,\quad \xi_2 > 1 \end{array}\right)$$

3. 仿真分析

下面将通过计算机仿真，验证所设计的二维静态协同制导律的制导效果。本小节分别针对四枚导弹在水平面拦截匀速目标和周期机动目标这两种场景，展开仿真分析。仿真步长为0.001s，并作以下假设。

假设 4-5　目标机动加速度 a_{TxL} 和 a_{TyL} 未知且对控制指令影响可忽略，即式(4-65)中 $a_{TxL} = 0$ ， $a_{TyL} = 0$ 。

四枚导弹间的通信拓扑关系如图 4-13 所示。根据通信关系，导弹的通信权系数矩阵 A 可表示为图 4-14 形式。制导律相关参数选取如表 4-19 所示。

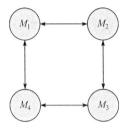

图 4-13　四枚导弹间的通信拓扑关系　　　　　图 4-14　通信权系数矩阵

表 4-19　制导律相关参数选取

方向	视线方向	视线法向
	$\alpha = 0.5$	$l_1 = 0.01$ ， $l_2 = 20$
制导参数	$m_1 = 800$ ， $m_2 = 500$	$k_1 = k_2 = 7$ ， $\lambda_1 = 2$ ， $\lambda_2 = 1.1$
	$\varepsilon_1 = \varepsilon_2 = 150$	$\xi_1 = 0.8$ ， $\xi_2 = 2$

(1) 场景一：目标在水平面内做匀速运动。

二阶一致性下目标匀速运动时各导弹初始条件如表 4-20 所示，目标初始条件如表 4-21 所示。

表 4-20　二阶一致性下目标匀速运动时各导弹初始条件

导弹编号	初始位置 $(x, y) / \text{km}$	初始速度 $\left(V_{Mx}, V_{My}\right)/(\text{km}/\text{s})$	视线角约束 $q_{\mathrm{d}} / (°)$
M_1	$(0, 20)$	$(1.02, 0)$	10
M_2	$(0, 10)$	$(1.02, 0)$	15
M_3	$(0, 30)$	$(1.02, 0)$	-20
M_4	$(0, 40)$	$(1.02, 0)$	-25

表 4-21　二阶一致性下目标匀速运动时初始条件

目标	初始位置 $(x, y) / \text{km}$	初始速度 $\left(V_{Tx}, V_{Ty}\right)/(\text{km}/\text{s})$	机动加速度 $\left(a_{Tx}, a_{Ty}\right)g$
T	$(150, 10)$	$(-0.51, 0)$	$(0, 0)$

　　二阶一致性下目标匀速运动时仿真结果如图 4-15 所示。图 4-15(a)为各导弹及目标的运动轨迹曲线。图 4-15(b)为弹-目相对距离变化曲线，二阶一致性算法需要控制各弹-目相对距离收敛，所以各导弹的弹-目相对距离在 5s 左右收敛到一致。图4-15(c)和(d)分别为导弹沿视线方向和视线法向的过载指令曲线。图4-15(e)为各导弹视线角曲线，水平虚线预先设计的期望视线角，可以看到四枚导弹均在 45s 后收敛到期望视线角，收敛速度较快。图 4-15(f)为剩余飞行时间曲线，可以看到各导弹剩余飞行时间在二阶一致性算法控制下，迅速收敛到一致。

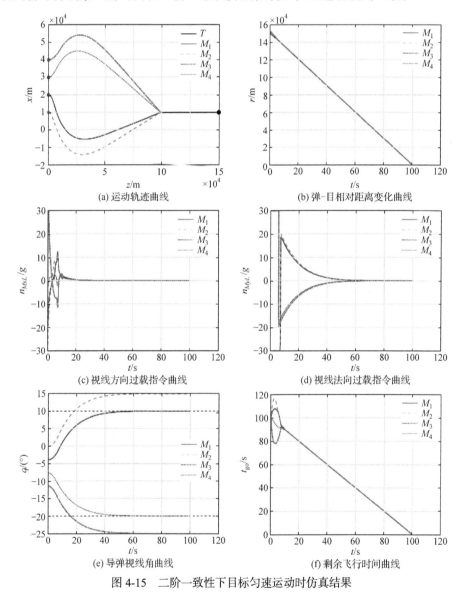

图 4-15　二阶一致性下目标匀速运动时仿真结果

二阶一致性下目标匀速运动时制导误差如表 4-22 所示。

表 4-22　二阶一致性下目标匀速运动时制导误差

导弹编号	实际拦截时间 t_F /s	脱靶量/m	视线角误差/(°)
M_1	100.194	0.0816	9.8430×10^{-5}
M_2	100.194	0.0816	1.2293×10^{-4}
M_3	100.194	0.0816	5.2902×10^{-5}
M_4	100.194	0.0816	7.1533×10^{-5}

(2) 场景二：目标在水平面内做周期阶跃机动。

二阶一致性下目标周期阶跃机动时导弹初始条件与表 4-20 保持一致，目标初始条件如表 4-23 所示。

表 4-23　二阶一致性下目标周期阶跃机动时初始条件

目标	初始位置 (x, y) /km	速度大小 V_T /(km/s)	初始速度倾角 θ_T /(°)	机动形式
T	(150,10)	0.51	135	每 1/4 周期±1.6g 交替做圆周运动

二阶一致性下目标周期阶跃机动时仿真结果如图 4-16 所示。相比于 3.3.3 小节和 3.4.3 小节，本小节沿视线方向过载指令受目标机动影响较小，而视线角曲线在末端产生了一定突变，这是由于导弹在弹-目相对距离达到 50m 后进入导引头盲区，导弹失去控制匀速飞向目标。

二阶一致性下目标周期阶跃机动时制导误差如表 4-24 所示。可以看到，导弹视线角误差较大，最大视线角误差为 0.9835°，这是进入导引头盲区导致，本小节假设导引头盲区距离为 50m，当盲区距离减少即导引头性能提高，相应视线

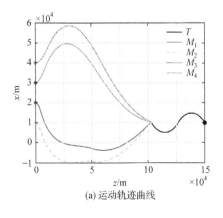

(a) 运动轨迹曲线

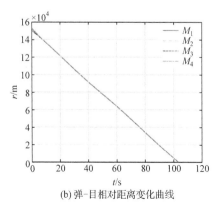

(b) 弹-目相对距离变化曲线

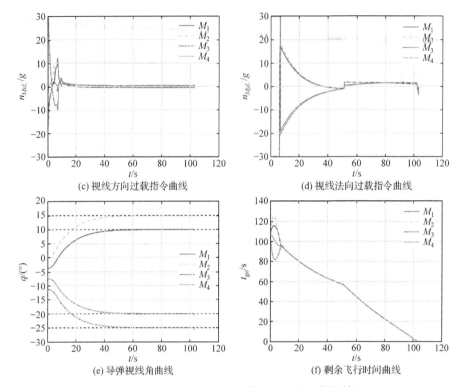

(c) 视线方向过载指令曲线　　　　　　　(d) 视线法向过载指令曲线

(e) 导弹视线角曲线　　　　　　　　　(f) 剩余飞行时间曲线

图 4-16　二阶一致性下目标周期阶跃机动时仿真结果

角误差也会减小。

表 4-24　二阶一致性下目标周期阶跃机动时制导误差

导弹编号	实际拦截时间 t_F / s	脱靶量/m	视线角误差/(°)
M_1	103.099	0.1188	0.3769
M_2	103.099	0.1243	0.3282
M_3	103.100	0.2920	0.9577
M_4	103.100	0.3047	0.9835

　　本节将实际制导模型简化到二维平面内,大致介绍了带视线角约束的导弹协同打击目标,由此启发建立了二维制导模型。本节还列写了制导模型中状态变量的计算公式,为后续制导律设计及其仿真验证奠定基础。4.3 节延续 4.2 节建立的制导模型及制导律设计思路,在视线方向上设计了一种静态协同制导律,通过滑模函数与快速幂次趋近律,使得各导弹剩余飞行时间估计值迅速趋于实际飞行时间,保证导弹在飞行时间上的一致,实现协同打击。在视线法向上采用线性滑

模控制，使得导弹视线角收敛到理想视线角且视线角速率收敛到 0，实现特定方位打击。

4.4 基于典型滑模控制方法带视线角约束的三维时间协同制导律

4.3 小节介绍了平面中带攻击角约束的制导律，攻击角约束理论上可以通过解析表达式(4-8)转化为对视线角的约束，但目标的终端速度倾角 $\theta_T(t_F)$ 在目标运动信息未知的情形下难以估计，对视线角直接加以约束的空间制导律更便于实际工程应用。为了在实现空间约束的同时，兼顾齐射攻击，本节将基于三维空间中视线坐标系下的制导模型，在视线方向上基于一阶一致性算法设计多弹时间协同制导律，在视线法向上基于典型滑模控制方法设计带视线角约束的空间制导律。

以状态空间形式描述的三维制导模型重申如下：

$$\begin{cases}
\dot{x}_1 = x_2 \\
\dot{x}_2 = x_1 x_4^2 + x_1 x_6^2 \cos^2 q_\varepsilon - a_{MxL} + a_{TxL} \\
\dot{x}_3 = x_4 \\
\dot{x}_4 = -\dfrac{2x_2 x_4}{x_1} - x_6^2 \sin q_\varepsilon \cos q_\varepsilon - \dfrac{a_{MyL}}{x_1} + \dfrac{a_{TyL}}{x_1} \\
\dot{x}_5 = x_6 \\
\dot{x}_6 = -\dfrac{2x_2 x_6}{x_1} + 2x_4 x_6 \tan q_\varepsilon + \dfrac{a_{MzL}}{x_1 \cos q_\varepsilon} - \dfrac{a_{TzL}}{x_1 \cos q_\varepsilon}
\end{cases} \tag{4-78}$$

式中，$x_1 = r$；$x_2 = \dot{r}$；$x_3 = q_\varepsilon - q_{\varepsilon,d}$；$x_4 = \dot{q}_\varepsilon$；$x_5 = q_\beta - q_{\beta,d}$；$x_6 = \dot{q}_\beta$，$q_{\varepsilon,d}$ 和 $q_{\beta,d}$ 分别为期望视线倾角和期望视线偏角。

本节制导律的设计目标为在视线方向上实现多弹飞行时间的一致，在视线法向上零化视线角速率以及使视线角收敛至期望值，表述如式(4-79)：

$$\forall i \neq j, i、j \in \mathbf{N}^*, i、j \leqslant n, \quad \exists 0 < T_1 < t_F, \quad \text{s.t.} \forall t \geqslant T_1$$
$$t_{\text{go},i} = t_{\text{go},j} \tag{4-79}$$

$$\forall i \in \mathbf{N}^*, i \leqslant n, \quad \exists 0 < T_2 < t_F, \quad \text{s.t.} \forall t \geqslant T_2$$
$$\dot{q}_{\varepsilon,i} = \dot{q}_{\beta,i} = 0 \wedge q_{\varepsilon,i} = q_{\varepsilon,d,i}, q_{\beta,i} = q_{\beta,d,i}$$
$$\Leftrightarrow x_{4,i} = x_{6,i} = 0 \wedge x_{3,i} = x_{5,i} = 0 \tag{4-80}$$

4.4.1 视线方向基于一阶一致性算法的多弹时间协同制导律

注意区别于 4.3.4 小节中的二阶一致性协同算法：控制多弹的状态变量 $x_{1,i}$ 和

$u_{2,i}$ 均趋于一致，间接实现剩余飞行时间估计值 $\hat{t}_{\text{go},i} = -r_i/\dot{r}_i = -x_{1,i}/x_{2,i}$ 的一致性。本小节沿视线方向拟采用一阶一致性算法直接控制多弹的预测飞行时间估计值 $\hat{t}_{\text{F},i}$ 趋于一致，进而剩余飞行时间估计值 $\hat{t}_{\text{go},i} = \hat{t}_{\text{F},i} - t$ 也能随之趋于一致。

定义 4-3[123]　　针对一个一阶多智能体系统：

$$\dot{\xi}_i = u_i \tag{4-81}$$

式中，$\xi_i \in \mathbf{R}$，表示第 i 个智能体的位置；$u_i \in \mathbf{R}$，表示对第 i 个智能体施加的加速度指令。若所设计的加速度指令 u_i 能使 ξ_i 达到一致，则称 u_i 为一阶一致性算法。

第 i 枚导弹的剩余飞行时间估计表达式仍选取为

$$\hat{t}_{\text{go},i} = -\frac{r_i}{\dot{r}_i} = -\frac{x_{1,i}}{x_{2,i}} \tag{4-82}$$

对其求导，并将式(4-78)中的前两式代入，得

$$\dot{\hat{t}}_{\text{go},i} = -1 + \frac{x_{1,i}}{x_{2,i}^2}\left(x_{1,i}x_{4,i}^2 + x_{1,i}x_{6,i}^2\cos^2 q_{\varepsilon,i}\right) - \frac{x_{1,i}}{x_{2,i}^2}a_{MxL,i} + \frac{x_{1,i}}{x_{2,i}^2}a_{TxL} \tag{4-83}$$

将目标机动项视作有界干扰，沿视线方向的目标机动项记为 $d_{r,i}$，即有

$$\dot{\hat{t}}_{\text{go},i} = -1 + \frac{x_{1,i}}{x_{2,i}^2}\left(x_{1,i}x_{4,i}^2 + x_{1,i}x_{6,i}^2\cos^2 q_{\varepsilon,i}\right) - \frac{x_{1,i}}{x_{2,i}^2}a_{MxL,i} + d_{r,i} \tag{4-84}$$

$$d_{r,i} = \frac{x_1}{x_2^2}a_{TxL} \quad \left(0 \leqslant |d_{r,i}| \leqslant \Delta_{r,i}\right) \tag{4-85}$$

式中，$\Delta_{r,i}$ 为一有限正常数。根据假设 3-8，忽略目标机动项的干扰，进一步简化得

$$\dot{\hat{t}}_{\text{go},i} = -1 + \frac{x_{1,i}}{x_{2,i}^2}\left(x_{1,i}x_{4,i}^2 + x_{1,i}x_{6,i}^2\cos^2 q_{\varepsilon,i}\right) - \frac{x_{1,i}}{x_{2,i}^2}a_{MxL,i} \tag{4-86}$$

令预测飞行时间估计值 $\hat{t}_{\text{F}} = t + \hat{t}_{\text{go}} = \xi_i$，于是可将状态方程式(4-86)视作一个一阶多智能体系统：

$$\dot{\xi}_i = u_i = \dot{\hat{t}}_{\text{F},i} = 1 + \dot{\hat{t}}_{\text{go},i} = \frac{x_{1,i}}{x_{2,i}^2}\left(x_{1,i}x_{4,i}^2 + x_{1,i}x_{6,i}^2\cos^2 q_{\varepsilon,i}\right) - \frac{x_{1,i}}{x_{2,i}^2}a_{MxL,i} \tag{4-87}$$

引理 4-2[124]　　对于一个一阶多智能体系统式(4-87)，如果多智能体之间的通信拓扑图 G 是无向且连通的，设计如下的虚拟控制指令 u_i：

$$u_i = \text{sign}\left(\sum_{j=1}^{n}a_{ij}\left(\xi_j - \xi_i\right)\right) \cdot \sum_{j=1}^{n}a_{ij}\left|\xi_j - \xi_i\right|^{\alpha} \quad (0 < \alpha < 1) \tag{4-88}$$

则 ξ_i 能在有限时间内达到一致，且一致收敛于其初始值的平均值：

$$\frac{1}{n}\sum_{i=1}^{n}\xi_i(0) \tag{4-89}$$

受该引理的启发，若针对系统式(4-87)，虚拟控制指令按式(4-88)取值，则多弹的预测飞行时间估计值 $\hat{t}_{\mathrm{F},i}$ 能在有限时间内一致收敛于其初值的平均值，而预测飞行时间在末段制导过程中具有相当高的精度，因此各枚导弹能够在该控制指令的作用下在同一时刻遇靶。具体设计过程为在视线方向上选取如下的积分滑模函数：

$$s_{r,i} = \hat{t}_{\mathrm{F},i}(0) - \hat{t}_{\mathrm{F},i}(0) - \int_0^t u_i \mathrm{d}t \tag{4-90}$$

式中，$\hat{t}_{\mathrm{F},i}(0)$ 为预测飞行时间的估计初始值；u_i 按式(4-88)取值。为了抑制控制指令的抖振现象，用边界层厚度 $\delta=1$ 的饱和函数替代符号函数，即有

$$u_i = \mathrm{sat}\left(\sum_{j=1}^{n} a_{ij}\left(\hat{t}_{\mathrm{F},j} - \hat{t}_{\mathrm{F},i}\right), \delta\right)\cdot\sum_{j=1}^{n} a_{ij}\left|\hat{t}_{\mathrm{F},j} - \hat{t}_{\mathrm{F},i}\right|^{\alpha} \quad (0 < \alpha < 1) \tag{4-91}$$

选取如下快速幂次趋近律

$$\dot{s}_{r,i} = -c_1\mathrm{sig}^{\beta}\left(s_{r,i}\right) - c_2 s_{r,i} \quad (c_1、c_2 > 0,\ 0 < \beta < 1) \tag{4-92}$$

当积分滑模函数收敛并保持至零时，有 $s_{r,i} = \dot{s}_{r,i} = 0$，即有

$$\dot{s}_{r,i} = \dot{\hat{t}}_{\mathrm{F},i} - u_i = 0 \Rightarrow u_i = \dot{\hat{t}}_{\mathrm{F},i} \tag{4-93}$$

根据引理 4-2 可知，当系统状态到达并沿滑模面 $s_{r,i}=0$ 运动时，控制指令 u_i 能使得多弹预测飞行时间估计值 $\hat{t}_{\mathrm{F},i}$ 一致收敛于其初值的平均值。

令式(4-92)和式(4-93)两式等号右端相等，得

$$u_i = \dot{\hat{t}}_{\mathrm{F},i} + c_1\mathrm{sig}^{\beta}\left(s_{r,i}\right) + c_2 s_{r,i} \tag{4-94}$$

将式(4-87)代入式(4-94)，解得视线方向的加速度指令为

$$\begin{cases} a_{MxL,i} = -\dfrac{x_{2,i}^2}{x_{1,i}}\left(1 - \dfrac{x_{1,i}}{x_{2,i}^2}\left(x_{1,i}x_{4,i}^2 + x_{1,i}x_{6,i}^2\cos^2 q_{\varepsilon,i}\right) - c_1\mathrm{sig}^{\beta}\left(s_{r,i}\right) - c_2 s_{r,i} + u_i\right) \\ u_i = \mathrm{sat}\left(\sum_{j=1}^{n} a_{ij}\left(\hat{t}_{\mathrm{F},j} - \hat{t}_{\mathrm{F},i}\right), \delta\right)\cdot\sum_{j=1}^{n} a_{ij}\left|\hat{t}_{\mathrm{F},j} - \hat{t}_{\mathrm{F},i}\right|^{\alpha} \quad (0 < \alpha < 1) \end{cases} \tag{4-95}$$

4.4.2　视线法向基于典型滑模控制方法带视线角约束的空间制导律

滑模运动包括趋近运动和滑模运动两个过程，前者为系统从任意初始状态趋向直至到达滑模面 $s=0$ 的运动，即 $s \to 0$ 的过程；后者为系统在滑动模态区(简

称滑模区或滑模面) $s = 0$ 上的运动。基于趋近律的滑模控制方法能够改善趋近运动的动态品质，其一般设计思路包括滑模面的选取和趋近律的选择，并辅以模糊控制、自适应动态增益或选取连续的切换函数等方法抑制控制指令中滑模变结构项的抖振现象。

本小节拟在视线法向上沿用上述一般思路，在视线倾角方向和视线偏角方向均基于积分滑模面和双幂次趋近律设计带视线角约束的空间制导律。

1. 视线倾角方向制导律设计

考虑视线倾角方向的状态方程，即式(4-78)中的第三、第四两式：

$$\begin{cases} \dot{x}_3 = x_4 \\ \dot{x}_4 = -\dfrac{2x_2 x_4}{x_1} - x_6^2 \sin q_\varepsilon \cos q_\varepsilon - \dfrac{a_{MyL,i}}{x_1} + \dfrac{a_{TyL}}{x_1} \end{cases} \tag{4-96}$$

根据视线法向的制导律设计目标，选取如下积分滑模函数[57]：

$$s_\varepsilon = x_4 - x_4(0) + \int_0^t \left(k_1 \mathrm{sig}^{\alpha_1}(x_3) + k_2 \mathrm{sig}^{\alpha_2}(x_4) \right) \mathrm{d}t \tag{4-97}$$

其导数为

$$\begin{aligned} \dot{s}_\varepsilon &= \dot{x}_4 + k_1 \mathrm{sig}^{\alpha_1}(x_3) + k_2 \mathrm{sig}^{\alpha_2}(x_4) \\ &= -\frac{2x_2 x_4}{x_1} - x_6^2 \sin q_\varepsilon \cos q_\varepsilon - \frac{a_{MyL,i}}{x_1} + \frac{a_{TyL}}{x_1} + k_1 \mathrm{sig}^{\alpha_1}(x_3) + k_2 \mathrm{sig}^{\alpha_2}(x_4) \end{aligned} \tag{4-98}$$

选取如下双幂次趋近律[58]：

$$\dot{s}_\varepsilon = -l_1 \mathrm{sig}^{\beta_1}(s_\varepsilon) - l_2 \mathrm{sig}^{\beta_2}(s_\varepsilon) \tag{4-99}$$

式中，$0 < \beta_1 < 1$；$\beta_2 > 1$；$l_1 > 0$；$l_2 > 0$。该趋近律以 $s_\varepsilon = 1$ 为界，将系统状态从任意初始位置到达滑模面的过程分为两个阶段：当系统状态接近于滑模面，即 $0 < |s_\varepsilon| < 1$ 时，趋近速率主要取决于式(4-99)等号右端第一项；当系统状态远离滑模面，即 $|s_\varepsilon| \geqslant 1$ 时，趋近速率主要取决于式(4-99)等号右端第二项。该趋近律能获得比传统的指数趋近律和幂次趋近律更快的趋近速率，同时能在一定程度上削弱系统的抖振现象。

将目标机动视作有界干扰，沿视线倾角方向的目标机动加速度记为 d_ε，即

$$d_\varepsilon = a_{TyL} \quad \left(0 \leqslant |d_\varepsilon| \leqslant \Delta_\varepsilon \right) \tag{4-100}$$

式中，Δ_ε 为一有界正常数。综合式(4-98)和式(4-99)并结合式(4-100)，沿视线倾角方向的加速度指令设计为

$$a_{MyL,i} = -2x_2x_4 - x_1x_6^2 \sin q_\varepsilon \cos q_\varepsilon + k_1x_1\mathrm{sig}^{\alpha_1}(x_3) + k_2x_1\mathrm{sig}^{\alpha_2}(x_4)$$

$$+ l_1x_1\mathrm{sig}^{\beta_1}(s_\varepsilon) + l_2x_1\mathrm{sig}^{\beta_2}(s_\varepsilon) + \mathrm{sign}(s_\varepsilon)\cdot\varDelta_\varepsilon \tag{4-101}$$

定理 4-3 针对系统式(4-96)，选取积分滑模函数式(4-97)及双幂次趋近律式(4-99)，在沿视线倾角方向制导律式(4-101)的作用下，所选取的滑模函数关于原点 $s_\varepsilon = 0$ 是渐近稳定的，即状态变量 x_3 和 x_4 能趋向于零，导弹能达到期望的视线倾角并零化视线倾角速率。

证明： 将式(4-101)代入式(4-98)，得

$$\dot{s}_\varepsilon = -l_1\mathrm{sig}^{\beta_1}(s_\varepsilon) - l_2\mathrm{sig}^{\beta_2}(s_\varepsilon) - \frac{\mathrm{sign}(s_\varepsilon)\cdot\varDelta_\varepsilon - a_{TyL}}{x_1} \tag{4-102}$$

选取如下正定的李雅普诺夫标量函数：

$$V = \frac{1}{2}s_\varepsilon^2 \tag{4-103}$$

其导数为

$$\dot{V} = s_\varepsilon\dot{s}_\varepsilon = s_\varepsilon\left(-l_1\mathrm{sig}^{\beta_1}(s_\varepsilon) - l_2\mathrm{sig}^{\beta_2}(s_\varepsilon) - \frac{\mathrm{sign}(s_\varepsilon)\cdot\varDelta_\varepsilon - a_{TyL}}{x_1}\right) \tag{4-104}$$

注意到，$x_1 = r \geqslant 0$ 恒成立。显然，$\forall s_\varepsilon \in \mathbf{R}$、$\dot{V} \leqslant 0$ 恒成立，当且仅当 $s_\varepsilon = 0$ 时，$\dot{V} = 0$，故 $\dot{V}$ 在非零状态下不恒为零。由李雅普诺夫稳定性定理可知，所选取的滑模函数关于原点 $s = 0$ 是渐近稳定的。

2. 视线偏角方向制导律设计

视线偏角方向上的制导律设计思路同视线倾角方向制导律完全一致。考虑视线偏角方向的状态方程，即式(4-78)中的第五、第六两式：

$$\begin{cases} \dot{x}_5 = x_6 \\ \dot{x}_6 = -\dfrac{2x_2x_6}{x_1} + 2x_4x_6\tan q_\varepsilon + \dfrac{a_{MzL,i}}{x_1\cos q_\varepsilon} - \dfrac{a_{TzL}}{x_1\cos q_\varepsilon} \end{cases} \tag{4-105}$$

选取如下积分滑模函数：

$$s_\beta = x_6 - x_6(0) + \int_0^t \left(m_1\mathrm{sig}^{\lambda_1}(x_5) + m_2\mathrm{sig}^{\lambda_2}(x_6)\right)\mathrm{d}t \tag{4-106}$$

其导数为

$$\dot{s}_\beta = \dot{x}_6 + m_1\mathrm{sig}^{\lambda_1}(x_5) + m_2\mathrm{sig}^{\lambda_2}(x_6)$$

$$= -\frac{2x_2x_6}{x_1} + 2x_4x_6\tan q_\varepsilon + \frac{a_{MzL,i}}{x_1\cos q_\varepsilon} - \frac{a_{TzL}}{x_1\cos q_\varepsilon} + m_1\mathrm{sig}^{\lambda_1}(x_5) + m_2\mathrm{sig}^{\lambda_2}(x_6) \tag{4-107}$$

选取如下双幂次趋近律：

$$\dot{s}_\beta = -n_1 \text{sig}^{\mu_1}\left(s_\beta\right) - n_2 \text{sig}^{\mu_2}\left(s_\beta\right) \tag{4-108}$$

式中，$0 < \mu_1 < 1$；$\mu_2 > 1$；$n_1 > 0$；$n_2 > 0$。

将目标机动视作有界干扰，沿视线偏角方向的目标机动加速度记为 d_β，即

$$d_\beta = a_{TzL} \quad \left(0 \leqslant |d_\beta| \leqslant \Delta_\beta\right) \tag{4-109}$$

式中，Δ_β 为一有界正常数。综合式(4-107)和式(4-108)并结合式(4-109)，沿视线偏角方向的加速度指令设计为

$$a_{MzL,i} = x_1 \cos q_\varepsilon \left(\frac{2x_2 x_6}{x_1} - 2x_4 x_6 \tan q_\varepsilon - m_1 \text{sig}^{\lambda_1}\left(x_5\right) - m_2 \text{sig}^{\lambda_2}\left(x_6\right) - n_1 \text{sig}^{\mu_1}\left(s_\beta\right)\right.$$

$$\left. - n_2 \text{sig}^{\mu_2}\left(s_\beta\right)\right) + \text{sign}\left(s_\beta\right) \cdot \Delta_\beta \tag{4-110}$$

定理 4-4 针对系统式(4-105)，选取积分滑模函数式(4-106)及双幂次趋近律式(4-108)，在沿视线偏角方向制导律的作用下，所选取的滑模函数关于原点 $s_\beta = 0$ 是渐近稳定的，即状态变量 x_5 和 x_6 能趋向于零，导弹能达到期望的视线偏角并零化视线偏角速率。

证明： 与定理 4-3 完全一致，从略。

为了减小在滑模面附近由目标机动估值补偿项 $\text{sign}\left(s_\varepsilon\right) \cdot \Delta_\varepsilon$ 和 $\text{sign}\left(s_\beta\right) \cdot \Delta_\beta$ 带来的大幅高频跳变，进而导致系统出现滑模抖振现象，拟选取带有一个可调参数的双曲正切函数代替符号函数，其表达式记为

$$\tanh(x, \varepsilon) = \frac{e^{\frac{x}{\varepsilon}} - e^{-\frac{x}{\varepsilon}}}{e^{\frac{x}{\varepsilon}} + e^{-\frac{x}{\varepsilon}}} \quad (\varepsilon > 0) \tag{4-111}$$

该函数一阶连续可导，ε 的取值决定了函数图像的陡峭程度，当分别取 0.5、1、2 时，对应的函数图像如图 4-17 所示。

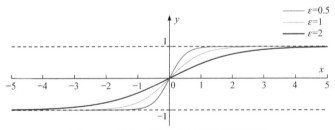

图 4-17　参数可调的双曲正切函数图像

综上所述，本小节所设计的沿视线法向的制导律总结如下：

$$\begin{cases} a_{MyL,i} = -2x_2 x_4 - x_1 x_6^2 \sin q_\varepsilon \cos q_\varepsilon + k_1 x_1 \mathrm{sig}^{\alpha_1}(x_3) + k_2 x_1 \mathrm{sig}^{\alpha_2}(x_4) + l_1 x_1 \mathrm{sig}^{\beta_1}(s_\varepsilon) \\ \qquad\quad + l_2 x_1 \mathrm{sig}^{\beta_2}(s_\varepsilon) + \tanh(s_\varepsilon, \varepsilon_1) \cdot \Delta_\varepsilon \\ a_{MzL,i} = x_1 \cos q_\varepsilon \left(\dfrac{2x_2 x_6}{x_1} - 2x_4 x_6 \tan q_\varepsilon - m_1 \mathrm{sig}^{\lambda_1}(x_5) - m_2 \mathrm{sig}^{\lambda_2}(x_6) - n_1 \mathrm{sig}^{\mu_1}(s_\beta) \right. \\ \qquad\qquad \left. - n_2 \mathrm{sig}^{\mu_2}(s_\beta) \right) + \tanh(s_\beta, \varepsilon_2) \cdot \Delta_\beta \end{cases}$$

$$(4\text{-}112)$$

4.4.3　仿真分析

本小节将通过数值仿真，验证所提出带视线角约束的时间协同制导律的效果。下面分别针对四枚空空导弹协同拦截在水平面内做周期阶跃机动和在水平面内做正弦机动的同时沿铅垂方向做常值机动的目标两种场景，展开仿真分析。根据假设 3-7，取目标机动上界 $\Delta_\varepsilon = \Delta_\beta = 12g$。仿真时默认导弹的最大可用过载为 $30g$，仿真步长为 $1\mathrm{ms}$。制导参数的选取如表 4-25 所示。弹间通信拓扑无向且连通。

表 4-25　制导参数的选取

方向	视线方向	视线倾角方向	视线偏角方向
	$\alpha = 0.8$	$k_1 = 0.01, k_2 = 0.02$	$m_1 = 0.01, m_2 = 0.02$
	$\beta = 0.5$	$\alpha_1 = 0.5, \alpha_2 = 0.5$	$\lambda_1 = 0.5, \lambda_2 = 0.5$
制导参数选取	$c_1 = 1$	$l_1 = 0.3, l_2 = 15$	$n_1 = 0.3, n_2 = 15$
	$c_2 = 3$	$\beta_1 = 0.8, \beta_2 = 1.2$	$\mu_1 = 0.8, \mu_2 = 1.2$
	$\delta = 1$	$\varepsilon_1 = 1$	$\varepsilon_2 = 1$

四枚导弹间的通信拓扑关系以及与其对应的权系数矩阵分别如图 4-18 和图 4-19 所示。

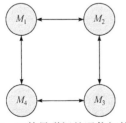

$$A = \begin{bmatrix} 0 & 1 & 0 & 1 \\ 1 & 0 & 1 & 0 \\ 0 & 1 & 0 & 1 \\ 1 & 0 & 1 & 0 \end{bmatrix}$$

图 4-18　四枚导弹间的通信拓扑关系　　　　图 4-19　通信权系数矩阵

(1) 场景一：目标在水平面内做周期阶跃机动。

典型滑模下目标阶跃机动时四枚导弹的初始条件与视线角约束条件如表 4-26 所示，初始位置和初始速度均分解至惯性坐标系中。

表 4-26　典型滑模下目标阶跃机动时四枚导弹的初始条件与视线角约束条件

导弹编号	初始位置 $(x_I, y_I, z_I)/\text{km}$	初始速度 $(V_{Mx}, V_{My}, V_{Mz})/(\text{km/s})$	视线倾角约束 $q_{\varepsilon,\text{d}}/(°)$	视线偏角约束 $q_{\beta,\text{d}}/(°)$
M_1	$(0,30,0)$	$(1.02,0,0)$	-20	-20
M_2	$(3,30,0)$	$(1.02,0,0)$	-25	-10
M_3	$(5,30,0)$	$(1.02,0,0)$	-30	10
M_4	$(8,30,0)$	$(1.02,0,0)$	-35	15

目标以 $6g$ 加速度大小在水平面内做侧向周期阶跃机动，其运动信息如表 4-27 所示，初始位置、初始速度及机动加速度均分解至惯性坐标系中。

表 4-27　典型滑模下目标阶跃机动时运动信息

目标	初始位置 $(x_I, y_I, z_I)/\text{km}$	初始速度 $(V_{Mx}, V_{My}, V_{Mz})/(\text{km/s})$	机动加速度 $(a_{Tx}, a_{Ty}, a_{Tz})g$
T	$(40,10,0)$	$(-0.51,0,0)$	$(0,0,6\,\text{sign}(\cos(0.5t)))$

典型滑模下目标阶跃机动时仿真结果如图 4-20 所示。图 4-20(a)为各枚导弹

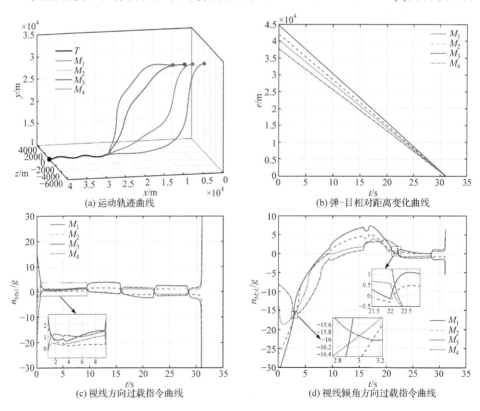

(a) 运动轨迹曲线　　　(b) 弹-目相对距离变化曲线

(c) 视线方向过载指令曲线　　　(d) 视线倾角方向过载指令曲线

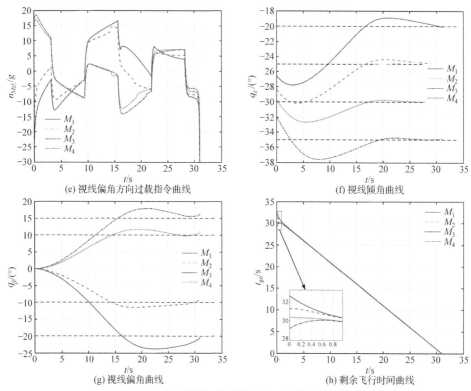

图 4-20　典型滑模下目标阶跃机动时仿真结果图

与目标的运动轨迹曲线，各枚导弹在所设计制导律的作用下能以围猎态势对机动目标实施齐射攻击；图 4-20(b)为弹-目相对距离变化曲线；图 4-20(c)、(d)、(e)分别为视线方向、视线倾角方向、视线偏角方向的过载指令曲线；图 4-20(f)、(g)分别为视线倾角和视线偏角曲线，其中水平虚线表示事先设定的各枚导弹视线角的期望收敛值；图 4-20(h)为剩余飞行时间曲线。

　　该场景下各枚导弹的脱靶量、实际拦截时间、实际拦截视线角及其期望值如表 4-28 所示。四枚导弹的脱靶量均在可接受范围内，且能几乎在同一时刻遇靶，最大时间协同误差 $t_{F,4} - t_{F,1} = 8\text{ms}$，终端视线倾角与期望值的最大误差为 $0.1531°$，终端视线偏角与期望值的最大误差为 $1.1616°$。无论是从时间协同还是空间视线角约束的角度，所设计的制导律均能较为理想地达到本节的制导目标。

表 4-28　典型滑模下目标阶跃机动时各枚导弹的脱靶量、实际拦截时间、实际拦截视线角及其期望值

导弹编号	脱靶量/m	实际拦截时间/s	实际拦截视线倾角/(°)	期望拦截视线倾角/(°)	实际拦截视线偏角/(°)	期望拦截视线偏角/(°)
M_1	0.3833	31.020	−20.1106	−20	−20.1658	−20

续表

导弹编号	脱靶量/m	实际拦截时间/s	实际拦截视线倾角/(°)	期望拦截视线倾角/(°)	实际拦截视线偏角/(°)	期望拦截视线偏角/(°)
M_2	0.1966	31.024	−25.0879	−25	−8.7314	−10
M_3	0.6172	31.026	−29.9229	−30	11.1616	10
M_4	0.1297	31.028	−34.8469	−35	16.4390	15

(2) 场景二：目标在水平面内做正弦机动的同时沿铅垂方向做常值机动。

该场景下四枚导弹的初始条件与场景一保持一致，视线角约束条件略有区别，如表 4-29 所示。目标运动信息如表 4-30 所示，初始位置、初始速度及机动加速度均分解至惯性坐标系中。

表 4-29　典型滑模下目标正弦机动时四枚导弹的初始条件和视线角约束条件

导弹编号	初始位置 $(x_I, y_I, z_I)/\text{km}$	初始速度 $(V_{Mx}, V_{My}, V_{Mz})/(\text{km/s})$	视线倾角约束 $q_{\varepsilon,\text{d}}/(°)$	视线偏角约束 $q_{\beta,\text{d}}/(°)$
M_1	$(0,30,0)$	$(1.02,0,0)$	−20	−25
M_2	$(3,30,0)$	$(1.02,0,0)$	−25	−15
M_3	$(5,30,0)$	$(1.02,0,0)$	−30	15
M_4	$(8,30,0)$	$(1.02,0,0)$	−35	25

表 4-30　典型滑模下目标正弦机动时运动信息

目标	初始位置 $(x_I, y_I, z_I)/\text{km}$	初始速度 $(V_{Mx}, V_{My}, V_{Mz})/(\text{km/s})$	机动加速度 $(a_{Tx}, a_{Ty}, a_{Tz})g$
T	$(40,10,0)$	$(-0.51,0,0)$	$(0,1,12\sin(0.5t))$

典型滑模下目标正弦机动时仿真结果如图 4-21 所示。结果表明，所设计的

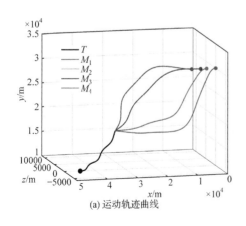

(a) 运动轨迹曲线

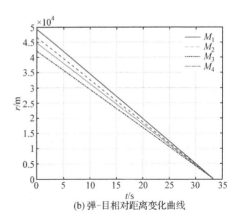

(b) 弹-目相对距离变化曲线

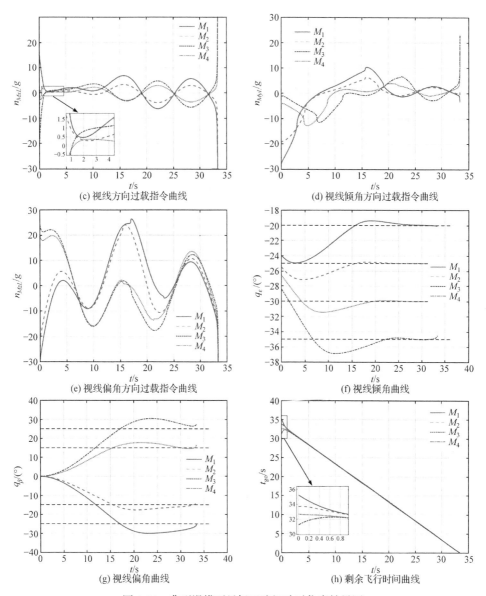

图 4-21　典型滑模下目标正弦机动时仿真结果图

制导律对多种目标机动形式均十分有效，即使面对最高 $12g$ 的目标机动，依然能按照期望的约束条件精确拦截目标。

典型滑模下目标正弦机动时各枚导弹的脱靶量、实际拦截时间、实际拦截视线角及其期望值如表 4-31 所示。四枚导弹的最大时间协同误差 $t_{F,4} - t_{F,1} = 24\text{ms}$ ，实际拦截视线倾角与期望值的最大误差为 $0.5056°$ ，实际拦截视线偏角与期望值的最大误差为 2.5321°。

表 4-31 典型滑模下目标正弦机动时各枚导弹的脱靶量、实际拦截时间、实际拦截视线角及其期望值

导弹编号	脱靶量/m	实际拦截时间/s	实际拦截视线倾角/(°)	期望拦截视线倾角/(°)	实际拦截视线偏角/(°)	期望拦截视线偏角/(°)
M_1	0.4722	33.381	−20.0733	−20	−24.3655	−25
M_2	0.6406	33.388	−25.0147	−25	−13.2539	−15
M_3	0.5765	33.399	−29.6985	−30	16.5229	15
M_4	0.0973	33.405	−34.4944	−35	27.5321	25

4.5 基于自适应鲁棒滑模控制方法且带视线角约束的三维时间协同制导律

本节制导律设计的目标与 4.3 节保持一致，在实现多弹空间约束的同时，兼顾齐射攻击。本节仍基于三维空间中视线坐标系下的制导模型展开制导律设计，区别于 4.4 节的控制算法，本节在视线方向上将基于二阶一致性算法设计多弹时间协同制导律，在视线法向上将基于自适应鲁棒滑模控制方法设计带视线角约束的空间制导律。

以状态空间形式描述的三维制导模型重申：

$$\begin{cases} \dot{x}_1 = x_2 \\ \dot{x}_2 = x_1 x_4^2 + x_1 x_6^2 \cos^2 q_\varepsilon - a_{MxL} + a_{TxL} \\ \dot{x}_3 = x_4 \\ \dot{x}_4 = -\dfrac{2x_2 x_4}{x_1} - x_6^2 \sin q_\varepsilon \cos q_\varepsilon - \dfrac{a_{MyL}}{x_1} + \dfrac{a_{TyL}}{x_1} \\ \dot{x}_5 = x_6 \\ \dot{x}_6 = -\dfrac{2x_2 x_6}{x_1} + 2x_4 x_6 \tan q_\varepsilon + \dfrac{a_{MzL}}{x_1 \cos q_\varepsilon} - \dfrac{a_{TzL}}{x_1 \cos q_\varepsilon} \end{cases} \tag{4-113}$$

式中，$x_1 = r$；$x_2 = \dot{r}$；$x_3 = q_\varepsilon - q_{\varepsilon,\mathrm{d}}$；$x_4 = \dot{q}_\varepsilon$；$x_5 = q_\beta - q_{\beta,\mathrm{d}}$，$q_{\varepsilon,\mathrm{d}}$ 和 $q_{\beta,\mathrm{d}}$ 分别为期望的视线倾角和视线偏角；$x_6 = \dot{q}_\beta$。

制导律设计目标重申如下：

$$\begin{aligned} &\forall i \neq j, i, j \in \mathbf{N}^*, i, j \leqslant n, \quad \exists 0 < T_1 < t_F, \quad \mathrm{s.t.} \forall t \geqslant T_1 \\ &t_{\mathrm{go},i} = t_{\mathrm{go},j} \end{aligned} \tag{4-114}$$

$$\forall i \in \mathbf{N}^*, i \leqslant n, \quad \exists 0 < T_2 < t_F, \quad \text{s.t.} \forall t \geqslant T_2$$
$$\dot{q}_{\varepsilon,i} = \dot{q}_{\beta,i} = 0 \wedge q_{\varepsilon,i} = q_{\upsilon,\mathrm{d},i}, q_{\beta,i} = q_{\beta,\mathrm{d},i}$$
$$\Leftrightarrow x_{4,i} = x_{6,i} = 0 \wedge x_{3,i} = x_{5,i} = 0 \tag{4-115}$$

4.5.1　视线方向基于二阶一致性算法的多弹时间协同制导律

前面已经给出了二阶一致性算法的定义，并指出该类算法实现多弹时间协同的原理：通过控制各枚导弹的状态变量 $x_{1,i}$ 和 $x_{2,i}$ 均趋于一致，间接实现剩余飞行时间估计值 $\hat{t}_{\mathrm{go},i} = -r_i/\dot{r}_i = -x_{1,i}/x_{2,i}$ 的一致性。

本小节将基于另一种二阶一致性算法实现多弹齐射攻击，将以引理的形式给出该算法的数学描述。令 $x_{1,i} = \xi_i = r_i, x_{2,i} = v_i = \dot{r}_i$，同样忽略目标机动项的干扰，于是可将视线方向的两个状态方程，即式(4-113)的前两式视作一个二阶多智能体系统：

$$\begin{cases} \dot{\xi}_i = v_i \\ \dot{v}_i = u_i = x_{1,i} x_{4,i}^2 + x_{1,i} x_{6,i}^2 \cos^2 q_{\varepsilon,i} - a_{MxL,i} \end{cases} \tag{4-116}$$

式中，u_i 为对第 i 枚导弹施加的虚拟控制指令。

引理 4-3[125]　对于一个二阶多智能体系统，如果多智能体之间的通信拓扑图 G 是无向且连通的，设计如下的分布式一致性协议 u_i，则能实现 ξ_i 和 v_i 的全局有限时间稳定：

$$u_i = \sum_{j=1}^{n} a_{ij} \left[\psi_1 \left(\mathrm{sig}^{\alpha_1} \left(\xi_j - \xi_i \right) \right) + \psi_2 \left(\mathrm{sig}^{\alpha_2} \left(v_j - v_i \right) \right) \right] \tag{4-117}$$

式中，$\alpha_1 \in (0,1)$；$\alpha_2 = 2\alpha_1/(1+\alpha_1)$；$\psi_1(\cdot)$ 和 $\psi_2(\cdot)$ 为连续奇函数，且满足如下两条性质：

$$x\psi_i(x) > 0 \quad (\forall x \neq 0, \ x \in \mathbf{R}, \ i=1,2) \tag{4-118}$$

$$\exists x \in U(0,\delta), \ \psi_i(x) = c_i x + o(x) \quad (c_i > 0, \ i=1,2) \tag{4-119}$$

根据引理 4-3，不妨取 $\psi_1(\cdot)$ 和 $\psi_2(\cdot)$ 为带有两个可调参数的双曲正切函数，表达式如下：

$$\begin{cases} \psi_1(x) = m_1 \tanh(x,\varepsilon_1) = m_1 \dfrac{\mathrm{e}^{x/\varepsilon_1} - \mathrm{e}^{-x/\varepsilon_1}}{\mathrm{e}^{x/\varepsilon_1} + \mathrm{e}^{-x/\varepsilon_1}} & (m_1、\ \varepsilon_1 > 0) \\[3mm] \psi_2(x) = m_2 \tanh(x,\varepsilon_2) = m_2 \dfrac{\mathrm{e}^{x/\varepsilon_2} - \mathrm{e}^{-x/\varepsilon_2}}{\mathrm{e}^{x/\varepsilon_2} + \mathrm{e}^{-x/\varepsilon_2}} & (m_1、\ \varepsilon_2 > 0) \end{cases} \tag{4-120}$$

该双曲正切函数在 $x=0$ 处的一阶导数为

$$\frac{\mathrm{d}}{\mathrm{d}x}\big(m_i \tanh(x,\varepsilon_i)\big)\big|_{x=0} = \frac{m_i}{\varepsilon_i}\big(1-\tanh^2(x,\varepsilon_i)\big)\big|_{x=0} = \frac{m_i}{\varepsilon_i} \tag{4-121}$$

故在原点的一个 $\delta>0$ 邻域 $x \in U(0,\delta)$ ，上述带有两个参数的双曲正切函数在 $x=0$ 处带有佩亚诺余项的一阶泰勒展开式为

$$m_i \cdot \tanh(x,\varepsilon_i) = m_i \cdot \tanh(0,\varepsilon_i) + \frac{\mathrm{d}}{\mathrm{d}x}\big(m_i \cdot \tanh(x,\varepsilon_i)\big)\big|_{x=0} \cdot x + o(x)$$

$$= \frac{m_i}{\varepsilon_i}x + o(x) \tag{4-122}$$

故式(4-119)中的常数 c_1 、 c_2 取值分别为

$$c_1 = m_1/\varepsilon_1, \quad c_2 = m_2/\varepsilon_2 \tag{4-123}$$

由式(4-116)第二式以及引理 4-3 得第 i 枚导弹沿视线方向的加速度指令为

$$a_{MxL,i} = x_{1,i}x_{4,i}^2 + x_{1,i}x_{6,i}^2 \cos^2 q_{\varepsilon,i} - u_i$$

$$= x_{1,i}x_{4,i}^2 + x_{1,i}x_{6,i}^2 \cos^2 q_{\varepsilon,i} - \sum_{j=1}^{n} a_{ij}\left[\psi_1\left(\mathrm{sig}\big(x_{1,j}-x_{2,i}\big)^{\alpha_1}\right) + \psi_2\left(\mathrm{sig}\big(x_{2,j}-x_{2,i}\big)^{\alpha_2}\right)\right]$$

$$\tag{4-124}$$

4.5.2　视线法向基于自适应鲁棒滑模控制带视线角约束的空间制导律

自适应控制是一种能修正自己特性以适应对象和扰动动态特性变化的一种控制方法。鲁棒控制是指控制系统在一定的参数摄动下，维持某些性能的特性。采用自适应鲁棒滑模控制(adaptive robust sliding mode control，ARSMC)方法的系统具有很强的抗干扰能力及出色的性能。

本小节拟在视线法向上采用 ARSMC 方法设计带视线角约束的空间制导律。

1. 视线倾角方向制导律设计

考虑带有一个不确定参数 θ_ε 的视线倾角方向的状态方程，即将式(4-113)中的第三、第四两式写为

$$\begin{cases} \dot{x}_3 = x_4 \\ \theta_\varepsilon \dot{x}_4 = -\dfrac{2x_2 x_4}{x_1} - x_6^2 \sin q_\varepsilon \cos q_\varepsilon - \dfrac{a_{MyL,i}}{x_1} + \dfrac{a_{TyL}}{x_1} \end{cases} \tag{4-125}$$

理想情况下， $\theta_\varepsilon=1$ 应为一确定值，但在实际中考虑到系统传感器信号起伏等因素的影响，现将 θ_ε 视作理想值 $\theta_\varepsilon=1$ 附近的不确定参数。此外，该系统中还有目标机动项未知，将其视作模型中的不确定干扰。

假设 4-6　不确定参数 θ_ε 的实际取值在理想值 $\theta_\varepsilon=1$ 附近，取值范围为

$$\theta_\varepsilon \in \Omega \triangleq \left\{ \theta \middle| 0 < \theta_{\varepsilon,\min} \leqslant \theta \leqslant \theta_{\varepsilon,\max} \right\} \tag{4-126}$$

假设 4-7 由目标机动引起的不确定干扰项有界，即有

$$d_\varepsilon = a_{TyL} / x_1 \quad \left(0 \leqslant |d_\varepsilon| \leqslant \Delta_\varepsilon \right) \tag{4-127}$$

式中，Δ_ε 为一有界正常数。

将式(4-125)第二式等号右端含有待设计的加速度指令项以及其余和导弹状态量相关的项记为虚拟控制指令 u_ε，即

$$u_\varepsilon = -\frac{2x_2 x_4}{x_1} - x_6^2 \sin q_\varepsilon \cos q_\varepsilon - \frac{a_{MyL,i}}{x_1} \tag{4-128}$$

则视线倾角方向的不确定系统可描述为

$$\begin{cases} \dot{x}_3 = x_4 \\ \theta_\varepsilon \dot{x}_4 = u_\varepsilon + d_\varepsilon \end{cases} \tag{4-129}$$

根据视线法向的制导律设计目标，选取如下滑模函数：

$$s_\varepsilon = x_4 + a x_3 \quad (a > 0) \tag{4-130}$$

取 $\hat{\theta}_\varepsilon$ 为 θ_ε 的估计值，定义如下的李雅普诺夫函数：

$$V_\varepsilon = \frac{1}{2} \theta_\varepsilon s_\varepsilon^2 + \frac{1}{2\gamma_\varepsilon} \tilde{\theta}_\varepsilon^2 \geqslant 0 \tag{4-131}$$

式中，$\tilde{\theta}_\varepsilon = \hat{\theta}_\varepsilon - \theta_\varepsilon$；$\gamma_\varepsilon > 0$。对式(4-131)求导：

$$\dot{V}_\varepsilon = \theta_\varepsilon s_\varepsilon \dot{s}_\varepsilon + \frac{1}{\gamma_\varepsilon} \tilde{\theta}_\varepsilon \dot{\tilde{\theta}}_\varepsilon = \theta_\varepsilon s_\varepsilon \left(\dot{x}_4 + a x_4 \right) + \frac{1}{\gamma_\varepsilon} \tilde{\theta}_\varepsilon \dot{\tilde{\theta}}_\varepsilon$$

$$= s_\varepsilon \left(u_\varepsilon + d_\varepsilon + a \theta_\varepsilon x_4 \right) + \frac{1}{\gamma_\varepsilon} \tilde{\theta}_\varepsilon \dot{\tilde{\theta}}_\varepsilon \tag{4-132}$$

虚拟控制指令 u_ε 设计为

$$u_\varepsilon = \hat{\theta}_\varepsilon (-a x_4) - k_1 s_\varepsilon - k_2 \mathrm{sign}(s_\varepsilon) \tag{4-133}$$

式中，$k_1 > 0$；$k_2 > \Delta_\varepsilon$。将式(4-133)代入式(4-132)得

$$\dot{V}_\varepsilon = s_\varepsilon \left(\hat{\theta}_\varepsilon (-a x_4) - k_1 s_\varepsilon - k_2 \mathrm{sign}(s_\varepsilon) + d_\varepsilon + a \theta_\varepsilon x_4 \right) + \frac{1}{\gamma_\varepsilon} \tilde{\theta}_\varepsilon \dot{\tilde{\theta}}_\varepsilon$$

$$= s_\varepsilon \left(\tilde{\theta}_\varepsilon (-a x_4) - k_1 s_\varepsilon - k_2 \mathrm{sign}(s_\varepsilon) + d_\varepsilon \right) + \frac{1}{\gamma_\varepsilon} \tilde{\theta}_\varepsilon \dot{\tilde{\theta}}_\varepsilon$$

$$= -k_1 s_\varepsilon^2 - k_2 |s_\varepsilon| + d_\varepsilon s_\varepsilon + \tilde{\theta}_\varepsilon \left(s_\varepsilon (-a x_4) + \frac{1}{\gamma_\varepsilon} \dot{\tilde{\theta}}_\varepsilon \right) \tag{4-134}$$

暂取自适应律为

$$\dot{\hat{\theta}}_{\varepsilon} = -\gamma_{\varepsilon} s_{\varepsilon} \left(-ax_4\right) \tag{4-135}$$

则有

$$\begin{aligned}
\dot{V}_{\varepsilon} &= -k_1 s_{\varepsilon}^2 - k_2 \left| s_{\varepsilon} \right| + d_{\varepsilon} s_{\varepsilon} \\
&\leqslant -k_1 s_{\varepsilon}^2 - \left(\Delta_{\varepsilon} \left| s_{\varepsilon} \right| - d_{\varepsilon} s_{\varepsilon} \right) \\
&\leqslant -k_1 s_{\varepsilon}^2 \leqslant 0
\end{aligned} \tag{4-136}$$

显然，当且仅当 $s_{\varepsilon} = 0$ 时，$\dot{V}_{\varepsilon} = 0$。根据拉萨尔不变性原理，在虚拟控制指令 u_{ε} [式(4-133)]和自适应律[式(4-135)]的作用下，系统关于滑模面 $s_{\varepsilon} = 0$ 是渐近稳定的。

为了避免 $\hat{\theta}_{\varepsilon}$ 过大而导致虚拟控制指令 u_{ε} 过大或 $\hat{\theta}_{\varepsilon} \leqslant 0$，需要对自适应律 [式(4-135)]加以修正，采用如下映射自适应算法[60]：

$$\dot{\hat{\theta}}_{\varepsilon} = \begin{cases} 0, & \hat{\theta}_{\varepsilon} \geqslant \theta_{\varepsilon,\max} \wedge \left(-\gamma_{\varepsilon} s_{\varepsilon} \left(-ax_4\right) \right) > 0 \\ 0, & \hat{\theta}_{\varepsilon} \leqslant \theta_{\varepsilon,\min} \wedge \left(-\gamma_{\varepsilon} s_{\varepsilon} \left(-ax_4\right) \right) < 0 \\ -\gamma_{\varepsilon} s_{\varepsilon} \left(-ax_4\right), & \text{其他} \end{cases} \tag{4-137}$$

即当 $\hat{\theta}_{\varepsilon}$ 超过其上界 $\theta_{\varepsilon,\max}$ 且仍有继续增加的趋势，或 $\hat{\theta}_{\varepsilon}$ 小于其下界 $\theta_{\varepsilon,\min}$ 且仍有继续减小的趋势时，令 $\dot{\hat{\theta}}_{\varepsilon} = 0$，即 $\hat{\theta}_{\varepsilon}$ 取值不变；否则 $\hat{\theta}_{\varepsilon}$ 仍按照自适应律式(4-135)取值。

联立式(4-128)、式(4-133)，解得沿视线倾角方向的实际加速度指令为

$$a_{MyL,i} = -2x_2 x_4 - x_1 x_6^2 \sin q_{\varepsilon} \cos q_{\varepsilon} + a\hat{\theta}_{\varepsilon} x_1 x_4 + k_1 x_1 s_{\varepsilon} + k_2 x_1 \text{sign}\left(s_{\varepsilon}\right) \tag{4-138}$$

由于所设计的制导律要求 $k_2 > \Delta_{\varepsilon}$，而由目标机动引起的干扰上界 Δ_{ε} 事先难以估计，不妨根据假设 3-7，取 $k_2 = \left| d_{\varepsilon,\max} \right| = \left| a_{TyL,\max} / x_1 \right| = \left| 12g / x_1 \right|$ 为一时变参数；自适应项 $\hat{\theta}_{\varepsilon}$ 按式(4-137)取值，其初始值取为理想值 $\hat{\theta}_{\varepsilon}(0) = 1$。此外，为了抑制上述加速度指令中最后一项的符号函数带来系统抖振现象的同时，不会明显影响所设计制导律的控制性能，选取边界层厚度为 δ_{ε} 的饱和函数式(3-112)替换式(4-138)中的符号函数项。将沿视线倾角方向的加速度指令修正为

$$a_{MyL,i} = -2x_2 x_4 - x_1 x_6^2 \sin q_{\varepsilon} \cos q_{\varepsilon} + a\hat{\theta}_{\varepsilon} x_1 x_4 + k_1 x_1 s_{\varepsilon} + k_2 x_1 \text{sat}\left(s_{\varepsilon}, \delta_{\varepsilon}\right) \tag{4-139}$$

2. 视线偏角方向制导律设计

视线偏角方向上的制导律设计思路同视线倾角方向制导律完全一致。考虑带有一个不确定参数 θ_{β} 的视线偏角方向的状态方程，即将式(4-113)中的第五、第

六两式写为

$$\begin{cases} \dot{x}_5 = x_6 \\ \theta_\beta \dot{x}_6 = -\dfrac{2x_2 x_6}{x_1} + 2x_4 x_6 \tan q_\varepsilon + \dfrac{a_{MzL,i}}{x_1 \cos q_\varepsilon} - \dfrac{a_{TzL}}{x_1 \cos q_\varepsilon} \end{cases} \tag{4-140}$$

类比假设 4-6 和假设 4-7，给出以下两个假设。

假设 4-8　不确定参数 θ_β 的实际取值在理想值 $\theta_\beta = 1$ 附近，取值范围为

$$\theta_\beta \in \Omega \triangleq \left\{ \theta \middle| 0 < \theta_{\beta,\min} \leqslant \theta \leqslant \theta_{\beta,\max} \right\} \tag{4-141}$$

假设 4-9　由目标机动引起的不确定干扰项有界，即有

$$d_\beta = -a_{TzL}/(x_1 \cos q_\varepsilon) \quad \left(0 \leqslant |d_\beta| \leqslant \Delta_\beta \right) \tag{4-142}$$

式中，Δ_β 为一有界正常数。

将式(4-140)第二式等号右端含有待设计的加速度指令项以及其余和导弹状态量相关的项记为虚拟控制指令 u_β，即

$$u_\beta = -\frac{2x_2 x_6}{x_1} + 2x_4 x_6 \tan q_\varepsilon + \frac{a_{MzL,i}}{x_1 \cos q_\varepsilon} \tag{4-143}$$

则视线倾角方向的不确定系统可描述为

$$\begin{cases} \dot{x}_5 = x_6 \\ \theta_\beta \dot{x}_6 = u_\beta + d_\beta \end{cases} \tag{4-144}$$

根据视线法向的制导律设计目标，选取如下滑模函数：

$$s_\beta = x_6 + b x_5 \quad (b > 0) \tag{4-145}$$

虚拟控制指令 u_β 设计为

$$u_\beta = \hat{\theta}_\beta (-b x_6) - l_1 s_\beta - l_2 \mathrm{sign}(s_\beta) \tag{4-146}$$

式中，$l_1 > 0$；$l_2 > \Delta_\beta$。联立式(4-143)、式(4-146)解得沿视线偏角方向的实际加速度指令为

$$a_{MzL,i} = x_1 \cos q_\varepsilon \left(\frac{2x_2 x_6}{x_1} - 2x_4 x_6 \tan q_\varepsilon - b\hat{\theta}_\beta x_6 - l_1 s_\beta - l_2 \mathrm{sign}(s_\beta) \right) \tag{4-147}$$

自适应律同样取为

$$\dot{\hat{\theta}}_\beta = \begin{cases} 0, & \hat{\theta}_\beta \geqslant \theta_{\beta,\max} \wedge \left(-\gamma_\beta s_\beta (-a x_6) \right) > 0 \\ 0, & \hat{\theta}_\beta \leqslant \theta_{\beta,\min} \wedge \left(-\gamma_\beta s_\beta (-a x_6) \right) < 0 \\ -\gamma_\beta s_\beta (-b x_6), & \text{其他} \end{cases} \tag{4-148}$$

式中，$\gamma_\beta > 0$；$\hat{\theta}_\beta(0)=1$。由于所设计的制导律要求 $l_2 > \Delta_\beta$，根据假设 3-7，取 $l_2 = \left|d_{\beta,\max}\right| = \left|a_{TzL,\max}/(x_1\cos q_\varepsilon)\right| = \left|12g/(x_1\cos q_\varepsilon)\right|$ 为一时变参数；自适应项 $\hat{\theta}_\beta$ 按式(4-148)取值，其初值取为理想值 $\hat{\theta}_\beta(0)=1$。同理，选取边界层厚度为 δ_β 的饱和函数式(3-112)替换式(4-147)式中的符号函数项。将沿视线偏角方向的加速度指令修正为

$$a_{MzL,i} = x_1\cos q_\varepsilon\left(\frac{2x_2x_6}{x_1} - 2x_4x_6\tan q_\varepsilon - b\hat{\theta}_\beta x_6 - l_1 s_\beta - l_2\mathrm{sat}\left(s_\beta,\delta_\beta\right)\right) \quad (4\text{-}149)$$

4.5.3　仿真分析

本小节将通过数值仿真，验证所提出带视线角约束的时间协同制导律的效果。为了便于与 4.4 节中所设计的制导律进行对比，选取与 4.4.3 小节中完全相同的拦截场景、目标运动信息以及完全相同的导弹初始条件与视线角约束条件。仿真时默认导弹的最大可用过载为 30g，仿真步长为 1ms。制导参数的选取如表 4-32 所示。弹间通信拓扑无向且连通。

表 4-32　制导参数的选取

方向	视线方向	视线倾角方向	视线偏角方向
		$a=1$	$b=1$
	$\alpha_1=0.5,\alpha_2=2/3$	$\gamma_\varepsilon=5$	$\gamma_\beta=5$
制导参数选取	$m_1=800,m_2=500$	$k_1=0.1,k_2=\left|12g/x_1\right|$	$l_1=0.1,l_2=\left|12g/(x_1\cos q_\varepsilon)\right|$
	$\varepsilon_1=150,\varepsilon_2=150$	$\theta_{\varepsilon,\min}=0.9,\theta_{\varepsilon,\max}=1.1$	$\theta_{\beta,\min}=0.9,\theta_{\beta,\max}=1.1$
		$\delta_\varepsilon=0.001$	$\delta_\beta=0.001$

四枚导弹间的通信拓扑关系以及与其对应的权系数矩阵分别如图 4-22 和图 4-23 所示。

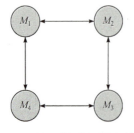

$$A=\begin{bmatrix}0&1&0&1\\1&0&1&0\\0&1&0&1\\1&0&1&0\end{bmatrix}$$

图 4-22　四枚导弹间的通信拓扑关系　　　　　图 4-23　通信权系数矩阵

(1) 场景一：目标在水平面内做周期阶跃机动。

自适应滑模下目标阶跃机动时四枚导弹的初始条件与视线角约束条件如表 4-33
所示，初始位置和初始速度均分解至惯性坐标系中。

表 4-33　自适应滑模下目标阶跃机动时四枚导弹的初始条件与视线角约束条件

导弹编号	初始位置 $(x_I,y_I,z_I)/\mathrm{km}$	初始速度 $(V_{Mx},V_{My},V_{Mz})/(\mathrm{km/s})$	视线倾角约束 $q_{\varepsilon,\mathrm{d}}/(°)$	视线偏角约束 $q_{\beta,\mathrm{d}}/(°)$
M_1	$(0,30,0)$	$(1.02,0,0)$	-20	-20
M_2	$(3,30,0)$	$(1.02,0,0)$	-25	-10
M_3	$(5,30,0)$	$(1.02,0,0)$	-30	10
M_4	$(8,30,0)$	$(1.02,0,0)$	-35	15

目标以 $6g$ 加速度大小在水平面内做侧向周期阶跃机动，其运动信息如表 4-34
所示，初始位置、初始速度及机动加速度均分解至惯性坐标系中。

表 4-34　自适应滑模下目标阶跃机动时运动信息

目标	初始位置 $(x_I,y_I,z_I)/\mathrm{km}$	初始速度 $(V_{Mx},V_{My},V_{Mz})/(\mathrm{km/s})$	机动加速度 $(a_{Tx},a_{Ty},a_{Tz})g$
T	$(40,10,0)$	$(-0.51,0,0)$	$\left(0,0,6\mathrm{sign}(\cos(0.5t))\right)$

自适应滑模下目标阶跃机动时仿真结果如图 4-24 所示。图 4-24(a)为各枚导弹
与目标的运动轨迹曲线，实线表示本节所设计制导律的弹道，虚线表示 4.4 节中所
设计制导律的弹道；图 4-24(b)为弹-目相对距离变化曲线，各枚导弹能在同一时刻
命中目标；图 4-24(c)、(d)、(e)分别为视线方向、视线倾角方向、视线偏角方向的
过载指令曲线，过载指令的饱和主要出现在末制导初始阶段；图 4-24(f)、(g)分别

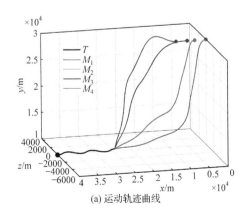
(a) 运动轨迹曲线

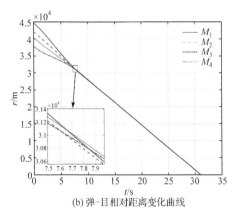
(b) 弹-目相对距离变化曲线

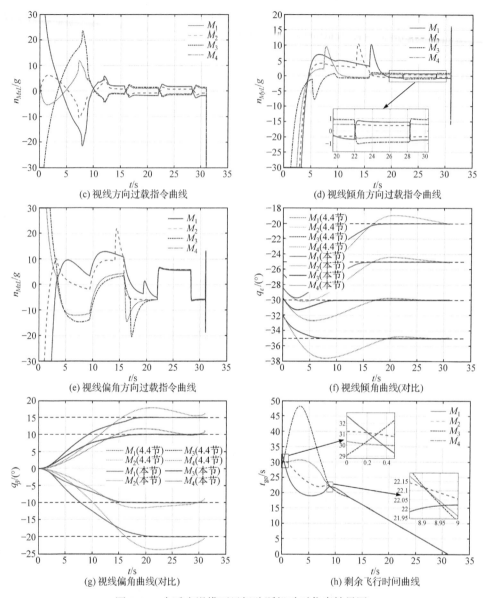

图 4-24　自适应滑模下目标阶跃机动时仿真结果图

为本节和4.4节制导律作用下的视线倾角和视线偏角曲线，其中水平虚线表示事先设定的各枚导弹视线角的期望收敛值。显然，本节在视线法向所设计的基于自适应鲁棒滑模控制方法的制导律具有更快的视线角收敛速度以及更小的终端视线角误差。图 4-24(h)为剩余飞行时间曲线。

　　该场景下各枚导弹的脱靶量、实际拦截时间、实际拦截视线角及其期望值如

表 4-35 所示。四枚导弹的脱靶量均在可接受的范围内，且能几乎在同一时刻遇靶，最大时间协同误差 $t_{F,4} - t_{F,1} = 4\text{ms}$，实际拦截视线倾角与期望值的最大误差为 $0.0519°$，实际拦截视线偏角与期望值的最大误差为 $0.0329°$。无论是从时间协同还是空间视线角约束的角度，本节所设计的制导律均具备十分出色的性能。

表 4-35 自适应滑模下目标阶跃机动时各枚导弹的脱靶量、实际拦截时间、实际拦截视线角及其期望值

导弹编号	脱靶量/m	实际拦截时间/s	实际拦截视线倾角/(°)		期望拦截视线倾角/(°)	实际拦截视线偏角/(°)		期望拦截视线偏角/(°)
			上节	本节		上节	本节	
M_1	0.5343	31.028	−20.1106	−20.0045	−20	−20.1658	−19.9703	−20
M_2	0.0334	31.029	−25.0879	−24.9481	−25	−8.7314	−9.9719	−10
M_3	0.4128	31.032	−29.9229	−29.9997	−30	11.1616	10.0329	10
M_4	0.4690	31.032	−34.8469	−34.9915	−35	16.4390	15.0203	15

值得注意的是，本节基于自适应鲁棒滑模控制方法所设计的沿视线法向的制导律考虑到了实际系统中因信号起伏带来的视线角速率误差及目标未知机动而带来的干扰影响，即使在系统带有不确定参数和不确定干扰的情况下依然能达到令人满意的制导目标。这也证实了该控制方法具有极强的鲁棒性与优异的性能。

(2) 场景二：目标在水平面内做正弦机动的同时沿铅垂方向做常值机动。

该场景下四枚导弹的初始条件与场景一保持一致，视线角约束条件与 4.4.3 小节中场景二保持一致，如表 4-36 所示。目标运动信息如表 4-37 所示，初始位置、初始速度及机动加速度均分解至惯性坐标系中。

表 4-36 自适应滑模下目标正弦机动时四枚导弹的初始条件和视线角约束条件

导弹编号	初始位置 $(x_I, y_I, z_I)/\text{km}$	初始速度 $(V_{Mx}, V_{My}, V_{Mz})/(\text{km/s})$	视线倾角约束 $q_{\varepsilon,\text{d}}/(°)$	视线偏角约束 $q_{\beta,\text{d}}/(°)$
M_1	$(0,30,0)$	$(1.02,0,0)$	−20	−25
M_2	$(3,30,0)$	$(1.02,0,0)$	−25	−15
M_3	$(5,30,0)$	$(1.02,0,0)$	−30	15
M_4	$(8,30,0)$	$(1.02,0,0)$	−35	25

表 4-37 自适应滑模下目标正弦机动时运动信息

目标	初始位置 $(x_I, y_I, z_I)/\text{km}$	初始速度 $(V_{Mx}, V_{My}, V_{Mz})/(\text{km/s})$	机动加速度 $(a_{Tx}, a_{Ty}, a_{Tz})g$
T	$(40,10,0)$	$(-0.51,0,0)$	$(0,1,12\sin(0.5t))$

　　自适应滑模下目标正弦机动时仿真结果如图 4-25 所示。结果表明，所设计的制导律对多种目标机动形式均具有优异的性能，尤其是对视线角的约束效果极佳。即使拦截对象为一类高速大机动目标，视线角依然能快速收敛至期望值并维持极小的约束误差。

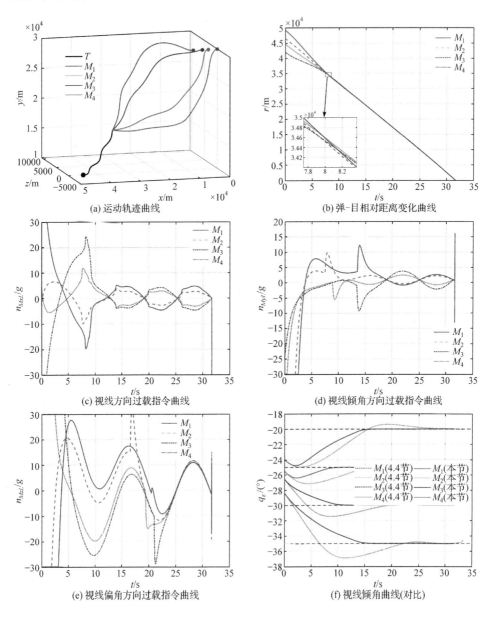

(a) 运动轨迹曲线

(b) 弹-目相对距离变化曲线

(c) 视线方向过载指令曲线

(d) 视线倾角方向过载指令曲线

(e) 视线偏角方向过载指令曲线

(f) 视线倾角曲线(对比)

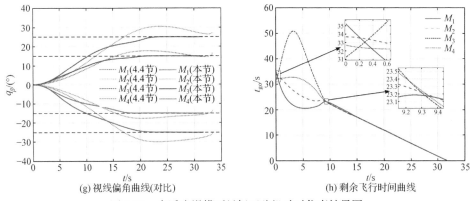

(g) 视线偏角曲线(对比)   (h) 剩余飞行时间曲线

图 4-25 自适应滑模下目标正弦机动时仿真结果图

自适应滑模下目标正弦机动时各枚导弹的脱靶量、实际拦截时间、实际拦截视线角及其期望值如表 4-38 所示。四枚导弹的最大时间协同误差 $t_{F,1} - t_{F,4} = 11\text{ms}$，实际拦截视线倾角与期望值的最大误差 $0.0073°$，实际拦截视线偏角与期望值的最大误差为 $0.0207°$。

表 4-38 自适应滑模下目标正弦机动时各枚导弹的脱靶量、实际拦截时间、实际拦截视线角及其期望值

导弹编号	脱靶量/m	实际拦截时间/s	实际拦截视线倾角/(°)		期望拦截视线倾角/(°)	实际拦截视线偏角/(°)		期望拦截视线偏角/(°)
			4.4 节	本节		4.4 节	本节	
M_1	0.5636	31.714	−20.0733	−19.9939	−20	−24.3655	−25.0207	−25
M_2	0.0396	31.714	−25.0147	−24.9927	−25	−13.2539	−15.0141	−15
M_3	0.1591	31.703	−29.6985	−29.9973	−30	16.5229	14.9862	15
M_4	0.4180	31.703	−34.4944	−35.0008	−35	27.5321	24.9837	25

4.6 基于积分滑模和超螺旋滑模的多弹协同制导律

第 3 章中基于二维平面下的制导模型，讨论了三种能使各导弹实现时间协同的制导律设计方法，并且采用了不同的滑模函数使各导弹视线角趋于期望视线角。然而，二维平面下制导模型只是一种简化模型，考虑实际情况需要建立导弹在三维空间下的制导模型，此时视线角约束转化为视线倾角约束与视线偏角约束，需要在三个通道上设计加速度控制指令。

针对上述问题，本节将以三维空间下多导弹协同攻击机动目标为背景，研究带有终端视线倾角约束和终端视线偏角约束的多导弹协同制导律，并且考虑到目标机动带来的影响，设计两种三维空间下的空间约束多弹协同制导律。

1.6.1 问题描述

1. 三维制导模型建立

与二维平面内的制导模型类似，三维制导模型可以从视线方向、视线倾角方向、视线偏角方向这三个方向建立。在视线方向上控制 r 和 $\dot{r}$，实现各导弹飞行时间一致；在视线倾角方向上，选取 $q_\varepsilon - q_{\varepsilon,\mathrm{d}}$ 作为状态变量($q_{\varepsilon,\mathrm{d}}$ 是导弹理想终端视线倾角)作为状态变量，控制视线倾角 q_ε，使得 q_ε 最终收敛到 $q_{\varepsilon,\mathrm{d}}$；在视线偏角方向上，选取 $q_\beta - q_{\beta,\mathrm{d}}$ 作为状态变量($q_{\beta,\mathrm{d}}$ 是导弹理想终端视线偏角)作为状态变量，控制视线偏角 q_β，使得 q_β 最终收敛到 $q_{\beta,\mathrm{d}}$，从视线倾角与视线偏角两个方向约束导弹最终打击位置，实现制导律设计初所期望的固定视线角约束。综上所述，选取状态变量 $x_1 = r$、$x_2 = \dot{r}$、$x_3 = q_\varepsilon - q_{\varepsilon,\mathrm{d}}$、$x_4 = \dot{q}_\varepsilon$、$x_5 = q_\beta - q_{\beta,\mathrm{d}}$、$x_6 = \dot{q}_\beta$ 作为三维情况下设计多弹协同制导律所需要的状态变量。

同样，根据推导出的导弹三维动力学模型，在此重申：

$$a_r = \begin{bmatrix} a_{TxL} - a_{MxL} \\ a_{TyL} - a_{MyL} \\ a_{TzL} - a_{MzL} \end{bmatrix} = \begin{bmatrix} \ddot{r} - r\dot{q}_\varepsilon^2 - r\dot{q}_\beta^2 \cos^2 q_\varepsilon \\ r\ddot{q}_\varepsilon + 2\dot{r}\dot{q}_\varepsilon + r\dot{q}_\beta^2 \sin q_\varepsilon \cos q_\varepsilon \\ -r\ddot{q}_\beta \cos q_\varepsilon - 2\dot{r}\dot{q}_\beta \cos q_\varepsilon + 2r\dot{q}_\varepsilon\dot{q}_\beta \sin q_\varepsilon \end{bmatrix} \tag{4-150}$$

对式(4-150)化简可得

$$\ddot{r} = r\dot{q}_\varepsilon^2 + r\dot{q}_\beta^2 \cos^2 q_\varepsilon - a_{MxL} + a_{TxL} \tag{4-151}$$

$$\ddot{q}_\varepsilon = \frac{-2\dot{r}\dot{q}_\varepsilon - r\dot{q}_\beta^2 \sin q_\varepsilon \cos q_\varepsilon}{r} - \frac{a_{MxL}}{r} + \frac{a_{TxL}}{r} \tag{4-152}$$

$$\ddot{q}_\beta = \frac{-2\dot{r}\dot{q}_\varepsilon \cos q_\varepsilon + 2r\dot{q}_\varepsilon\dot{q}_\beta \sin q_\varepsilon}{r\cos q_\varepsilon} + \frac{a_{MxL}}{r\cos q_\varepsilon} - \frac{a_{TxL}}{r\cos q_\varepsilon} \tag{4-153}$$

写为以状态变量描述的状态空间的形式：

$$\begin{cases} \dot{x}_{1,i} = x_{2,i} \\ \dot{x}_{2,i} = x_{1,i}x_{4,i}^2 + x_{1,i}x_{6,i}^2 \cos^2 q_{\varepsilon,i} - a_{MxL,i} + a_{TxL} \\ \dot{x}_{3,i} = x_{4,i} \\ \dot{x}_{4,i} = -\dfrac{2x_{2,i}x_{4,i}}{x_{1,i}} - x_{6,i}^2 \sin q_{\varepsilon,i} \cos q_{\varepsilon,i} - \dfrac{a_{MyL,i}}{x_{1,i}} + \dfrac{a_{TyL}}{x_{1,i}} \\ \dot{x}_{5,i} = x_{6,i} \\ \dot{x}_{6,i} = -\dfrac{2x_{2,i}x_{6,i}}{x_{1,i}} + 2x_{4,i}x_{6,i}\tan q_{\varepsilon,i} + \dfrac{a_{MzL,i}}{x_{1,i}\cos q_{\varepsilon,i}} - \dfrac{a_{TzL}}{x_{1,i}\cos q_{\varepsilon,i}} \end{cases} \tag{4-154}$$

从上述状态空间方程可以看出,视线方向加速度控制指令 $a_{MxL,i}$、视线倾角方向加速度控制指令 $a_{MyL,i}$ 和视线偏角方向加速度控制指令 $a_{MzL,i}$ 互不干涉,即方程组均已解耦。由此可见,将导弹的加速度控制指令分解到视线方向、视线倾角方向和视线偏角方向分别设计是合理的。后续的制导律设计也将从这三个方向开展。

2. 三维弹-目相对运动变量

弹-目相对运动距离 r 和其变化率 $\dot{r}$ 的计算表达式如下:

$$r = \sqrt{x_r^2 + y_r^2 + z_r^2} \tag{4-155}$$

$$\dot{r} = \frac{x_r \dot{x}_r + y_r \dot{y}_r + z_r \dot{z}_r}{\sqrt{x_r^2 + y_r^2 + z_r^2}} = \frac{x_r \dot{x}_r + y_r \dot{y}_r + z_r \dot{z}_r}{r} \tag{4-156}$$

视线倾角及其角速率表达式如下:

$$q_\varepsilon = \arctan\left(\frac{y_r}{\sqrt{x_r^2 + z_r^2}}\right) \tag{4-157}$$

$$\dot{q}_\varepsilon = \frac{(x_r^2 + z_r^2)\dot{y}_r - y_r(x_r \dot{x}_r + z_r \dot{z}_r)}{(x_r^2 + y_r^2 + z_r^2)\sqrt{x_r^2 + z_r^2}} \tag{4-158}$$

视线偏角及其角速率表达式如下:

$$q_\beta = \arctan\left(-\frac{z_r}{x_r}\right) \tag{4-159}$$

$$\dot{q}_\beta = \frac{z_r \dot{x}_r - x_r \dot{z}_r}{x_r^2 + z_r^2} \tag{4-160}$$

4.6.2　基于积分滑模的三维空间约束下动态多弹协同制导律

本小节在视线方向继续采用多智能体一阶一致性算法,不同于前面由系统方程直接求解得到导弹加速度指令 $a_{MxL,i}$,本小节设计了一种积分滑模函数,通过滑模控制的方法,同样得到了能使各导弹达到时间协同的加速度指令 $a_{MxL,i}$。

1. 视线方向制导律设计

考虑制导模型中有关视线方向两个方程式描述的子系统:

$$\begin{cases} \dot{x}_{1,i} = x_{2,i} \\ \dot{x}_{2,i} = x_{1,i} x_{4,i}^2 + x_{1,i} x_{6,i}^2 \cos^2 q_{\varepsilon,i} - a_{MxL,i} + a_{TxL} \end{cases} \tag{4-161}$$

前面已经充分阐述了多智能体一阶一致性算法,此处不再赘述。$\hat{t}_{F,i}$ 作为各导弹所需要趋于一致的状态变量,取以下方程作为一阶多智能体系统:

$$\dot{\hat{t}}_{F,i} = u_i \tag{4-162}$$

$$u_i = \text{sign}\left(\sum_{j=1}^{n} a_{ij}\left(\hat{t}_{\text{F},j} - \hat{t}_{\text{F},i}\right)\right)\sum_{j=1}^{n} a_{ij}\left|\hat{t}_{\text{F},j} - \hat{t}_{\text{F},i}\right|^{\xi} \tag{4-163}$$

不同于前述制导律由表达式直接求得 $a_{MxL,i}$，本小节采用积分滑模函数，为使 $\hat{t}_{\text{F},i}$ 趋于一致，滑模面选取为

$$s_{r,i} = \hat{t}_{\text{F}} - \hat{t}_{\text{F}}(0) + \int_0^t -u_i \mathrm{d}t \tag{4-164}$$

$\hat{t}_{\text{F},i}(0)$ 为 $\hat{t}_{\text{F},i}$ 的初始值，对式(4-164)求导得

$$\dot{s}_{r,i} = \dot{\hat{t}}_{\text{F},i} - u_i \tag{4-165}$$

趋近律选择双幂次趋近律：

$$\dot{s}_{r,i} = -k_1 \text{sig}^{\xi_1}(s_{r,i}) - k_2 \text{sig}^{\xi_2}(s_{r,i}) \quad (k_1、k_2 > 0, \ 0 < \xi_1 < 1, \ \xi_2 > 1) \tag{4-166}$$

令式(4-165)与式(4-166)等号右端相等，可得

$$\frac{x_{1,i}^2 x_{4,i}^2 + x_{1,i}^2 x_{6,i}^2 \cos^2 q_{\varepsilon,i} - x_{1,i} a_{MxL,i} + x_{1,i} a_{TxL}}{x_{2,i}^2} - u_i = -k_1 \text{sig}^{\xi_1}(s_{r,i}) - k_2 \text{sig}^{\xi_2}(s_{r,i}) \tag{4-167}$$

由于目标机动加速度 a_{TxL} 未知，在此将含有目标加速度项视作干扰 $d_{x,i}$，即

$$d_{x,i} = \frac{x_{1,i}}{x_{2,i}^2} a_{TxL} \quad \left(0 \leqslant |d_{x,i}| \leqslant \Delta_{d,x}\right) \tag{4-168}$$

则解得视线方向控制指令 $a_{MxL,i}$ 为

$$\begin{cases} a_{MxL,i} = \dfrac{x_{2,i}^2}{x_{1,i}}\left(\begin{array}{l} \dfrac{x_{1,i}^2 x_{4,i}^2 + x_{1,i}^2 x_{6,i}^2 \cos^2 q_{\varepsilon,i}}{x_{2,i}^2} - u_i + k_1 \text{sig}^{\xi_1}(s_{r,i}) \\ + k_2 \text{sig}^{\xi_2}(s_{r,i}) + \Delta_{d,y} \text{sign}(s_{\varepsilon,i}) \end{array}\right) \\ u_i = \text{sign}\left(\displaystyle\sum_{j=1}^{n} a_{ij}\left(\hat{t}_{\text{F},j} - \hat{t}_{\text{F},i}\right)\right)\left|\displaystyle\sum_{j=1}^{n} a_{ij}\left(\hat{t}_{\text{F},j} - \hat{t}_{\text{F},i}\right)\right|^{\xi} \end{cases} \tag{4-169}$$

$$(k_1、k_2 > 0, \quad 0 < \xi, \ \xi_1 < 1, \quad \xi_2 > 1)$$

2. 视线倾角方向制导律设计

考虑制导模型中有关视线倾角方向的状态方程，即

$$\begin{cases} \dot{x}_{3,i} = x_{4,i} \\ \dot{x}_{4,i} = -\dfrac{2x_{2,i} x_{4,i}}{x_{1,i}} - x_{6,i}^2 \sin q_{\varepsilon,i} \cos q_{\varepsilon,i} - \dfrac{a_{MyL,i}}{x_{1,i}} + \dfrac{a_{TyL}}{x_{1,i}} \end{cases} \tag{4-170}$$

视线倾角方向制导律设计目的可以表示如下：

$$\lim_{t \to t_{\text{F}}} q_{\varepsilon} = q_{\varepsilon,\mathrm{d}} \tag{4-171}$$

$$\lim_{t \to t_F} \dot{q}_\varepsilon = 0 \tag{4-172}$$

根据视线倾角制导律设计目标，选取以下积分滑模函数：

$$s_{\varepsilon,i} = x_{4,i} - x_{4,i}(0) + \int_0^t \left[l_1 \mathrm{sig}^\alpha(x_{3,i}) + l_2 \mathrm{sig}^{\frac{2\alpha}{\alpha+1}}(x_{4,i}) \right] \mathrm{d}t \quad (l_1 \text{、} l_2 > 0,\ 0 < \alpha < 1) \tag{4-173}$$

对式(4-173)求导得

$$\dot{s}_{\varepsilon,i} = \dot{x}_{4,i} + l_1 \mathrm{sig}^\alpha(x_{3,i}) + l_2 \mathrm{sig}^{\frac{2\alpha}{\alpha+1}}(x_{4,i}) \tag{4-174}$$

滑模趋近律选择快速幂次趋近律：

$$\dot{s}_{\varepsilon,i} = -n_1 s_{\varepsilon,i} - n_2 \mathrm{sig}^{\rho_1}(s_{\varepsilon,i}) \quad (n_1 \text{、} n_2 > 0,\ 0 < \rho_1 < 1) \tag{4-175}$$

同样，将含有目标加速度 a_{TyL} 项视为干扰项 $d_{y,i}$，则

$$d_{y,i} = \frac{a_{TyL}}{x_{1,i}} \quad \left(0 \leqslant |d_{y,i}| \leqslant \Delta_{d,y}\right) \tag{4-176}$$

综合式(4-173)～式(4-175)，沿视线倾角方向加速度指令 $a_{MyL,i}$ 如下：

$$a_{MyL,i} = x_{1,i} \begin{pmatrix} -\dfrac{2x_{2,i}x_{4,i}}{x_{1,i}} - x_{6,i}^2 \sin q_{\varepsilon,i} \cos q_{\varepsilon,i} + l_1 \mathrm{sig}^\alpha(x_{3,i}) \\ +l_2 \mathrm{sig}^{\frac{2\alpha}{\alpha+1}}(x_{4,i}) + n_1 s_{\varepsilon,i} + n_2 \mathrm{sig}^{\rho_1}(s_{\varepsilon,i}) + \Delta_{d,y}\mathrm{sign}(s_{\varepsilon,i}) \end{pmatrix} \tag{4-177}$$

$$(l_1 \text{、} l_2 \text{、} n_1 \text{、} n_2 > 0,\quad 0 < \alpha \text{、} \rho_1 < 1)$$

3. 视线偏角方向制导律设计

考虑制导模型中有关视线偏角方向的状态方程，即

$$\begin{cases} \dot{x}_{5,i} = x_{6,i} \\ \dot{x}_{6,i} = -\dfrac{2x_{2,i}x_{6,i}}{x_{1,i}} + 2x_{4,i}x_{6,i}\tan q_{\varepsilon,i} + \dfrac{a_{MzL,i}}{x_{1,i}\cos q_{\varepsilon,i}} - \dfrac{a_{TzL}}{x_{1,i}\cos q_{\varepsilon,i}} \end{cases} \tag{4-178}$$

视线倾角方向制导律设计目的可以表示如下：

$$\lim_{t \to t_F} q_{\varepsilon,i} = q_{\varepsilon,d,i} \tag{4-179}$$

$$\lim_{t \to t_F} \dot{q}_{\varepsilon,i} = 0 \tag{4-180}$$

根据视线偏角方向制导律设计目标，选取以下积分滑模函数：

$$s_{\beta,i} = x_{6,i} - x_{6,i}(0) + \int_0^t \left[h_1 \mathrm{sig}^\lambda(x_{6,i}) + h_2 \mathrm{sig}^{\frac{2\lambda}{\lambda+1}}(x_{6,i}) \right] \mathrm{d}t \quad (h_1 \text{、} h_2 > 0,\ 0 < \lambda < 1) \tag{4-181}$$

滑模趋近律选择快速幂次趋近律：

$$\dot{s}_{\beta,i} = -m_1 s_{\beta,i} - m_2 \mathrm{sig}^{\rho_2}(s_{\beta,i}) \quad (m_1 \text{、} m_2 > 0,\ 0 < \rho_2 < 1) \tag{4-182}$$

将含有目标加速度 a_{TzL} 项视作干扰 $d_{z,i}$：

$$d_{z,i} = \frac{a_{TzL}}{x_{1,i}\cos q_{\varepsilon,i}} \quad \left(0 \leqslant |d_{y,i}| \leqslant \varDelta_{d,y}\right) \tag{4-183}$$

综合式(4-179)～式(4-181)，沿视线倾角方向加速度指令 $a_{MzL,i}$ 如下：

$$a_{MzL,i} = -x_{1,i}\cos q_{\varepsilon,i}\left(\begin{array}{l} -\dfrac{2x_{2,i}x_{6,i}}{x_{1,i}} + 2x_{4,i}x_{6,i}\tan q_{\varepsilon,i} + h_1\mathrm{sig}^\lambda\left(x_{6,i}\right) + h_2\mathrm{sig}^{\frac{2\lambda}{\lambda+1}}\left(x_{6,i}\right) \\ + m_1 s_{\beta,i} + m_2\mathrm{sig}^{\rho_2}\left(s_{\beta,i}\right) - \varDelta_{d,z}\mathrm{sign}\left(s_{\beta,i}\right) \end{array}\right)$$
$$\left(h_1、h_2、m_1、m_2 > 0, \quad 0 < \lambda、\rho_2 < 1\right) \tag{4-184}$$

为了减小滑模抖振，将所设计的加速度指令中代表干扰项的符号函数用饱和函数代替，其中边界层取 $\delta = 1$：

$$\mathrm{sat}(s,\delta) = \begin{cases} \mathrm{sign}(s), & |s| \geqslant \delta \\ \dfrac{s}{\sigma}, & |s| < \delta \end{cases} \tag{4-185}$$

综上，导弹在三个方向上所设计的加速度控制指令总结如下：

$$\begin{cases} a_{MxL,i} = \dfrac{x_{2,i}^2}{x_{1,i}}\left(\begin{array}{l} \dfrac{x_{1,i}^2 x_{4,i}^2 + x_{1,i}^2 x_{6,i}^2 \cos^2 q_{\varepsilon,i}}{x_{2,i}^2} - u_i + k_1\mathrm{sig}^{\xi_1}\left(s_{r,i}\right) \\ + k_2\mathrm{sig}^{\xi_2}\left(s_{r,i}\right) + \varDelta_{d,x}\mathrm{sat}\left(s_{r,i},1\right) \end{array}\right) \\[3mm] u_i = \mathrm{sign}\left(\displaystyle\sum_{j=1}^n a_{ij}\left(\hat{t}_{F,j} - \hat{t}_{F,i}\right)\right)\left|\displaystyle\sum_{j=1}^n a_{ij}\left(\hat{t}_{F,j} - \hat{t}_{F,i}\right)\right|^\xi \\[3mm] a_{MyL,i} = x_{1,i}\left(\begin{array}{l} -\dfrac{2x_{2,i}x_{4,i}}{x_{1,i}} - x_{6,i}^2\sin q_{\varepsilon,i}\cos q_{\varepsilon,i} + l_1\mathrm{sig}^\alpha\left(x_{3,i}\right) + l_2\mathrm{sig}^{\frac{2\alpha}{\alpha+1}}\left(x_{4,i}\right) \\ + n_1 s_{\varepsilon,i} + n_2\mathrm{sig}^{\rho_1}\left(s_{\varepsilon,i}\right) + \varDelta_{d,y}\mathrm{sat}\left(s_{\varepsilon,i},1\right) \end{array}\right) \\[3mm] a_{MzL,i} = -x_{1,i}\cos q_{\varepsilon,i}\left(\begin{array}{l} -\dfrac{2x_{2,i}x_{6,i}}{x_{1,i}} + 2x_{4,i}x_{6,i}\tan q_{\varepsilon,i} + h_1\mathrm{sig}^\lambda\left(x_{6,i}\right) + h_2\mathrm{sig}^{\frac{2\lambda}{\lambda+1}}\left(x_{6,i}\right) \\ + m_1 s_{\beta,i} + m_2\mathrm{sig}^{\rho_2}\left(s_{\beta,i}\right) - \varDelta_{d,z}\mathrm{sat}\left(s_{\beta,i},1\right) \end{array}\right) \end{cases}$$

$$\left(k_1、k_2 > 0, \quad 0 < \xi、\xi_1 < 1, \quad \xi_2 > 1\right)$$
$$\left(l_1、l_2、n_1、n_2 > 0, \quad 0 < \alpha、\rho_1 < 1\right)$$
$$\left(h_1、h_2、m_1、m_2 > 0, \quad 0 < \lambda、\rho_2 < 1\right)$$

$$\tag{4-186}$$

4. 仿真分析

下面将通过计算机仿真，验证所设计的基于积分滑模的三位空间约束下动态协同制导律效果。本小节分别针对四枚导弹在三维内拦截在水平面内做周期阶跃机动的目标和在水平面内做正弦机动的同时沿铅垂方向做常值机动的目标两种场景，展开仿真分析。仿真步长为 0.001s，并做以下假设。

假设 4-10　目标机动上界为 12g，即 $\varDelta_{d,x} = \left| 12g \cdot x_{1,i} / x_{2,i}^2 \right|$，$\varDelta_{d,y} = \left| 12g / x_{1,i} \right|$，$\varDelta_{d,z} = \left| 12g / \left(x_{1,i} \cos q_{\varepsilon,i} \right) \right|$。

假设 4-11　导弹最大可用过载为 30g，且导弹执行机构响应足够快。

四枚导弹间的通信拓扑关系以及与其对应的权系数矩阵分别如图 4-26 和图 4-27 所示。制导律相关参数选取如表 4-39 所示。

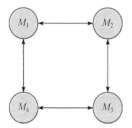

$$A = \begin{bmatrix} 0 & 1 & 0 & 1 \\ 1 & 0 & 1 & 0 \\ 0 & 1 & 0 & 1 \\ 1 & 0 & 1 & 0 \end{bmatrix}$$

图 4-26　四枚导弹间的通信拓扑关系　　　　图 4-27　通信权系数矩阵

表 4-39　制导律相关参数选取

方向	视线方向	视线倾角方向	视线偏角方向
制导参数选取	$\xi_1 = 0.8$	$l_1 = 0.01$	$h_1 = 0.01$
	$\xi_2 = 1.3$	$l_2 = 0.06$	$h_2 = 0.03$
	$k_1 = 30$	$n_1 = 20$	$m_1 = 20$
	$k_2 = 15$	$n_2 = 20$	$m_2 = 20$
		$\alpha = 0.4$	$\lambda = 0.3$
	$\xi = 0.8$	$\rho_1 = 0.8$	$\rho_2 = 0.8$

(1) 场景一：目标在水平面内做周期阶跃机动。

该场景下四枚导弹各自初始条件与视线角约束条件如表 4-40 所示，目标初始条件如表 4-41 所示。

表 4-40　积分滑模下目标阶跃机动时各导弹初始条件与视线角约束条件

导弹编号	初始位置 $(x_I, y_I, z_I) / \mathrm{km}$	初始速度 $(V_{Mx}, V_{My}, V_{Mz}) / (\mathrm{km/s})$	视线倾角约束 $q_{\varepsilon,\mathrm{d}} / (°)$	视线偏角约束 $q_{\beta,\mathrm{d}} / (°)$
M_1	$(0, 30, 0)$	$(1.02, 0, 0)$	−20	−25

导弹编号	初始位置 $(x_I, y_I, z_I)/\text{km}$	初始速度 $(V_{Mx}, V_{My}, V_{Mz})/(\text{km/s})$	视线倾斜约束 $q_{\varepsilon,\text{d}}/(°)$	视线偏角约束 $q_{\beta,\text{d}}/(°)$
M_2	$(3,30,0)$	$(1.02,0,0)$	-25	-15
M_3	$(5,30,0)$	$(1.02,0,0)$	-30	15
M_4	$(8,30,0)$	$(1.02,0,0)$	-35	25

表 4-41　积分滑模下目标阶跃机动时初始条件

目标	初始位置 $(x_I, y_I, z_I)/\text{km}$	初始速度 $(V_{Mx}, V_{My}, V_{Mz})/(\text{km/s})$	机动加速度 $(a_{Tx}, a_{Ty}, a_{Tz})g$
T	$(50,10,0)$	$(-0.51,0,0)$	$(0,0,6\text{sign}(\cos(0.5t)))$

积分滑模下目标阶跃机动时仿真结果如图 4-28 所示。图 4-28(a)为导弹与目标的运动轨迹曲线，因为导弹存在期望视线偏角约束，所以四枚导弹从两个方向对目标进行了拦截。图 4-28(b)为运动轨迹曲线的俯视图，从俯视图中可以更明显地看到四枚导弹分作两队飞向目标。图 4-28(c)为弹-目相对距离变化曲线，各

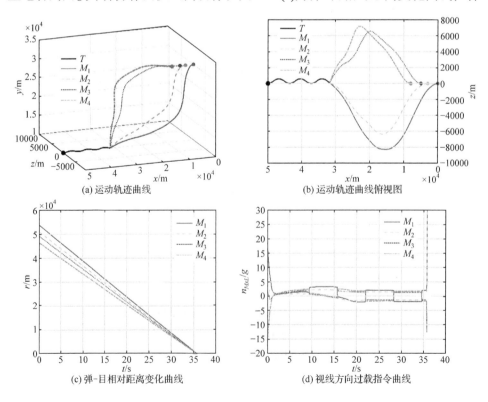

(a) 运动轨迹曲线　　　　　　　　　　(b) 运动轨迹曲线俯视图

(c) 弹-目相对距离变化曲线　　　　　　(d) 视线方向过载指令曲线

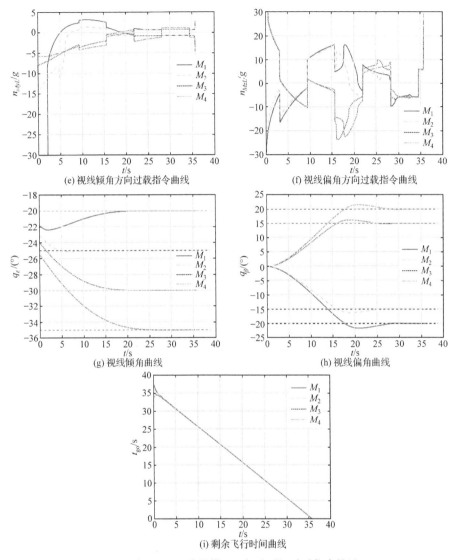

(e) 视线倾角方向过载指令曲线　　　(f) 视线偏角方向过载指令曲线

(g) 视线倾角曲线　　　(h) 视线偏角曲线

(i) 剩余飞行时间曲线

图 4-28　积分滑模下目标阶跃机动时仿真结果

导弹与目标间距离最终几乎收敛到 0。图 4-28(d)、(e)、(f)分别是导弹视线方向、视线倾角方向及视线偏角方向过载指令曲线。图 4-28(g)、(h)分别是各导弹视线倾角曲线和视线偏角曲线，可以看到视线倾角和视线偏角都可以收敛到期望值。图 4-28(i)为剩余飞行时间曲线，各导弹在 2s 左右飞行时间趋于一致。

积分滑模下目标阶跃机动时制导误差如表 4-42 所示。可以看到，在多智能体一阶一致性算法控制下，各导弹实际飞行时间差距非常小，$t_{F,1}-t_{F,4}=0.005s$，即各导弹实现了时间协同，导弹最大脱靶量为 0.3469m，在可接受范围内，结合前两项来看，导弹几乎能在同一时间成功拦截到目标。各导弹最大视线倾角误差为 0.0169°，最大视线偏角误差为 0.1449°，同样处于期望视线角的小范围内，证明导弹在空间上也满足了终端视线角约束。当目标在水平面内做周期阶跃机动时，导弹在本小节所设计的控制指令作用下能够很好地实现制导目标。

表 4-42　积分滑模下目标阶跃机动时制导误差

导弹编号	实际拦截时间 t_F / s	脱靶量/m	视线倾角误差/(°)	视线偏角误差/(°)
M_1	35.776	0.2322	0.0070	0.0952
M_2	35.776	0.0486	0.0069	0.1099
M_3	35.771	0.1677	0.0096	0.1309
M_4	35.771	0.3469	0.0169	0.1449

(2) 场景二：目标在水平面内做正弦机动的同时沿铅垂方向做常值机动。该场景下四枚导弹各自初始条件同表 4-10，目标初始条件如表 4-43 所示。

表 4-43　积分滑模下目标正弦机动时初始条件

目标	初始位置 (x,y,z) / km	初始速度 $\left(V_{Tx}, V_{Ty}, V_{Tz}\right)$ / (km / s)	机动加速度 $\left(a_{Tx}, a_{Ty}, a_{Tz}\right)g$
T	$(45,10,0)$	$(-0.51,0,0)$	$(0,1,12\sin(0.5t))$

积分滑模下目标正弦机动时仿真结果如图 4-29 所示。可以看到，虽然目标机动方式发生变化，但是视线倾角和视线偏角均能趋于期望视线角，且变化曲线并没有产生剧烈波动。结合图 4-29(c)和(i)来看，导弹可以实现同时拦截到目标。结果表明，本节所设计的制导律在目标处于不同机动时都可以实现制导目标，具有优秀的性能。

积分滑模下目标正弦机动时制导误差如表 4-44 所示。由于场景二中目标机动能力远远强于场景一，各导弹的制导误差出现了明显增加。结合表 4-44 第二、第三列来看，各导弹实际拦截时间误差 $t_{F,2} - t_{F,3} = 0.006\text{s}$，导弹最大脱靶量为 0.4992m，协同时间误差保持在非常小的范围内，导弹最大脱靶量较场景一有些许提高，但仍远小于制导律设计目标 2m 内，即各导弹同样可以成功在同一时间拦截到目标。结合制导误差后两列来看，导弹最大视线倾角误差为 0.0542°，最大视线偏角误差为 0.2729°，仍处于期望视线角附近的小邻域内，各导弹可以从期望方位打击目标，以实现空间约束。

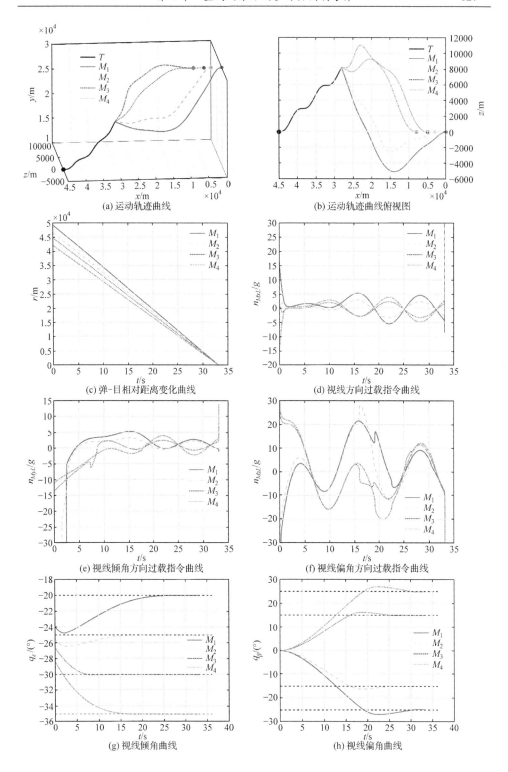

(a) 运动轨迹曲线

(b) 运动轨迹曲线俯视图

(c) 弹-目相对距离变化曲线

(d) 视线方向过载指令曲线

(e) 视线倾角方向过载指令曲线

(f) 视线偏角方向过载指令曲线

(g) 视线倾角曲线

(h) 视线偏角曲线

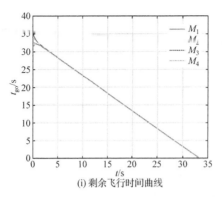

(i) 剩余飞行时间曲线

图 4-29　积分滑模下目标正弦机动时仿真结果

表 4-44　积分滑模下目标正弦机动时制导误差

导弹编号	实际拦截时间 t_F / s	脱靶量/m	视线倾角误差/(°)	视线偏角误差/(°)
M_1	33.210	0.4935	0.0036	0.2729
M_2	33.211	0.2388	9.7160×10^{-4}	0.1919
M_3	33.205	0.3627	0.0305	0.2012
M_4	33.206	0.4992	0.0542	0.1632

4.6.3　基于超螺旋滑模控制且带干扰观测器的三维空间约束多弹协同制导律

本小节在视线方向上采用二阶一致性算法，推导过程类似。在视线倾角方向和视线偏角方向上，采用了超螺旋滑模控制算法，该算法可以有效抑制滑模抖振并使制导律快速收敛，并且考虑到目标机动加速度的影响，设计估计制导律中有关 a_{TyL} 项和 a_{TzL} 项的干扰观测器，进一步提高制导律的准确性。

1. 视线方向制导律设计

选取导弹视线方向的两个状态方程，作为一个二阶多智能体系统：

$$\begin{cases} \dot{x}_{1,i} = x_{2,i} \\ \dot{x}_{2,i} = u_i = x_{1,i}x_{4,i}^2 + x_{1,i}x_{6,i}^2\cos^2 q_{\varepsilon,i} - a_{MxL,i} + a_{TxL} \end{cases} \tag{4-187}$$

对于一个具有 n 个个体的多智能体系统，若智能体之间的通信拓扑图 G 是无向且连通的，可设计以下控制量 u_i：

$$u_i = \sum_{j=1}^{n} a_{ij}\left[\psi_1\left(\mathrm{sig}^\alpha\left(x_{1,j}-x_{1,i}\right)\right) + \psi_2\left(\mathrm{sig}^{\frac{2\alpha}{1+\alpha}}\left(x_{2,j}-x_{2,i}\right)\right)\right] \quad (0<\alpha<1) \tag{4-188}$$

$\psi_i(x)$ 选取如下：

$$
\begin{cases}
\psi_1(x) = m_1 \tanh(x, \varepsilon_1) = m_1 \dfrac{e^{x/\varepsilon_1} - e^{-x/\varepsilon_1}}{e^{x/\varepsilon_1} + e^{-x/\varepsilon_1}} & (m_1 \text{、} \varepsilon_1 > 0) \\[4mm]
\psi_2(x) = m_2 \tanh(x, \varepsilon_2) = m_2 \dfrac{e^{x/\varepsilon_2} - e^{-x/\varepsilon_2}}{e^{x/\varepsilon_2} + e^{-x/\varepsilon_2}} & (m_2 \text{、} \varepsilon_2 > 0)
\end{cases} \tag{4-189}
$$

综合式(4-187)和式(4-188)可得

$$
\begin{cases}
a_{MxL,i} = x_{1,i} x_{4,i}^2 + x_{1,i} x_{6,i}^2 \cos^2 q_{\varepsilon,i} + a_{TxL} - u_i \\[3mm]
u_i = \displaystyle\sum_{j=1}^{n} a_{ij} \left[\psi_1 \left(\operatorname{sig}^{\alpha} \left(x_{1,j} - x_{1,i} \right) \right) + \psi_2 \left(\operatorname{sig}^{\frac{2\alpha}{1+\alpha}} \left(x_{2,j} - x_{2,i} \right) \right) \right]
\end{cases} \quad (0 < \alpha < 1) \tag{4-190}
$$

2. 视线倾角方向制导律设计

选取导弹视线倾角方向的两个状态方程如下：

$$
\begin{cases}
\dot{x}_{3,i} = x_{4,i} \\[3mm]
\dot{x}_{4,i} = -\dfrac{2 x_{2,i} x_{4,i}}{x_{1,i}} - x_{6,i}^2 \sin q_{\varepsilon,i} \cos q_{\varepsilon,i} - \dfrac{a_{MyL,i}}{x_{1,i}} + \dfrac{a_{TyL}}{x_{1,i}}
\end{cases} \tag{4-191}
$$

考虑导弹在视线倾角方向的制导目的，选取如下滑模函数：

$$
s_{\varepsilon,i} = x_{4,i} + l_1 x_{3,i} + l_2 \operatorname{sig}^{\xi_1}(x_{3,i}) \quad (l_1 \text{、} l_2 > 0, \ 0 < \xi_1 < 1) \tag{4-192}
$$

其导数为

$$
\begin{aligned}
\dot{s}_{\varepsilon,i} &= \dot{x}_{4,i} + l_1 \dot{x}_{3,i} + l_2 \xi_1 \left| x_{3,i} \right|^{\xi_1 - 1} x_{4,i} \\[2mm]
&= -\frac{2 x_{2,i} x_{4,i}}{x_{1,i}} - x_{6,i}^2 \sin q_{\varepsilon,i} \cos q_{\varepsilon,i} - \frac{a_{MyL,i}}{x_{1,i}} + \frac{a_{TyL}}{x_{1,i}} + l_1 x_{4,i} + l_2 \xi_1 \left| x_{3,i} \right|^{\xi_1 - 1} x_{4,i}
\end{aligned} \tag{4-193}
$$

引入标准的超螺旋滑模控制算法如下：

$$
\begin{cases}
\dot{s} = -k_{\varepsilon,1} |s|^{1/2} \operatorname{sign}(s) + w_{\varepsilon} + \rho_{\varepsilon,1} \\[2mm]
\dot{w}_{\varepsilon} = -k_{\varepsilon,2} \operatorname{sign}(s) + \rho_{\varepsilon,2} \\[2mm]
w_{\varepsilon}(0) = 0
\end{cases} \quad (k_{\varepsilon,1} \text{、} k_{\varepsilon,2} > 0) \tag{4-194}
$$

式中，$k_{\varepsilon,1}$ 与 $k_{\varepsilon,2}$ 为所要设计的制导参数；$\rho_{\varepsilon,1}$ 与 $\rho_{\varepsilon,2}$ 为摄动项。忽略摄动项的影响，即 $\rho_{\varepsilon,1} = \rho_{\varepsilon,2} = 0$，同时联立式(4-193)与式(4-194)：

$$
\begin{cases}
a_{MyL,i} = x_{1,i} \left(\begin{aligned} &-\frac{2 x_{2,i} x_{4,i}}{x_{1,i}} - x_{6,i}^2 \sin q_{\varepsilon,i} \cos q_{\varepsilon,i} + \frac{a_{TyL}}{x_{1,i}} + l_1 x_{4,i} \\ &+ l_2 \xi_1 \left| x_{3,i} \right|^{\xi_1 - 1} x_{4,i} + k_{\varepsilon,1} |s|^{1/2} \operatorname{sign}(s) - w_{\varepsilon} \end{aligned} \right) \\[5mm]
\dot{w}_{\varepsilon} = -k_{\varepsilon,2} \operatorname{sign}(s)
\end{cases} \tag{4-195}
$$

3. 视线偏角方向制导律设计

选取导弹视线偏角方向的两个状态方程如下：

$$\begin{cases} \dot{x}_{5,i} = x_{6,i} \\ \dot{x}_{6,i} = -\dfrac{2x_{2,i}x_{6,i}}{x_{1,i}} + 2x_{4,i}x_{6,i}\tan q_{\varepsilon,i} + \dfrac{a_{MzL,i}}{x_{1,i}\cos q_{\varepsilon,i}} - \dfrac{a_{TzL}}{x_{1,i}\cos q_{\varepsilon,i}} \end{cases} \tag{4-196}$$

考虑到 4.3.3 小节中提及的导弹在视线偏角方向的制导目的，选取如下滑模函数：

$$s_{\beta,i} = x_{6,i} + h_1 x_{5,i} + h_2 \mathrm{sig}^{\xi_2}\left(x_{5,i}\right) \quad (h_1、h_2 > 0,\ 0 < \xi_2 < 1) \tag{4-197}$$

其导数为

$$\begin{aligned} \dot{s}_{\beta,i} &= \dot{x}_{6,i} + h_1\dot{x}_{5,i} + h_2\xi_2\left|x_{5,i}\right|^{\xi_2-1}x_{6,i} \\ &= -\frac{2x_{2,i}x_{6,i}}{x_{1,i}} + 2x_{4,i}x_{6,i}\tan q_{\varepsilon,i} + \frac{a_{MzL,i}}{x_{1,i}\cos q_{\varepsilon,i}} - \frac{a_{TzL}}{x_{1,i}\cos q_{\varepsilon,i}} \\ &\quad + h_1 x_{6,i} + h_2\xi_2\left|x_{5,i}\right|^{\xi_2-1}x_{6,i} \end{aligned} \tag{4-198}$$

采用超螺旋滑模控制算法：

$$\begin{cases} \dot{s} = -k_{\beta,1}\left|s\right|^{1/2}\mathrm{sign}(s) + w_\beta + \rho_{\beta,1} \\ \dot{w}_\beta = -k_{\beta,2}\mathrm{sign}(s) + \rho_{\beta,2} \qquad \left(k_{\beta,1}、k_{\beta,2} > 0\right) \\ w_\beta(0) = 0 \end{cases} \tag{4-199}$$

同样地，忽略摄动项的影响，即 $\rho_{\beta,1} = \rho_{\beta,2} = 0$，同时联立式(4-198)与式(4-199)：

$$\begin{cases} a_{MzL,i} = -x_{1,i}\cos q_{\varepsilon,i}\left(\begin{aligned} &-\frac{2x_{2,i}x_{6,i}}{x_{1,i}} + 2x_{4,i}x_{6,i}\tan q_{\varepsilon,i} - \frac{a_{TzL}}{x_{1,i}\cos q_{\varepsilon,i}} + h_1 x_{6,i} \\ &+ h_2\xi_2\left|x_{5,i}\right|^{\xi_2-1}x_{6,i} + k_{\beta,1}\left|s\right|^{1/2}\mathrm{sign}(s) - w_\beta \end{aligned} \right) \\ \dot{w}_\beta = -k_{\beta,2}\mathrm{sign}(s) \end{cases} \tag{4-200}$$

为了消除控制指令中关于拦截目标机动加速度项 a_{TyL} 和 a_{TzL} 带来的影响，设其目标加速度项为干扰 d：

$$d_{y,i} = \frac{a_{TyL}}{x_{1,i}} \tag{4-201}$$

$$d_{z,i} = \frac{a_{TzL}}{x_{1,i}\cos q_{\varepsilon,i}} \tag{4-202}$$

由此，状态方程可以改为

$$\dot{x}_{4,i} = -\frac{2x_{2,i}x_{4,i}}{x_{1,i}} - x_{6,i}^2 \sin q_{\varepsilon,i} \cos q_{\varepsilon,i} - \frac{a_{MyL,i}}{x_{1,i}} + d_{y,i} \tag{4-203}$$

$$\dot{x}_{6,i} = -\frac{2x_{2,i}x_{6,i}}{x_{1,i}} + 2x_{4,i}x_{6,i} \tan q_{\varepsilon,i} + \frac{a_{MzL,i}}{x_{1,i}\cos q_{\varepsilon,i}} - d_{z,i} \tag{4-204}$$

利用文献[24]提出的有限时间收敛的非齐次干扰观测器，分别在视线倾角方向和视线偏角方向设计干扰观测器来获得干扰 $d_{y,i}$ 和 $d_{z,i}$ 的估计值。

对于视线倾角方向，基于式(4-195)，干扰观测器设计：

$$\begin{cases} \dot{z}_{10} = -\dfrac{2x_{2,i}x_{4,i}}{x_{1,i}} - x_{6,i}^2 \sin q_{\varepsilon,i} \cos q_{\varepsilon,i} - \dfrac{a_{MyL,i}}{x_{1,i}} + v_{10} \\ v_{10} = -\lambda_{10} L_1^{1/3} \left| z_{10} - x_{4,i} \right|^{2/3} \mathrm{sign}\left(z_{10} - x_{4,i} \right) - \mu_{12}\left(z_{10} - x_{4,i} \right) + z_{11} \\ \dot{z}_{11} = v_{11} \\ v_{11} = -\lambda_{11} L_1^{1/2} \left| z_{11} - v_{10} \right|^{1/2} \mathrm{sign}\left(z_{11} - v_{10} \right) - \mu_{11}\left(z_{11} - v_{10} \right) + z_{12} \\ \dot{z}_{12} = -\lambda_{12} L_1 \mathrm{sign}\left(z_{12} - v_{11} \right) - \mu_{10}\left(z_{12} - v_{11} \right) \\ \hat{d}_{y,i} = z_{11} \end{cases} \tag{4-205}$$

对于视线偏角方向，基于式(4-200)，干扰观测器设计：

$$\begin{cases} \dot{z}_{20} = -\dfrac{2x_{2,i}x_{6,i}}{x_{1,i}} + 2x_{4,i}x_{6,i} \tan q_{\varepsilon,i} + \dfrac{a_{MzL,i}}{x_{1,i}\cos q_{\varepsilon,i}} + v_{20} \\ v_{20} = -\lambda_{20} L_2^{1/3} \left| z_{20} - x_{6,i} \right|^{2/3} \mathrm{sign}\left(z_{20} - x_{6,i} \right) - \mu_{22}\left(z_{20} - x_{6,i} \right) + z_{21} \\ \dot{z}_{21} = v_{21} \\ v_{21} = -\lambda_{21} L_2^{1/2} \left| z_{21} - v_{20} \right|^{1/2} \mathrm{sign}\left(z_{21} - v_{20} \right) - \mu_{21}\left(z_{21} - v_{20} \right) + z_{22} \\ \dot{z}_{22} = -\lambda_{22} L_2 \mathrm{sign}\left(z_{22} - v_{21} \right) - \mu_{20}\left(z_{22} - v_{21} \right) \\ \hat{d}_{z,i} = z_{21} \end{cases} \tag{4-206}$$

式中，L_1 与 L_2 为利普希茨常数，满足 $\left| \dot{d}_{y,i} \right| < L_1$，$\left| \dot{d}_{z,i} \right| < L_2$。文献[25]已经证明，当参数 $\lambda_{10} = \lambda_{20} = 1.1$、$\lambda_{11} = \lambda_{21} = 1.5$、$\lambda_{12} = \lambda_{22} = 2$、$\mu_{10} = \mu_{20} = 3$、$\mu_{11} = \mu_{21} = 5$、$\mu_{12} = \mu_{22} = 8$ 时，干扰估计值 $\hat{d}_{y,i}$ 和 $\hat{d}_{z,i}$ 能在有限时间内收敛到干扰真实值 $d_{y,i}$ 和 $d_{z,i}$。

综上，导弹三通道控制指令设计：

$$
\begin{cases}
a_{MxL,i} = x_{1,i}x_{4,i}^2 + x_{1,i}x_{6,i}^2\cos^2 q_{\varepsilon,i} + a_{TxL} - u_i \\[2mm]
u_i = \displaystyle\sum_{j=1}^{n} a_{ij}\left[\psi_1\left(\mathrm{sig}^{\alpha}\left(x_{1,j}-x_{1,i}\right)\right)+\psi_2\left(\mathrm{sig}^{\frac{2\alpha}{1+\alpha}}\left(x_{2,j}-x_{2,i}\right)\right)\right] \\[3mm]
a_{MyL,i} = x_{1,i}\left(\begin{array}{l} -\dfrac{2x_{2,i}x_{4,i}}{x_{1,i}} - x_{6,i}^2\sin q_{\varepsilon,i}\cos q_{\varepsilon,i} + \hat{d}_{y,i} + l_1 x_{4,i} \\[2mm] +l_2\xi_1\left|x_{3,i}\right|^{\xi_1-1}x_{4,i} + k_{\varepsilon,1}\left|s\right|^{1/2}\mathrm{sign}(s) - w_\varepsilon \end{array}\right) \\[4mm]
\dot{w}_\varepsilon = -k_{\varepsilon,2}\mathrm{sign}(s) \\[2mm]
a_{MzL,i} = -x_{1,i}\cos q_{\varepsilon,i}\left(\begin{array}{l} -\dfrac{2x_{2,i}x_{6,i}}{x_{1,i}} + 2x_{4,i}x_{6,i}\tan q_{\varepsilon,i} - \hat{d}_{z,i} + h_1 x_{6,i} \\[2mm] +h_2\xi_2\left|x_{5,i}\right|^{\xi_2-1}x_{6,i} + k_{\beta,1}\left|s\right|^{1/2}\mathrm{sign}(s) - w_\beta \end{array}\right) \\[4mm]
\dot{w}_\beta = -k_{\beta,2}\mathrm{sign}(s)
\end{cases}
\tag{4-207}
$$

4. 仿真分析

　　下面将通过计算机仿真,验证所设计的基于超螺旋滑模控制算法且带干扰观测器的三维空间约束协同制导律效果。本小节分别针对四枚导弹在三维空间内拦截在水平面内做周期阶跃机动的目标和在水平面内做正弦机动的同时在铅垂方向做常值机动的目标两种场景,展开仿真分析。仿真步长为0.001s,并假设导弹最大可用过载为$30g$,且导弹执行机构响应足够快。

　　四枚导弹间的通信拓扑结构以及与其对应的权系数矩阵分别如图 4-30 和图 4-31 所示。制导律相关参数选取如表 4-45 所示。

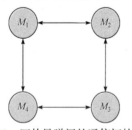

$$
A=\begin{bmatrix} 0 & 1 & 0 & 1 \\ 1 & 0 & 1 & 0 \\ 0 & 1 & 0 & 1 \\ 1 & 0 & 1 & 0 \end{bmatrix}
$$

图 4-30　四枚导弹间的通信拓扑关系　　　　　　图 4-31　通信权系数矩阵

表 4-45　制导律相关参数选取

方向	视线方向	视线倾角方向	视线偏角方向
	$m_1=800$	$l_1=50$	$h_1=20$
	$m_2=500$	$l_2=0.02$	$h_2=0.1$
制导参数选取	$\varepsilon_1=150$	$k_{\varepsilon,1}=0.1$	$k_{\beta,1}=0.15$
	$\varepsilon_2=150$	$k_{\varepsilon,2}=0.001$	$k_{\beta,2}=0.001$
	$\alpha=0.5$	$\xi_1=0.8$	$\xi_2=0.8$

(1) 场景一：目标在水平面内做周期阶跃机动。

该场景下四枚导弹各自初始条件与视线角约束条件如表 4-46 所示。

表 4-46　含干扰观测器超螺旋滑模下目标阶跃机动时各导弹初始条件与视线角约束条件

导弹编号	初始位置 $(x_I, y_I, z_I)/\text{km}$	初始速度 $(V_{Mx}, V_{My}, V_{Mz})/(\text{km}/\text{s})$	视线倾角约束 $q_{\varepsilon,\text{d}}/(°)$	视线偏角约束 $q_{\beta,\text{d}}/(°)$
M_1	$(0,30,0)$	$(1.02,0,0)$	-20	-25
M_2	$(3,30,0)$	$(1.02,0,0)$	-25	-15
M_3	$(5,30,0)$	$(1.02,0,0)$	-30	15
M_4	$(8,30,0)$	$(1.02,0,0)$	-35	25

该场景下目标初始条件如表 4-47 所示。

表 4-47　含干扰观测器超螺旋滑模下目标阶跃机动时目标初始条件

目标	初始位置 $(x_I, y_I, z_I)/\text{km}$	初始速度 $(V_{Mx}, V_{My}, V_{Mz})/(\text{km}/\text{s})$	机动加速度 $(a_{Tx}, a_{Ty}, a_{Tz})g$
T	$(50,10,0)$	$(-0.51,0,0)$	$\left(0,0,6\text{sign}(\cos(0.5t))\right)$

含干扰观测器超螺旋滑模下目标阶跃机动时仿真结果如图 4-32 所示。图 4-32(a) 为导弹与目标的运动轨迹曲线，同样由于导弹存在期望视线偏角约束，四枚导弹从两个方向对目标进行了拦截。图 4-32(b) 为运动轨迹曲线的俯视图，从俯视图中可以看出，相比于上一小节，本小节各导弹实际弹程更平均，没有明显差异。图 4-32(c) 为弹-目相对距离变化曲线，由于本小节在视线方向上采用二阶一致性算法，需要各导弹的弹-目相对距离趋于一致。图 4-32(d)～(f) 分别是导弹沿视线方向的过载指令、沿视线倾角方向过载指令以及沿视线偏角方向过载指令，可以看到曲线上出现了一定的突变。图 4-32(g) 和 (h) 分别是视线倾角曲线和视线偏角曲线，各导弹视线偏角都可以收敛到期望值，但是导弹 M_4 的视线倾角并没有完全收敛到期望值，下面会详细讨论原因。图 4-32(i) 为剩余飞行时间曲线，各导弹在 8s 左右飞行时间趋于一致。

导弹 M_4 没有收敛到期望视线倾角主要取决于参数 $k_{\varepsilon,1}$，$k_{\varepsilon,1}$ 会直接影响沿视线倾角方向的加速度控制指令。当 $k_{\varepsilon,1}$ 取值较大时，各导弹视线倾角收敛速度会变快，导弹 M_4 的视线倾角也可以快速收敛到期望值，但是会导致导弹在视线倾角方向上过载曲线变化更加剧烈。当 $k_{\varepsilon,1}$ 取值较小时，导弹在视线倾角方向上过载曲线变化会更缓和，但是导弹视线倾角收敛速度也会更缓慢。考虑到既要满

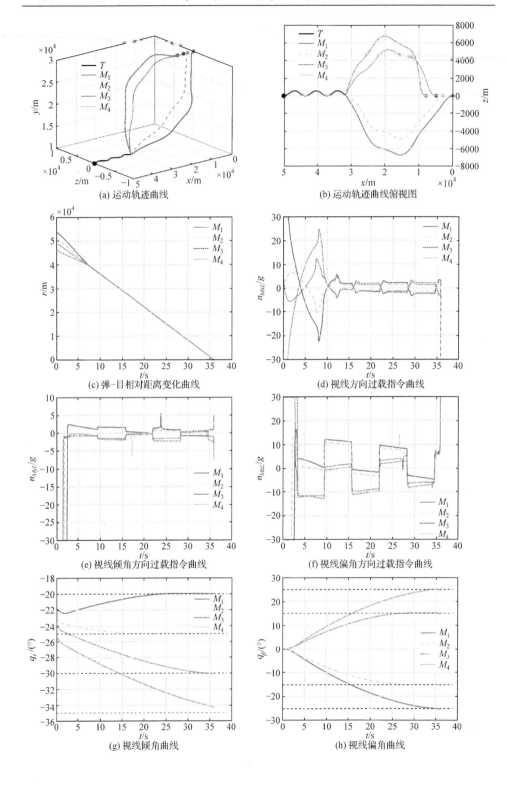

(a) 运动轨迹曲线

(b) 运动轨迹曲线俯视图

(c) 弹-目相对距离变化曲线

(d) 视线方向过载指令曲线

(e) 视线倾角方向过载指令曲线

(f) 视线偏角方向过载指令曲线

(g) 视线倾角曲线

(h) 视线偏角曲线

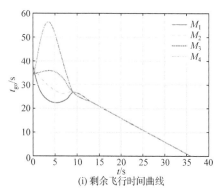

(i) 剩余飞行时间曲线

图 4-32 含干扰观测器超螺旋滑模下目标阶跃机动时仿真结果

足制导精度同时保证过载曲线变化不剧烈，故选择 $k_{\varepsilon,1}=0.1$。

含干扰观测器超螺旋滑模下目标阶跃机动时制导误差如表 4-48 所示，各导弹实际拦截时间误差 $t_{F,1}-t_{F,3}=0.006\text{s}$，最大脱靶量为 0.3616m，因为制导参数 $k_{\varepsilon,1}$ 的影响，导弹 4 视线倾角没有完全收敛到期望值，所以最大视线倾角误差为 0.6894°，相比于前文较大但仍处于 1°误差允许范围内，最大视线偏角误差为 0.4227°。

表 4-48 含干扰观测器超螺旋滑模下目标阶跃机动时制导误差

导弹编号	实际拦截时间 t_F / s	脱靶量/m	视线倾角误差/(°)	视线偏角误差/(°)
M_1	35.897	0.1795	0.0629	0.3906
M_2	35.896	0.2755	0.0285	0.4227
M_3	35.891	0.1196	0.0780	0.3250
M_4	35.891	0.3616	0.6894	0.3569

(2) 场景二：目标在水平面内做正弦机动的同时在铅垂方向做常值机动。

该场景下四枚导弹各自初始条件同表 4-46，目标初始条件如表 4-49 所示。

表 4-49 含干扰观测器超螺旋滑模下目标正弦机动时初始条件

目标	初始位置 (x,y,z) / km	初始速度 (V_{Tx},V_{Ty},V_{Tz}) /(km/s)	机动加速度 $(a_{Tx},a_{Ty},a_{Tz})g$
T	$(45,10,0)$	$(-0.51,0,0)$	$(0,1,12\sin(0.5t))$

含干扰观测器超螺旋滑模下目标正弦机动时仿真结果如图 4-33 所示。相比于场景一，由于目标机动能力增强，导弹视线角收敛状况有所下降，其余图并没有产生剧烈变化。结果同样表明，本节所设计的制导律在目标处于不同机动时都可以实现制导目标，具有优秀的性能。

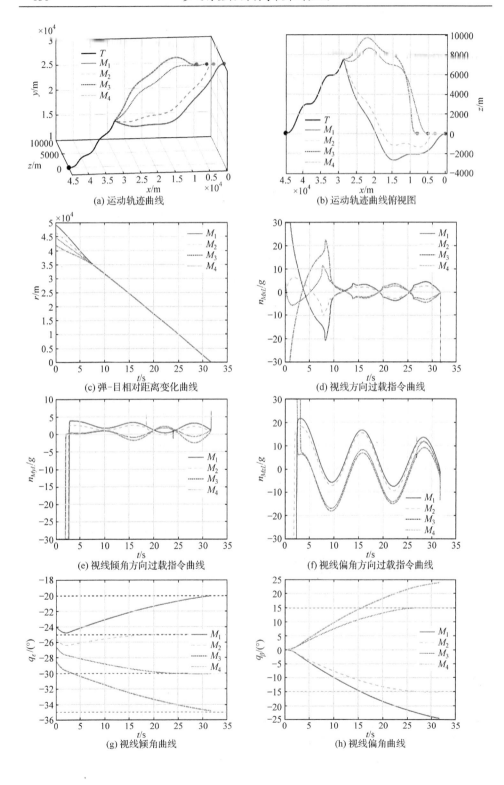

(a) 运动轨迹曲线

(b) 运动轨迹曲线俯视图

(c) 弹-目相对距离变化曲线

(d) 视线方向过载指令曲线

(e) 视线倾角方向过载指令曲线

(f) 视线偏角方向过载指令曲线

(g) 视线倾角曲线

(h) 视线偏角曲线

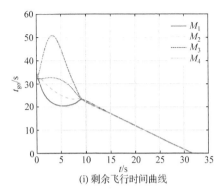

(i) 剩余飞行时间曲线

图 4-33　含干扰观测器超螺旋滑模下目标正弦机动时仿真结果

含干扰观测器超螺旋滑模下目标正弦机动时制导误差如表 4-50 所示。四枚导弹最大时间协同误差 $t_{F,1} - t_{F,3} = 0.009\text{s}$，综合前文结果，证明二阶一致性算法能很好使各导弹时间达到收敛，最大视线倾角误差较大，为 $0.8008°$，但仍小于制导目标，最大视线倾角误差为 $0.2307°$。

表 4-50　含干扰观测器超螺旋滑模下目标正弦机动时制导误差

导弹编号	实际拦截时间 t_F / s	脱靶量/m	视线倾角误差/(°)	视线偏角误差/(°)
M_1	31.732	0.5572	0.5481	0.0207
M_2	31.732	0.6119	0.0794	0.0672
M_3	31.723	0.3972	0.1068	0.0071
M_4	31.723	0.2391	0.8008	0.2307

4.7　本 章 小 结

本章针对考虑空间约束的多弹协同拦截高速大机动目标这一问题，分别在二维平面中设计了一种带攻击角约束的制导律，在三维空间中设计了两种带视线角约束的制导律。

首先，4.2 节直观描述了本章制导律设计的主要目标。其次，4.3 节建立了二维平面中速度大小可控的制导模型，推导了平面中攻击角与终端视线角之间的解析转换关系。4.4 节基于三维空间视线坐标系下的弹-目相对运动制导模型，将协同制导律的设计过程分为沿视线方向和沿视线法向两个侧面独立进行。4.5 节和 4.6 节完全沿用 4.4 节的设计思路，同时额外考虑了实际系统中存在的干扰因素。最后，通过仿真分析验证了本章所设计的制导律能使各枚导弹的视线角更快收敛至期望值，并且在面对目标大机动运动及不确定参数干扰影响时具有极强的鲁棒性。

第5章 基于推力控制的三维协同制导律设计

第5章彩图

5.1 引　言

在现代战争中，传统的制导方式已经难以满足现代制导任务的要求，为了完成更复杂的作战任务，在协同打击目标的基础上，还存在许多其他约束，如角度约束、时间约束、目标机动约束。引入角度约束，能够使得导弹打击目标的薄弱部位，提高导弹对目标的毁伤能力；引入时间约束则可以使得多枚导弹同时打击同一个目标，增加击中目标的概率和毁伤能力；在设计制导律的过程中，也需要考虑目标机动约束。这种包含多种约束的制导律相比于传统方法，能够完成更多的作战任务，但也会使得制导律变得更为复杂。

针对上述问题，由于推力控制制导模型的动力学方程相对简单，本章将基于推力控制制导模型，分别设计基于角度约束的静态协同制导律和动态协同制导律。5.2 节介绍推力控制制导模型；5.3 节和 5.4 节在推力控制制导模型基础上，针对机动目标设计带有角度约束的三维静态协同制导律和动态协同制导律；5.5 节设计脉冲式火箭发动机模型并进行仿真验证；5.6 节介绍超远距目标协同打击并进行仿真验证。

5.2　推力控制制导模型建立

为了能够完整地介绍推力控制制导模型的动力学方程，图 5-1 展示的坐标系将两种模型的几何关系结合在一起，符号较多，不易区分。因此，为了更加清晰地展示在推力控制制导模型下的几何关系，本节选取与该制导模型有关的变量，并进一步考虑了目标的机动，重新绘制该模型下的三维几何关系图，如图 5-2 所示。其中，ϑ_m、ψ_m 为导弹的导弹倾角，θ_L、φ_L 为视线倾角，a_{xL}、a_{yL}、a_{zL} 为导弹的控制量在视线坐标系下的投影，a_{txL}、a_{tyL}、a_{tzL} 为目标的控制量在视线坐标系下的投影。对动力学方程化简可得

$$\ddot{r} = r\dot{\theta}_L^2 + r\dot{\varphi}_L^2\cos^2\theta_L - a_{xL} + a_{txL} \tag{5-1}$$

$$\ddot{\theta}_L = \frac{-2\dot{r}\dot{\theta}_L - r_i\dot{\varphi}_L^2\sin\theta_L\cos\varphi_L - a_{yL}}{r} + \frac{a_{tyL}}{r} \tag{5-2}$$

$$\ddot{\varphi}_L = \frac{2\dot{r}\dot{\theta}_L \cos\theta_L - 2r_l\dot{\theta}_L\dot{\varphi}_L \sin\theta_L + a_{zL}}{r\cos\theta_L} + \frac{a_{tzL}}{r\cos\theta_L} \tag{5-3}$$

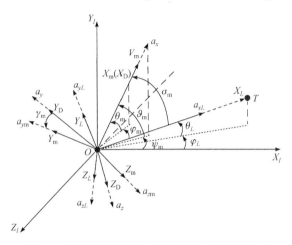

图 5-1　推力控制制导模型两种坐标系的转换关系

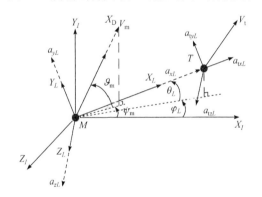

图 5-2　推力控制制导模型的三维几何关系

本章制导律的设计目标是控制导弹的剩余飞行时间和攻击角度，导弹的剩余飞行时间 t_{go} 可由 $\dot{r}/r$ 进行估计，导弹的攻击角度可通过控制视线角的方式实现。因此，根据上述要求，可设计状态变量 $x_1 = r$，$x_2 = \dot{r}$，$x_3 = \theta_L - \theta_{Ld}$，$x_4 = \dot{\theta}_L$，$x_5 = \varphi_L - \varphi_{Ld}$，$x_6 = \dot{\varphi}_L$。对于目标的机动，可以视作干扰项，令 $d_{xL} = a_{txL}$，$d_{yL} = a_{tyL}/r$，$d_{zL} = a_{tzL}/(r\cos\theta_L)$。同时，在推导制导律之前，还需作出以下假设。

假设 5-1　目标加速度的导数有上限，且大小已知，即 $\left|\dot{d}_{xLi}\right| < \Delta_{xLi}$，$\left|\dot{d}_{yLi}\right| < \Delta_{yLi}$，$\left|\dot{d}_{zLi}\right| < \Delta_{zLi}$，则状态变量可写成状态空间方程：

$$\dot{x}_{1i} = x_{2i} \tag{5-4}$$

$$\dot{x}_{2i} = x_{1i}x_{4i}^2 + x_{1i}x_{6i}^2\cos^2\theta_{Li} - a_{xLi} + d_{xLi} \tag{5-5}$$

$$\dot{x}_{3i} = x_{4i} \tag{5-6}$$

$$\dot{x}_{4i} = \frac{-2x_{2i}x_{4i} - x_{1i}x_{6i}^2\sin\theta_{Li}\cos\varphi_{Li} - a_{yLi}}{x_{1i}} + d_{yLi} \tag{5-7}$$

$$\dot{x}_{5i} = x_{6i} \tag{5-8}$$

$$\dot{x}_{6i} = \frac{-2x_{2i}x_{6i}\cos\theta_{Li} + 2x_{1i}x_{4i}x_{6i}\sin\theta_{Li} + a_{zLi}}{x_{1i}\cos\theta_{Li}} + d_{zLi} \tag{5-9}$$

对于协同制导律，通常需要考虑多枚导弹，因此在上述状态空间方程中，采用下标 i 表示第 i 枚导弹的状态变量。通过状态空间方程式(5-4)～式(5-9)可以看出，对于推力控制制导模型，视线法向、视线法向的加速度指令均已解耦，导弹的制导律将分为三个通道设计。其中，视线法向的加速度通过控制状态变量 x_{1i} 和 x_{2i} 达到一致，实现导弹的协同打击，视线法向的加速度通过控制状态变量 x_{3i} 和 x_{5i} 收敛到 0，从而实现视线角约束，并通过控制状态变量 x_{4i} 和 x_{6i} 收敛到 0，达到击中目标的条件。目标机动可以被看作干扰项，在考虑干扰的情况下设计制导律，因此所设计的制导律对目标机动存在一定的鲁棒性。下面，将分为静态协同制导律和动态协同制导律，分别对这三个方向的加速度指令进行设计。

5.3 基于角度约束的静态协同制导律设计

静态协同制导律设计的目标是导弹能够达到期望的攻击时间，当多枚导弹设置相同的攻击时间后，则可实现多枚导弹同时打击目标的效果。角度约束可使得导弹达到期望的视线角。因此，制导律的设计目标可以总结为

$$T_F = T_d$$
$$\lim_{t \to T_d}(\theta_L - \theta_{Ld}) = 0, \lim_{t \to T_d}\dot{\theta}_L = 0$$
$$\lim_{t \to T_d}(\varphi_L - \varphi_{Ld}) = 0, \lim_{t \to T_d}\dot{\varphi}_L = 0$$

注意，静态协同制导律本质上其实是一种单对单的时间控制制导律，在进行制导律设计的时候，不需要考虑模型中的下标 i，因此这里对下标 i 忽略。

5.3.1 视线方向静态协同制导律设计

要实现对飞行时间的控制，需要确定导弹的剩余飞行时间信息，该状态量无

法由传感器直接测量获得。在导弹飞行过程中，导弹与目标的相对速度通常变化较小，因此可采用如下形式对剩余飞行时间进行估计：

$$\hat{t}_{go} = -\frac{r}{\mathrm{d}r} = -\frac{x_1}{x_2} \tag{5-10}$$

对于式(5-10)，在制导初期剩余飞行时间估计值与实际值存在较大误差，但是随着导弹靠近目标，该误差会很快收敛到 0，因此制导初期的误差并不会对制导律产生影响。式(5-10)中，仅包含了状态变量 x_1 和 x_2，也说明了对于推力控制制导模型，三个通道的制导律都是解耦的，可以独立设计。对沿视线方向的加速度，仅需要考虑前两个状态空间方程[126]，即

$$\begin{cases} \dot{x}_1 = x_2 \\ \dot{x}_2 = x_1 x_4^2 + x_1 x_6^2 \cos^2 \theta_L - a_{xL} + d_{xL} \end{cases} \tag{5-11}$$

根据式(5-11)可知，视线方向的加速度用于实现对导弹攻击时间的控制。对式(5-10)两边求导，并将式(5-11)代入，化简可得

$$\dot{\hat{t}}_{go} = -\frac{x_2^2 - x_1 \dot{x}_2}{x_2^2} = -1 + \frac{x_1^2 x_4^2}{x_2^2} + \frac{x_1^2 x_6^2 \cos^2 \theta_L}{x_2^2} - \frac{x_1}{x_2^2} a_{xL} + \frac{x_1}{x_2^2} d_{xL} \tag{5-12}$$

根据设计目标，为了实现期望的攻击时间，可以设计滑模面为

$$s_{11} = T_F - T_d = \hat{t}_{go} + t - T_d \tag{5-13}$$

式中，T_F 为导弹最终的飞行时间，$T_F = \hat{t}_{go} + t$。对滑模面两端求导，将式(5-12)代入，并令 $D_{11} = x_1 d_{xL} / x_2^2$，可得

$$\dot{s}_{11} = 1 + \dot{\hat{t}}_{go} = \frac{x_1^2 x_4^2}{x_2^2} + \frac{x_1^2 x_6^2 \cos^2 \theta_L}{x_2^2} - \frac{x_1}{x_2^2} a_{xL} + D_{11} \tag{5-14}$$

为了降低滑模抖振的影响，基于超螺旋滑模理论，可设计制导律为

$$a_{xL} = -\frac{x_2^2}{x_1} \left[-\left(\frac{x_1^2 x_4^2}{x_2^2} + \frac{x_1^2 x_6^2 \cos^2 \theta_L}{x_2^2} \right) + v_{11} \right] \tag{5-15}$$

其中，

$$\begin{cases} v_{11} = -k_{11} |s_{11}|^{0.5} \mathrm{sign}(s_{11}) + w_{11} \\ \dot{w}_{11} = -k_{12} \mathrm{sign}(s_{11}) \end{cases} \tag{5-16}$$

定理 5-1　对于系统式(5-11)，当选取滑模面为式(5-14)时，若制导律选择式(5-15)，则滑模面能够在有限时间内收敛到 0，此后，导弹将按照时间约束击中目标。

证明： 将式(5-15)代入式(5-14)可得

$$\dot{s}_{11} = 1 + \hat{t}_{go} = v_{11} + D_{11} = -k_{11}|s_{11}|^{\frac{1}{2}}\mathrm{sign}(s_{11}) + w_{11} + D_{11} \tag{5-17}$$

令 $l_{11} = w_{11} + D_{11}$，代入式(5-17)中，可得

$$\begin{cases} \dot{s}_{11} = -k_{11}|s_{11}|^{\frac{1}{2}}\mathrm{sign}(s_{11}) + l_{11} \\ \dot{l}_{11} = -k_{12}\mathrm{sign}(s_{11}) + \dot{D}_{11} \end{cases} \tag{5-18}$$

选取李雅普诺夫函数：

$$V_{11} = \varsigma_{11}^{\mathrm{T}} P_1 \varsigma_{11} \tag{5-19}$$

其中，

$$P_1 = \begin{bmatrix} p_{11}^1 & p_{12}^1 \\ p_{21}^1 & p_{22}^1 \end{bmatrix}, \quad \varsigma_{11} = \begin{bmatrix} \sqrt{|s_{11}|}\mathrm{sign}(s_{11}) \\ l_{11} \end{bmatrix}$$

对 ς_{11} 求导可得

$$\dot{\varsigma}_{11} = \begin{bmatrix} \frac{1}{2}|s_{11}|^{-\frac{1}{2}}\dot{s}_{11} \\ \dot{l}_{11} \end{bmatrix} = \begin{bmatrix} \frac{1}{2}|s_{11}|^{-\frac{1}{2}}\left(-k_{11}|s_{11}|^{\frac{1}{2}}\mathrm{sign}(s_{11}) + l_{11}\right) \\ -k_{12}\mathrm{sign}(s_{11}) + \dot{D}_{11} \end{bmatrix} = |s_{11}|^{-\frac{1}{2}}\begin{bmatrix} -\frac{1}{2}k_{11}|s_{11}|^{\frac{1}{2}}\mathrm{sign}(s_{11}) + \frac{1}{2}l_{11} \\ |s_{11}|^{\frac{1}{2}}\left(-k_{12}\mathrm{sign}(s_{11}) + \dot{D}_{11}\right) \end{bmatrix}$$

$$= |s_{11}|^{-\frac{1}{2}}\begin{bmatrix} -\frac{1}{2}k_{11} & \frac{1}{2} \\ -k_{12} + \dot{D}_{11}\mathrm{sign}(s_{1i}) & 0 \end{bmatrix}\begin{bmatrix} \sqrt{|s_{11}|}\mathrm{sign}(s_{11}) \\ l_{11} \end{bmatrix} = |s_{11}|^{-\frac{1}{2}}\psi_1 \varsigma_{11} \tag{5-20}$$

令 $\kappa_{11} = \dot{D}_{11}\mathrm{sign}(s_{11})$，根据假设5-1，$\dot{D}_{11}$ 是有上限的，满足：

$$|\dot{D}_{11}| < \Delta_{11} \tag{5-21}$$

下面，对所选取的李雅普诺夫函数求导，可得

$$\dot{V}_{11} = \varsigma_{11}^{\mathrm{T}} P_1 \dot{\varsigma}_{11} + \dot{\varsigma}_{11}^{\mathrm{T}} P_1 \varsigma_{11} = |s_{11}|^{-\frac{1}{2}}\varsigma_{11}^{\mathrm{T}} P_1 \psi_1 \varsigma_{11} + |s_{11}|^{-\frac{1}{2}}\varsigma_{11}^{\mathrm{T}}\psi_1^{\mathrm{T}} P_1 \varsigma_{11}$$

$$= |s_{11}|^{-\frac{1}{2}}\varsigma_{11}^{\mathrm{T}}\left(P_1\psi_1 + \psi_1^{\mathrm{T}} P\right)\varsigma_{11} \tag{5-22}$$

根据文献[125]的结论，若 k_{11} 和 k_{12} 满足：

$$k_{11} > \frac{k_{12} + \Delta_{11}}{\sqrt{k_{12} - \Delta_{11}}} \text{ 且 } k_{12} > \Delta_{11} \tag{5-23}$$

则矩阵 ψ_1 的所有特征值均具有负实部。根据线性时不变系统的李雅普诺夫稳定性定理，对于任意的正定矩阵 Q_1，存在唯一的正定矩阵 P_1，满足：

$$\boldsymbol{P}_1\boldsymbol{\psi}_1 + \boldsymbol{\psi}_1^{\mathrm{T}}\boldsymbol{P}_1 = -\boldsymbol{Q}_1 \tag{5-24}$$

因此,

$$\dot{V}_{11} = -\left|s_{11}\right|^{-\frac{1}{2}}\boldsymbol{\varsigma}_{11}^{\mathrm{T}}\boldsymbol{Q}_1\boldsymbol{\varsigma}_{11} \tag{5-25}$$

由于

$$\begin{cases}\lambda_{\min}\left(\boldsymbol{P}_1\right)\left\|\boldsymbol{\varsigma}_{11}\right\|_2^2 \leqslant \dot{V}_{11} \leqslant \lambda_{\max}\left(\boldsymbol{P}_1\right)\left\|\boldsymbol{\varsigma}_{11}\right\|_2^2 \\ \lambda_{\min}\left(\boldsymbol{Q}_1\right)\left\|\boldsymbol{\varsigma}_{11}\right\|_2^2 \leqslant \boldsymbol{\varsigma}_{11}^{\mathrm{T}}\boldsymbol{Q}_1\boldsymbol{\varsigma}_{11} \leqslant \lambda_{\max}\left(\boldsymbol{Q}_1\right)\left\|\boldsymbol{\varsigma}_{11}\right\|_2^2 \\ \left|s_{11}\right|^{\frac{1}{2}} = \left|\mathrm{sig}^{\frac{1}{2}}(s_{11})\right| \leqslant \left\|\boldsymbol{\varsigma}_{11}\right\|_2 \leqslant \lambda_{\min}^{-\frac{1}{2}}\left(\boldsymbol{P}_1\right)V_{11}^{\frac{1}{2}}\end{cases} \tag{5-26}$$

将式(5-26)代入式(5-25)中可得

$$\dot{V}_{11} = -\left|s_{11}\right|^{-\frac{1}{2}}\boldsymbol{\varsigma}_{11}^{\mathrm{T}}\boldsymbol{Q}_1\boldsymbol{\varsigma}_{11} \leqslant -\frac{\lambda_{\min}^{\frac{1}{2}}\left(\boldsymbol{P}_1\right)\lambda_{\min}\left(\boldsymbol{Q}_1\right)}{\lambda_{\max}\left(\boldsymbol{P}_1\right)}V_{11}^{\frac{1}{2}} \tag{5-27}$$

即 $\dot{V}_{11} \leqslant -\tau_{11}V_{11}^{\eta_{11}}$,因此,根据文献[127]中的引理 2-4,滑模面能够在有限时间收敛,收敛时间为

$$T_1 \leqslant \frac{V^{1-\eta_{11}}(0)}{\tau_{11}\left(1-\eta_{11}\right)} \tag{5-28}$$

式中, $\tau_{11} = \dfrac{\lambda_{\min}^{\frac{1}{2}}\left(\boldsymbol{P}_1\right)\lambda_{\min}\left(\boldsymbol{Q}_1\right)}{\lambda_{\max}\left(\boldsymbol{P}_1\right)}$; $\eta_{11} = \dfrac{1}{2}$ 。

当到达滑模面后, $s_{11}=0$,根据滑模面的定义:

$$T_{\mathrm{F}} = T_{\mathrm{d}} \tag{5-29}$$

表示导弹最终的飞行时间等于期望飞行时间。

5.3.2　视线倾角方向静态协同制导律设计

根据状态方程,视线倾角方向的制导律可通过式(5-6)和式(5-7)进行推导。对于视线倾角方向,其制导目标可以表示为

$$\lim_{t \to T_{12}} x_3 = 0, \quad \lim_{t \to T_{12}} x_4 = 0 \quad (T_{12} > 0) \tag{5-30}$$

根据这一设计目标,本小节采用了如下非奇异终端滑模面:

$$s_{12} = x_4 + \lambda_{12}\left|x_3\right|^{\alpha_{12}}\mathrm{sign}(x_3) \tag{5-31}$$

对滑模面两端求导,可得

$$\dot{s}_{12} = \dot{x}_4 + \lambda_{12}\alpha_{12}\left|x_3\right|^{\alpha_{12}-1} r_4 = \frac{-2x_2x_4 - x_1x_6^2 \sin\theta_L \cos\varphi_L}{x_1} + \lambda_{12}\alpha_{12}\left|x_3\right|^{\alpha_{12}-1} x_4 - \frac{1}{x_1}a_{yL} + d_{yL}$$

$$(5\text{-}32)$$

根据超螺旋滑模理论，可设计制导律为

$$a_{yL} = -x_1\left[-\left(\frac{-2x_2x_4 - x_1x_6^2 \sin\theta_L \cos\varphi_L}{x_1} + \lambda_{12}\alpha_{12}\left|x_3\right|^{\alpha_{12}-1} x_4\right) + v_{12}\right] \quad (5\text{-}33)$$

其中，

$$\begin{cases} \dot{v}_{12} = -k_{13}\left|s_{12}\right|^{0.5}\text{sign}(s_{12}) + w_{12} \\ \dot{w}_{12} = -k_{14}\text{sign}(s_{12}) \end{cases} \quad (5\text{-}34)$$

定理 5-2 在视线倾角方向，当选择滑模面为 s_{12} 时，在制导律式(5-33)的作用下，滑模面 s_{12} 能够在有限时间内收敛到 0，此后，导弹的状态变量 x_3、x_4 也将在有限时间内收敛到0，因此导弹在击中目标时，能够实现期望的视线倾角。

证明： 将制导律式(5-33)代入系统式(5-32)中，可得

$$\dot{s}_{12} = v_{12} + d_{yL} \quad (5\text{-}35)$$

根据假设 3-1 可知，干扰 $\dot{d}_{yL}$ 的上限存在且已知。因此，在超螺旋滑模理论下，滑模面 s_{12} 能够在有限时间内收敛到 0，此时有

$$x_4 = -\lambda_{12}\left|x_3\right|^{\alpha_{12}}\text{sign}(x_3) \quad (5\text{-}36)$$

为了证明当到达滑模面后，导弹能够在有限时间内收敛到期望的视线倾角，设计如下李雅普诺夫函数：

$$V_{12} = \frac{1}{2}x_3^2 \quad (5\text{-}37)$$

根据 V_{12} 的形式可知其是半正定的，当且仅当 $x_3 = 0$ 时，$V_{12} = 0$。对式(5-37)两端求导，并将式(5-36)代入可得

$$\dot{V}_{12} = x_3 x_4 = -\lambda_{12}\left|x_3\right|^{\alpha_{12}+1} = -\lambda_{12}V_{12}^{\frac{\alpha_{12}+1}{2}} \quad (5\text{-}38)$$

当选取参数 $\lambda_{12} > 0$、$-1 < \alpha_{12} < 1$ 时，则系统状态变量 x_3、x_4 能够在有限时间内收敛到原点，此时导弹能够在期望的视线倾角下击中目标，证毕。

5.3.3 视线偏角方向静态协同制导律设计

对于视线偏角方向，其制导律可由式(5-8)和式(5-9)推导，该制导律的设计目标为

$$\lim_{t \to T_{13}} x_5 = 0, \quad \lim_{t \to T_{13}} x_6 = 0 \quad (T_{13} > 0) \tag{5-39}$$

该方向的制导律设计过程与视线高低角方向相似，可选取滑模面为

$$s_{13} = x_6 + \lambda_{13} |x_5|^{\alpha_{13}} \operatorname{sign}(x_5) \tag{5-40}$$

由于推导过程与上述相似，这里不再进行详细推导。最终，制导律的表达形式为

$$a_{zL} = x_1 \cos\theta_L \left[-\left(\frac{-2x_2 x_6 \cos\theta_L + 2x_1 x_4 x_6 \sin\theta_L}{x_1 \cos\theta_L} + \lambda_{13}\alpha_{13}|x_5|^{\alpha_{13}-1} x_6 \right) + v_{13} \right] \tag{5-41}$$

其中，

$$\begin{cases} \dot{v}_{13} = -k_{15}|s_{13}|^{0.5}\operatorname{sign}(s_{13}) + w_{13} \\ \dot{w}_{13} = -k_{16}\operatorname{sign}(s_{13}) \end{cases} \tag{5-42}$$

定理 5-3 在视线偏角方向，当选择滑模面为 s_{13} 时，在制导律式(5-41)的作用下，滑模面 s_{13} 能够在有限时间内收敛到 0，此后，导弹的状态变量 x_5、x_6 也将在有限时间内收敛到 0。因此，导弹在击中目标时，能够实现期望的视线偏角。

证明： 定理 5-3 的证明过程与定理 5-2 的证明过程几乎一致，这里不再详细证明。

注意，本节所设计的制导律是在目标机动的条件下推导的，利用了超螺旋滑模的抗干扰特性，因此在制导律中，并无目标机动项，无需目标的机动信息。

5.3.4 仿真分析

下面将通过数值仿真来验证所提制导律的有效性。空空导弹具备机载发射、机动性能好、使用灵活方便的特点，因此在仿真过程中，选用空空导弹作为制导律的载体。本小节设计了三个场景来验证制导律，场景一为在相同初始条件下打击匀速运动目标，用以验证制导律对导弹飞行时间的控制能力。场景二和场景三在不同初始条件下分别打击匀速运动目标和机动目标，用以验证制导律对匀速运动目标和机动目标的协同打击能力。在仿真过程中，选择四枚导弹攻击目标，在不同场景下，导弹的初始条件有所不同。导弹的制导参数选择：$k_{11} = k_{13} = k_{15} = 5$，$k_{12} = k_{14} = k_{16} = 0.001$，$\lambda_{12} = \lambda_{13} = 0.6$，$\alpha_{12} = \alpha_{13} = 1.5$。仿真过程中，最大可用过载为 $30g$，仿真步长为 0.001s。下面将根据上述条件，从三种仿真场景中对制导律进行分析，并验证其有效性。

(1) 场景一：相同初始条件下打击匀速运动目标。

假设该作战场景为四枚空空导弹拦截贴地飞行的巡航导弹，四枚空空导弹的初始条件相同，但是时间和角度的约束不同。四枚导弹的初始条件：相对距离

$r = 20\text{km}$，导弹速度 $V_\text{m} = 650\text{m/s}$，视线倾角 $\theta_L = -25°$，视线偏角 $\varphi_L = -10°$，弹道倾角 $\vartheta_\text{m} = -10°$，弹道偏用 $\psi_\text{m} = -13°$。四枚导弹的视线角约束条件：$\theta_{Ld} = [-35°\quad -30°\quad -25°\quad -20°]$，$\varphi_{Ld} = [-10°\quad 5°\quad 0°\quad -5°]$，期望飞行时间 $T_\text{d} = [40\quad 42\quad 45\quad 50]\text{s}$。由于巡航导弹在离地30m低空贴地飞行，假设目标的初始位置 $x_\text{t} = 0\text{m}$，$y_\text{t} = 30\text{m}$，$z_\text{t} = 0\text{m}$，目标速度大小 $V_\text{t} = 250\text{m/s}$，目标初始弹道倾角 $\vartheta_\text{t} = 0$，初始弹道偏角 $\psi_\text{t} = 135°$。图 5-3 为该场景下的仿真结果，表 5-1 为对应的制导误差。

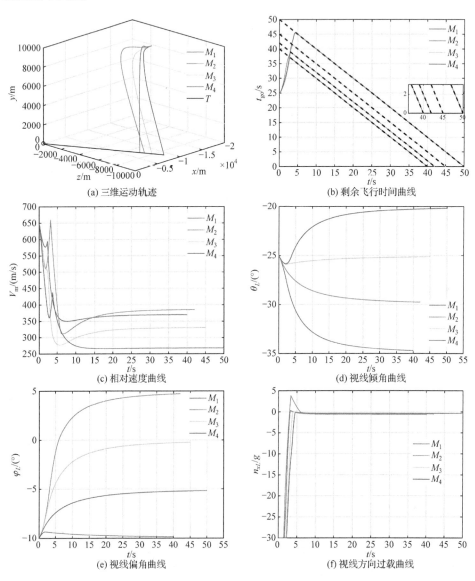

(a) 三维运动轨迹

(b) 剩余飞行时间曲线

(c) 相对速度曲线

(d) 视线倾角曲线

(e) 视线偏角曲线

(f) 视线方向过载曲线

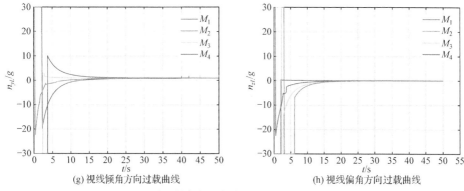

(g) 视线倾角方向过载曲线　　　　　　　　　(h) 视线偏角方向过载曲线

图 5-3　相同初始条件下打击匀速运动目标时仿真结果

表 5-1　相同初始条件下打击匀速运动目标时仿真制导误差

导弹编号	脱靶量/m	视线倾角误差/(°)	视线偏角误差/(°)	时间误差/s
M_1	0.0295	0.4454	0.1331	0
M_2	0.0279	0.4053	0.2838	0
M_3	0.0300	0.0590	0.2359	0
M_4	0.0309	0.0169	0.1700	0

图 5-3(a)为导弹与目标的三维运动轨迹，图中导弹均能够击中目标。结合表 5-1 中时间误差的结果可知，导弹在所期望的时间击中目标，脱靶量很小，可忽略不计。在图 5-3(b)中，导弹在约 5s 时，就已经对剩余飞行时间完成了调整，收敛时间很短。图 5-3(c)为导弹相对速度曲线，为满足时间约束，在开始阶段，速度变化较大，整体呈现下降趋势，最后在 10s 左右稳定到 0。图 5-3(d)和(e)分别为导弹的视线倾角和视线偏角变化曲线，可以看出，导弹能够实现期望的视线角。结合表 5-1 视线角误差结果可知，导弹的角度误差在 0.5°范围内，具有较高的精度。图 5-3(f)~(h)分别为导弹在视线坐标系下的三轴过载曲线，导弹在初始阶段过载较大，主要原因是其需要对导弹剩余飞行时间进行调整，之后过载逐渐稳定。从表 5-1 中可以看出，针对匀速运动目标，该制导律脱靶量很小，并且该制导律能够准确达到期望时间，虽然在期望视线角上存在一定误差，但时间误差较小。

(2) 场景二：不同初始条件下打击匀速运动目标。

本场景将验证导弹协同攻击的能力，同样选择四枚空空导弹拦截贴地飞行的目标，不同的是，四枚空空导弹将从不同的初始位置、按照不同的约束条件攻击目标，导弹的初始条件和角度约束如表 5-2 所示。四枚导弹的初始条件和角度约束各不相同，为了验证静态协同能力，在该场景下，四枚导弹设置了相同的时间约束，$T_d = 45s$，保证导弹能够同时击中目标。目标的初始条件与仿真场景一相同，初始位置 $x_t = 0m$，$y_t = 30m$，$z_t = 0m$，目标速度大小 $V_t = 250m/s$，目标

初始弹道倾角 $\vartheta_t = 0$，初始弹道偏角 $\psi_t = 135°$。最终导弹的仿真结果如图 5-4 所示，表 5-3 为对应的制导误差。

表 5-2　不同初始条件下打击匀速目标时导弹的初始条件与角度约束

导弹编号	r/km	$V_\mathrm{m}/(\mathrm{m/s})$	$\vartheta/(°)$	$\psi/(°)$	$\theta_L/(°)$	$\varphi_L/(°)$	$\theta_{Ld}/(°)$	$\varphi_{Ld}/(°)$
M_1	20	650	0	−60	−25	−10	−18	0
M_2	18	660	−20	60	−35	10	−27	−10
M_3	22	680	−10	50	−30	−30	−23	−40
M_4	19	630	−10	60	−25	20	−20	10

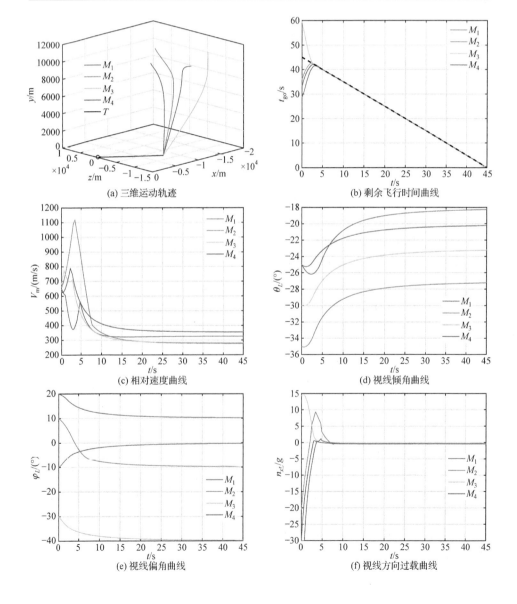

(a) 三维运动轨迹　　　　　　　　　(b) 剩余飞行时间曲线

(c) 相对速度曲线　　　　　　　　　(d) 视线倾角曲线

(e) 视线偏角曲线　　　　　　　　　(f) 视线方向过载曲线

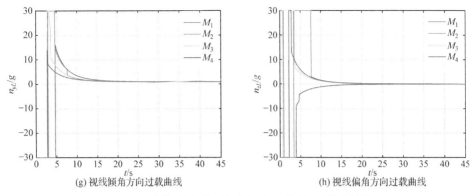

(g) 视线倾角方向过载曲线 (h) 视线偏角方向过载曲线

图 5-4 不同初始条件下打击匀速运动目标时仿真结果

表 5-3 不同初始条件下打击匀速运动目标时仿真制导误差

导弹编号	脱靶量/m	视线倾角误差/(°)	视线偏角误差/(°)	时间误差/s
M_1	0.0272	0.0391	0.2246	0
M_2	0.0241	0.0087	0.2442	0
M_3	0.0249	0.0231	0.2248	0
M_4	0.0275	0.0032	0.2356	0

图 5-4(a)为导弹的三维运动轨迹，图中四枚导弹的初始位置和初始角度不同，在该制导律下，导弹能同时击中目标，脱靶量很小。图 5-4(b)为导弹的剩余飞行时间曲线，图中四枚导弹的初始剩余飞行时间均与期望值有所偏差，但经过调整后，在 5s 内达到了一致，最终四枚导弹均在 45s 击中目标，满足时间约束。图 5-4(c)为导弹相对速度曲线，导弹相对速度在开始阶段变化较大，之后趋于稳定。图 5-4(d)和(e)为视线角曲线，由此可知导弹均能够收敛到期望的视线角。图 5-4(f)~(h)为导弹的三轴过载曲线，其与上一部分类似，也是在初始阶段进行调整时过载较大，之后趋于稳定，基本上收敛到 0 附近。

(3) 场景三：不同初始条件下打击机动目标。

进一步验证该制导律在面对机动目标时的制导效果。在该作战场景下，仍是四枚空空导弹对贴地飞行的目标进行拦截，导弹与目标的初始条件和约束条件与场景二相同，不同的是，此时目标在水平面上采用蛇形机动，机动大小可以表示为

$$a_{tx} = 0, \quad a_{ty} = 0, \quad a_{tz} = 30\cos(t/4)$$

采用本节设计的协同制导律，不同初始条件下打击机动目标时仿真结果如图 5-5 所示。表 5-4 为在该场景下所对应的制导误差。

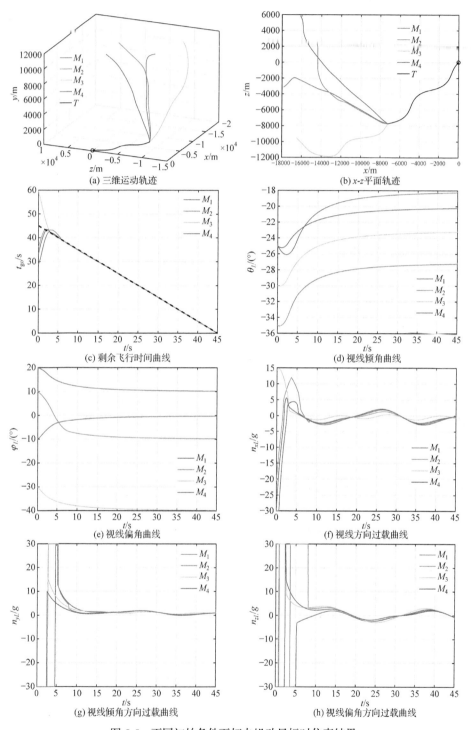

(a) 三维运动轨迹

(b) x-z 平面轨迹

(c) 剩余飞行时间曲线

(d) 视线倾角曲线

(e) 视线偏角曲线

(f) 视线方向过载曲线

(g) 视线倾角方向过载曲线

(h) 视线偏角方向过载曲线

图 5-5　不同初始条件下打击机动目标时仿真结果

表 5-4　不同初始条件下打击机动目标时仿真制导误差

导弹编号	脱靶量/m	视线倾角误差/(°)	视线偏角误差/(°)	时间误差/s
M_1	0.0083	0.3700	0.2081	0
M_2	0.0083	0.3478	0.7386	0
M_3	0.0078	0.2435	0.6627	0
M_4	0.0069	0.5620	0.7016	0

图 5-5(a)为该场景下的三维运动轨迹，图 5-5(b)为 x-z 平面上的轨迹。由此可见，目标在平面上做蛇形机动，导弹的弹道轨迹随着目标机动，也存在轻微的波动，最终四枚导弹在所设置的时间内击中目标，脱靶量很小。图 5-5(c)为导弹的剩余飞行时间曲线，由于四枚导弹所设置的期望时间相同，在经过调整后 5s 之内就达到一致，四枚导弹的剩余飞行时间曲线几乎重叠，导弹的能按照期望时间准确击中目标。图 5-5(d)和(e)为导弹的视线角变化曲线，在面对机动目标时，导弹仍能够实现期望的视线角。结合表 5-4 可知，导弹的视线角存在一定误差，这与目标机动有一定关系，但是误差仍在可接受范围内。图 5-5(f)～(h)为导弹的三轴过载变化曲线，导弹在最开始阶段的过载较大，并且在最终也不会收敛到 0，而是随着目标的机动在 0 附近波动，从而根据目标机动实时调整过载大小。

通过上述仿真分析可知，对于推力可控的导弹，无论目标是否机动，该制导律能够按照期望时间和角度准确击中目标，脱靶量很小，可以忽略不计，没有时间误差，存在一定视线角误差。对于匀速运动目标误差不超过 0.5°，对于机动目标误差不超过 0.8°。

5.4　基于角度约束的动态协同制导律设计

动态协同与静态协同的区别主要在于控制时间的方式，静态协同是直接对攻击时间进行控制，当设置多枚导弹的攻击时间相同时，就能实现多枚导弹在同一时间击中目标，从而实现协同打击。动态协同是通过协调各枚导弹的状态，使得导弹的剩余飞行时间达到一致。在推力控制制导模型下，仅在沿视线方向的状态空间方程是与剩余飞行时间相关的，因此本节设计的动态协同制导律与静态协同制导律相比，主要是沿视线方向的控制指令有所改变，在视线倾角和视线偏角的控制指令将采用与 5.3 节中相同的控制指令。下面将对沿视线方向的动态协同制导律进行设计。

5.4.1 视线方向动态协同制导律设计

为了设计沿视线方向的动态协同制导律，在假设 5-1 的基础上，还需要进一步作出如下假设。

假设 5-2　目标沿视线方向的机动很小，可以忽略。

根据假设 5-2，导弹沿视线方向的状态空间方程可以改写为

$$\begin{cases} \dot{x}_{1i} = x_{2i} \\ \dot{x}_{2i} = x_{1i} x_{4i}^2 + x_{1i} x_{6i}^2 \cos^2 \theta_{Li} - a_{xLi} \end{cases} \tag{5-43}$$

对于动态协同，由于存在多枚导弹之间的通信，因此在动态协同制导律的设计过程中，需要给各个状态变量添加下标 i，表示该状态变量属于第 i 枚导弹。在上文中也提到，导弹的剩余飞行时间无法直接测量，通常是由 $\hat{t}_{goi} = -r_i / \dot{r}_i = -x_{1i} / x_{2i}$ 进行估计，该估计值仅与 x_{1i} 和 x_{2i} 有关。也就是说，当各枚导弹的状态变量 x_{1i} 和 x_{2i} 达到一致时，导弹的剩余飞行时间也就相等了，此时就能够控制导弹同时击中目标。综上所述，沿视线方向的动态协同制导律的设计目标可表示为

$$\lim_{t \to T_2} \left(x_{1i} - x_{1j} \right) = 0, \quad \lim_{t \to T_2} \left(x_{2i} - x_{2j} \right) = 0 \quad (T_2 > 0) \tag{5-44}$$

根据一致性理论，导弹的制导律可以设计为

$$\begin{cases} a_{xLi} = r_i \dot{\theta}_{Li}^2 + r_i \dot{\varphi}_{Li}^2 \cos^2 \theta_{Li} - u_{\text{nom}i} = x_{1i} x_{4i}^2 + x_{1i} x_{6i}^2 \cos^2 \theta_{Li} - u_{\text{nom}i} \\ u_{\text{nom}i} = \sum_{j=1}^{N} a_{ij} \left[k_{21} \text{sig}^{\alpha_{21}} \left(x_{1j} - x_{1i} \right) + k_{22} \text{sig}^{\alpha_{22}} \left(x_{2j} - x_{2i} \right) \left| x_{1j} - x_{1i} \right|^{\alpha_{23}} \right] \end{cases} \tag{5-45}$$

式中，$u_{\text{nom}i}$ 为一致性制导律；a_{ij} 为各枚导弹之间通信关系的权重。

定理 5-4　针对状态空间方程式(5-43)，当其通信拓扑关系图无向且联通时，若制导律选择为式(5-45)，则状态变量 x_{1i} 和 x_{2i} 能够在有限时间内达到一致。

证明：将加速度指令式(5-45)代入式(5-43)中，可得

$$\begin{cases} \dot{x}_{1i} = x_{2i} \\ \dot{x}_{2i} = \sum_{j=1}^{N} a_{ij} \left[k_{21} \text{sig}^{\alpha_{21}} \left(x_{1j} - x_{1i} \right) + k_{22} \text{sig}^{\alpha_{22}} \left(x_{2j} - x_{2i} \right) \left| x_{1j} - x_{1i} \right|^{\alpha_{23}} \right] = u_{\text{nom}i} \end{cases} \tag{5-46}$$

令

$$e_{1i} = x_{1i} - \frac{1}{N} \sum_{j=1}^{N} x_{1j}, \quad e_{2i} = x_{2i} - \frac{1}{N} \sum_{j=1}^{N} x_{2j} \tag{5-47}$$

将式(5-47)代入式(5-46)中，可得

$$u_{\mathrm{nom}i} = \sum_{j=1}^{N} a_{ij} \left[k_{21}\mathrm{sig}^{\alpha_{21}}\left(e_{1j}-e_{1i}\right) + k_{22}\mathrm{sig}^{\alpha_{22}}\left(e_{2j}-e_{2i}\right)\left|e_{1j}-e_{1i}\right|^{\alpha_{23}} \right] \tag{5-48}$$

对 e_{2i} 两端求导可得

$$\dot{e}_{2i} = \dot{x}_{2i} - \frac{1}{N}\sum_{j=1}^{N}\dot{x}_{2j} = u_{\mathrm{nom}i} - \frac{1}{N}\sum_{j=1}^{N}u_{\mathrm{nom}j} \tag{5-49}$$

对于式(5-49)第二个等号右端第二项，由于导弹的通信拓扑关系是无向且联通的，$a_{ij}=a_{ji}$，因此其可进一步化简为

$$\frac{1}{N}\sum_{j=1}^{N}u_{\mathrm{nom}j} = \frac{1}{N}\sum_{i=1}^{N}\sum_{j=1}^{N}a_{ij}\left[k_{21}\mathrm{sig}^{\alpha_{21}}\left(e_{1j}-e_{1i}\right) + k_{22}\mathrm{sig}^{\alpha_{22}}\left(e_{2j}-e_{2i}\right)\left|e_{1j}-e_{1i}\right|^{\alpha_{23}} \right] = 0 \tag{5-50}$$

于是状态空间方程可以进一步改写为

$$\begin{cases} \dot{e}_{1i} = e_{2i} \\ \dot{e}_{2i} = u_{\mathrm{nom}i} \end{cases} \tag{5-51}$$

选取如下形式的李雅普诺夫函数：

$$V_{21} = \frac{1}{2}\sum_{i=1}^{N}\sum_{j=1}^{N}a_{ij}\frac{k_{21}}{\alpha_{21}+1}\left|e_{1i}-e_{1j}\right|^{\alpha_{21}+1} + \frac{1}{2}\sum_{i=1}^{N}e_{2i}e_{2i} \tag{5-52}$$

对其两端求导，可得

$$\begin{aligned} \dot{V}_{21} &= \frac{1}{2}\sum_{i=1}^{N}\sum_{j=1}^{N}a_{ij}k_{21}\mathrm{sig}^{\alpha_{21}}\left(e_{1i}-e_{1j}\right)\left|e_{2i}-e_{2j}\right| + \sum_{i=1}^{N}e_{2i}\dot{e}_{2i} \\ &= \sum_{i=1}^{N}\sum_{j=1}^{N}a_{ij}e_{2i}k_{21}\mathrm{sig}^{\alpha_{21}}\left(e_{1i}-e_{1j}\right) \\ &\quad + \sum_{i=1}^{N}e_{2i}\sum_{j=1}^{N}a_{ij}\left[k_{21}\mathrm{sig}^{\alpha_{21}}\left(e_{1j}-e_{1i}\right) + k_{22}\mathrm{sig}^{\alpha_{22}}\left(e_{2j}-e_{2i}\right)\left|e_{1j}-e_{1i}\right|^{\alpha_{23}} \right] \end{aligned} \tag{5-53}$$

由于 $\mathrm{sign}(e_{1i}-e_{1j})=-\mathrm{sign}(e_{1j}-e_{1i})$，代入式(5-53)中，可得

$$\dot{V}_{21} = \sum_{i=1}^{N}\sum_{j=1}^{N}k_{22}a_{ij}e_{2i}\mathrm{sig}^{\alpha_{22}}\left(e_{2j}-e_{2i}\right)\left|e_{1j}-e_{1i}\right|^{\alpha_{23}} \tag{5-54}$$

由于 $a_{ij}=a_{ji}$，有

$$\sum_{i=1}^{N}\sum_{j=1}^{N}a_{ij} = \frac{1}{2}\sum_{i=1}^{N}\sum_{j=1}^{N}\left(a_{ij}+a_{ji}\right)$$

因此，对于任意 $e_{2i}-e_{2j}\neq 0$，有

$$\dot{V}_{21} = \frac{1}{2}\sum_{i=1}^{N}\sum_{j=1}^{N}k_{22}\left(a_{ij}+a_{ji}\right)e_{2i}\mathrm{sig}^{\alpha_{22}}\left(e_{2j}-e_{2i}\right)\left|e_{1j}-e_{1i}\right|^{\alpha_{23}}$$

$$=\frac{1}{2}\sum_{i=1}^{N}\sum_{j=1}^{N}k_{22}a_{ij}\left(e_{2i}-e_{2j}\right)\mathrm{sig}^{\alpha_{22}}\left(e_{2j}-e_{2i}\right)\left|e_{1j}-e_{1i}\right|^{\alpha_{23}}$$

$$=-\frac{1}{2}\sum_{i=1}^{N}\sum_{j=1}^{N}k_{22}a_{ij}\left|e_{2j}-e_{2i}\right|^{\alpha_{22}+1}\left|e_{1j}-e_{1i}\right|^{\alpha_{23}}<0 \qquad (5\text{-}55)$$

由于 $V_{21}\geqslant 0$，$\dot{V}_{21}<0$，式(5-51)是渐进稳定的，$\left|e_{2i}-e_{2j}\right|$ 是有界的，令其上界为

$$\eta_{21}\geqslant\left|e_{2j}-e_{2i}\right|_{\max}\geqslant 0$$

代入式(5-51)，根据文献[126]中的引理 5-1 可得

$$\dot{V}_{21}\leqslant-\sum_{i=1}^{N}\sum_{j=1}^{N}k_{22}a_{ij}\eta_{21}^{\alpha_{22}+1}\left|e_{1j}-e_{1i}\right|^{\alpha_{23}}\leqslant-k_{22}\eta_{21}^{\alpha_{22}+1}\left(\frac{\alpha_{21}+1}{k_{21}}\right)^{\alpha_{23}}\left(\sum_{i=1}^{N}\sum_{j=1}^{N}a_{ij}\frac{k_{21}}{\alpha_{21}+1}\left(\left|e_{1j}-e_{1i}\right|\right)\right)^{\alpha_{23}}$$

$$\leqslant-k_{22}\eta_{21}^{\alpha_{22}+1}\left(\frac{\alpha_{21}+1}{k_{21}}\right)^{\alpha_{23}}\left(\sum_{i=1}^{N}\sum_{j=1}^{N}a_{ij}\frac{k_{21}}{\alpha_{21}+1}\left(\left|e_{1j}-e_{1i}\right|\right)+\frac{1}{2}\sum_{i=1}^{N}e_{2i}^{T}e_{2i}\right)^{\alpha_{23}}=-\tau_{21}V_{1}^{\alpha_{23}}$$

$$(5\text{-}56)$$

式中，$\tau_{21}=k_{22}\eta_{21}^{\alpha_{22}+1}\left(\left(\alpha_{21}+1\right)/k_{21}\right)^{\alpha_{23}}$；$0<\alpha_{23}<1$；收敛时间 $T_{2}\leqslant V_{21}^{1-\alpha_{23}}/\left(\tau_{21}\left(1-\alpha_{23}\right)\right)$。

这说明状态空间方程式(5-51)能够在有限时间内达到一致，因此可得

$$\begin{cases}\lim\limits_{t\to T_{21}}\left(e_{1i}-e_{1j}\right)=0\\[2mm]\lim\limits_{t\to T_{21}}\left(e_{2i}-e_{2j}\right)=0\end{cases}\to\begin{cases}\lim\limits_{t\to T_{21}}\left(x_{1i}-x_{1j}\right)=0\\[2mm]\lim\limits_{t\to T_{21}}\left(x_{2i}-x_{2j}\right)=0\end{cases}$$

这说明 x_{1i} 和 x_{2i} 也能够在有限时间内达到一致，此时导弹的估计剩余飞行时间相等，导弹能够同时击中目标，证毕。

5.4.2　视线法向动态协同制导律设计

视线法向动态协同制导律可分为视线倾角方向和视线偏角方向的加速度两部分，其推导方式与静态协同制导律并无区别，因此各枚导弹将采用 5.3 节中所推导的制导律，即

$$a_{yLi}=-x_{1i}\left[-\left(\frac{-2x_{2i}x_{4i}-x_{1i}x_{6i}^{2}\sin\theta_{Li}\cos\varphi_{Li}}{x_{1i}}+\lambda_{12}\alpha_{12}\left|x_{3i}\right|^{\alpha_{12}-1}x_{4i}\right)+v_{12i}\right] \quad (5\text{-}57)$$

$$a_{zLi} = x_{1i}\cos\theta_{Li}\left[-\left(\frac{-2x_{2i}x_{6i}\cos\theta_{Li} + 2x_{1i}x_{4i}x_{6i}\sin\theta_{Li}}{x_{1i}\cos\theta_{Li}} + \lambda_{13}\alpha_{13}\left|x_{5i}\right|^{\alpha_{13}-1}x_{6i}\right) + v_{13i}\right] \quad (5\text{-}58)$$

式中，v_{12i} 和 v_{13i} 与 5.3 节中的定义相同，区别仅是在符号表示上增加了下标 i。

5.4.3　仿真分析

本小节将对上述的动态协同制导律进行仿真分析，以验证算法的有效性。设计两种仿真场景，分别为在不同初始条件和约束条件下打击匀速运动目标和正弦机动目标。仿真中仍采用四枚导弹，所采用的初始条件和约束条件与 5.3 节中的场景相同，对于动态协同制导律，导弹需要通信来协调飞行时间，因此还需要定义导弹间的通信关系。假设导弹间的通信拓扑关系如图 5-6 所示，根据导弹间通信拓扑关系，通信权值矩阵如图 5-7 所示。

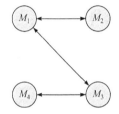

$$A = \begin{bmatrix} 0 & 1 & 1 & 0 \\ 1 & 0 & 0 & 0 \\ 1 & 0 & 0 & 1 \\ 0 & 0 & 1 & 0 \end{bmatrix}$$

图 5-6　导弹间的通信拓扑关系　　　　图 5-7　通信权值矩阵

在本小节中，视线法向的制导律所选择的参数与前面相同，仅沿视线方向的制导律参数需要重新说明，其中 $k_{21}=14$，$k_{22}=20$，$\alpha_{21}=0.3$，$\alpha_{22}=0.22$，$\alpha_{23}=0.1$。为进一步体现该制导律的优势，在仿真中与文献[41]所提出的制导律进行了对比，文献[41]中的制导律表达式如下：

$$a_{xLi} = -[a_{xLi}^{\mathrm{eq}} + a_{xLi}^{\mathrm{dis}}] \quad (5\text{-}59)$$

$$a_{yLi} = -2\dot{r}_i\dot{\theta}_{Li} - r_i\dot{\varphi}_{Li}^2 + r_i\varphi_{\varepsilon i}\dot{e}_{\varepsilon i} + r_ik_1s_{\varepsilon i}^{2-p/g} + r_ik_2s_{\varepsilon i}^{p/g} \quad (5\text{-}60)$$

$$a_{M\beta i} = -2\dot{r}_i\dot{\varphi}_{Li}\cos\theta_{Li} - 2\dot{r}_i\dot{\theta}_{Li}\dot{\varphi}_{Li}\sin\theta_{Li} - r_i\cos\theta_{Li}\varphi_{\beta i}\dot{e}_{\beta i} - r_i\cos\theta_{Li}k_3s_{\beta i}^{2-p/g} - r_i\cos\theta_{Li}k_4s_{\beta i}^{p/g}$$

$$(5\text{-}61)$$

其中，

$$a_{xLi}^{\mathrm{eq}} = -\left(r_i\dot{\theta}_{Li}^2 + r_i\dot{\varphi}_{Li}^2\cos^2\theta_{Li}\right) + \sum_{j=1}^{N}a_{ij}\left[\mathrm{sig}^{\alpha_1}\left(r_j - r_i\right) + \mathrm{sig}^{\beta_1}\left(r_j - r_i\right) + \mathrm{sig}^{\alpha_2}\left(v_{rj} - v_{ri}\right) + \mathrm{sig}^{\beta_2}\left(v_{rj} - v_{ri}\right)\right]$$

$$\dot{a}_{Mri}^{\mathrm{dis}} = -\kappa_i\mathrm{sign}(s_i)$$

$$a_{ri} = \ddot{r_i} - \sum_{j=1}^{N} a_{ij} \left[\mathrm{sig}^{\alpha_1} \left(r_j - r_i \right) + \mathrm{sig}^{\beta_1} \left(r_i - r_j \right) + \mathrm{sig}^{\alpha_2} \left(v_{rj} - v_{ri} \right) + \mathrm{sig}^{\beta_2} \left(v_{rj} - v_{ri} \right) \right]$$

文献[128]的制导律能够实现以期望的视线角同时击中目标，与常规的协同制导律相比，该制导律对机动目标具有鲁棒性，与本节的设计目标相似，且文献[128]是近年来提出的一种基于滑模方法的三维协同制导律，相对比常规制导律具有更高的制导精度。因此，本节选择与该制导律进行仿真对比。从表达式上看，文献[128]中的制导律相对于本节提出的制导律，具有较多参数，调参较为困难，对于视线方向的制导律 a_{Mri}，还需要知道 $\ddot{r}$ 这一参数，获取较为困难。下面将进一步从仿真效果上与该制导律进行对比。

(1) 场景一：目标在水平面内做匀速运动。

在该场景下，由四枚空空导弹拦截在离地30m贴地飞行的巡航导弹，目标初始位置 $x_t = 0\mathrm{m}$，$y_t = 30\mathrm{m}$，$z_t = 0\mathrm{m}$，初始弹道倾角 $\vartheta_t = 0°$，初始弹道偏角 $\psi_t = 135°$，初始速度 $V_t = 250\mathrm{m/s}$。导弹初始条件和约束条件与 5.3 节中仿真场景相同。目标匀速运动时仿真结果如图 5-8 所示，表 5-5 为对应的制导误差。

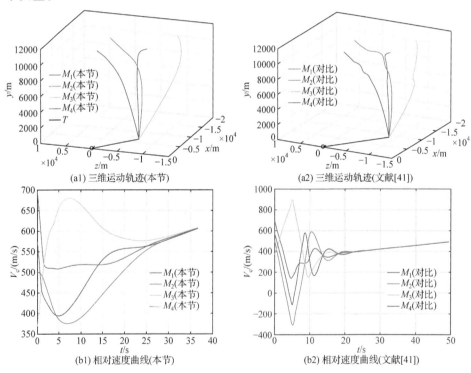

(a1) 三维运动轨迹(本节)　　　　　　　(a2) 三维运动轨迹(文献[41])

(b1) 相对速度曲线(本节)　　　　　　　(b2) 相对速度曲线(文献[41])

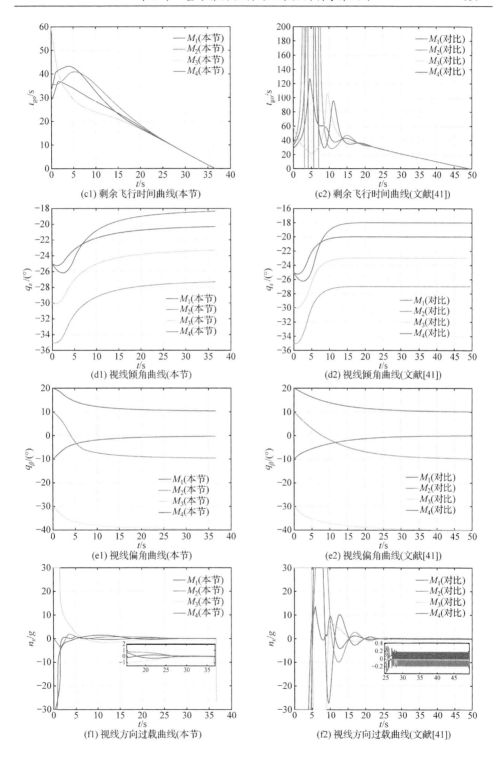

(c1) 剩余飞行时间曲线(本节)

(c2) 剩余飞行时间曲线(文献[41])

(d1) 视线倾角曲线(本节)

(d2) 视线倾角曲线(文献[41])

(e1) 视线偏角曲线(本节)

(e2) 视线偏角曲线(文献[41])

(f1) 视线方向过载曲线(本节)

(f2) 视线方向过载曲线(文献[41])

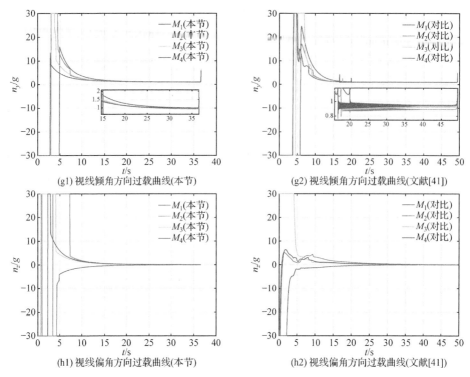

(g1) 视线倾角方向过载曲线(本节)   (g2) 视线倾角方向过载曲线(文献[41])

(h1) 视线偏角方向过载曲线(本节)   (h2) 视线偏角方向过载曲线(文献[41])

图 5-8   目标匀速运动时仿真结果

表 5-5   目标匀速运动时制导误差

导弹编号	脱靶量/m	视线倾角误差/(°)	视线偏角误差/(°)	制导时间/s
M_1(本节)	0.1826	0.3183	0.3216	36.565
M_2(本节)	0.1953	0.2941	0.3637	36.556
M_3(本节)	0.0551	0.2790	0.3199	36.577
M_4(本节)	0.0753	0.2582	0.3377	36.555
M_1(对比)	0.0561	0.0511	0.0985	49.468
M_2(对比)	0.0728	0.0468	0.2116	49.456
M_3(对比)	0.0208	0.0481	0.0830	49.474
M_4(对比)	0.0106	0.0494	0.1081	49.445

图 5-8(a1)和(a2)为两种制导律的三维运动轨迹。结合表 5-5 可知，两种制导律下，导弹均能够击中目标，脱靶量很小。根据三维运动轨迹，两种制导律的轨

迹相似，但本节所提出的制导律运动轨迹更加平滑，图 5-8(b1)和(b2)为两种制导律下导弹的相对速度曲线，其中，本节所提出的制导律相对速度变化范围较小且更加平缓，约在 30s 时达到一致，而文献[41]的制导律的相对速度经过较大波动后逐渐趋于一致，但是趋于一致的速度更快，约在 20s 时达到一致。图 5-8(c1)和(c2)为两种制导律下导弹的剩余飞行时间变化曲线，曲线在开始阶段波动较大，这是因为导弹在发射时初始条件不同，需要对导弹的状态做出相应调整。由于剩余飞行时间采用的表达式 $t_{\text{go}} = r / \dot{r}$，对于文献[41]的制导律，由于相对速度 d$r$ 存在跨过 0 的情况，此时 t_{go} 会奇异，因此在图中仅展示了在 0～200s 范围的剩余飞行时间变化。两种制导律下的剩余飞行时间均在约 20s 时收敛到一致。通过表 5-5 结果可知，本节的制导律在相同初始条件下，能更快击中目标。图 5-8(d)和(e)分别为视线倾角和视线偏角的变化曲线，两种制导律均能收敛到期望值，但文献[41]中的制导律收敛速度更快。结合表 5-5 可知，其误差也相对较小，但是两种制导律的误差均在较小范围，精度上差异不大。图 5-8(f)～(h)分别为两种制导律在视线三个方向下的过载曲线，在视线方向和视线倾角方向，本节制导律的控制指令能够更快的收敛到 0，且波动较小，所消耗的能量也较小，且通过局部放大图可以看出，文献[41]的制导律存在抖振现象，而本节通过采用超螺旋滑模的方法，消除了这一影响。视线偏角方向的控制指令相对而言波动较大。

(2) 场景二：目标在水平面内做正弦机动。

下面将验证该制导律打击机动目标的能力。该场景与 5.3 节场景三相同，目标的机动方式也相同，采用蛇形机动，目标机动的表达式为

$$a_{\text{tx}} = 0, \quad a_{\text{ty}} = 0, \quad a_{\text{tz}} = 30\cos(t/4)$$

导弹与制导律的其他初始条件和参数不变，目标正弦机动时仿真结果如图 5-9 所示，表 5-6 为对应的制导误差结果。

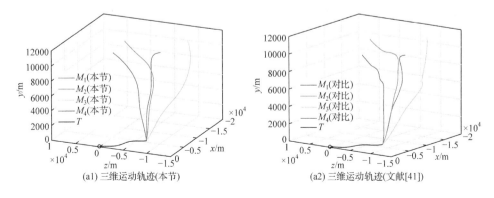

(a1) 三维运动轨迹(本节)　　　　　　　(a2) 三维运动轨迹(文献[41])

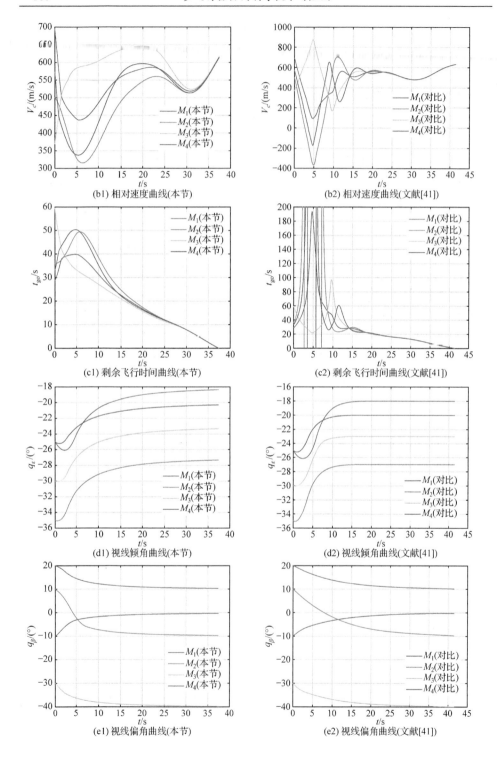

(b1) 相对速度曲线(本节)

(b2) 相对速度曲线(文献[41])

(c1) 剩余飞行时间曲线(本节)

(c2) 剩余飞行时间曲线(文献[41])

(d1) 视线倾角曲线(本节)

(d2) 视线倾角曲线(文献[41])

(e1) 视线偏角曲线(本节)

(e2) 视线偏角曲线(文献[41])

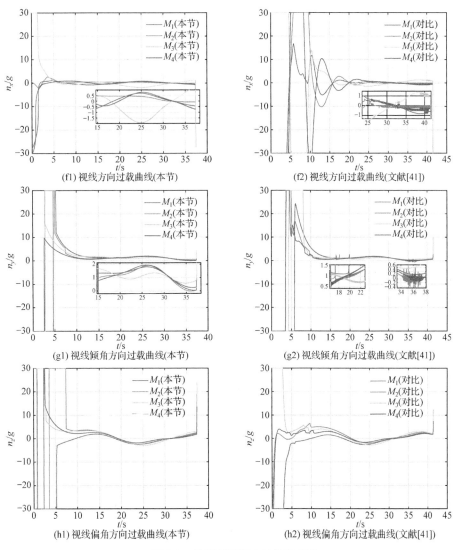

(f1) 视线方向过载曲线(本节)　　(f2) 视线方向过载曲线(文献[41])

(g1) 视线倾角方向过载曲线(本节)　　(g2) 视线倾角方向过载曲线(文献[41])

(h1) 视线偏角方向过载曲线(本节)　　(h2) 视线偏角方向过载曲线(文献[41])

图 5-9　目标正弦机动时仿真结果

表 5-6　目标正弦机动时制导误差

导弹编号	脱靶量/m	视线倾角误差/(°)	视线偏角误差/(°)	制导时间/s
M_1(本节)	0.1694	0.3371	0.4368	37.401
M_2(本节)	0.0801	0.3211	0.1638	37.377
M_3(本节)	0.1101	0.2810	0.0718	37.426
M_4(本节)	0.1088	0.2906	0.2194	37.375
M_1(对比)	0.0797	0.0227	0.3811	41.515

续表

导弹编号	脱靶量/m	视线倾角误差/(°)	视线偏角误差/(°)	制导时间/s
M_2(对比)	0.0745	0.0211	0.1830	41.515
M_3(对比)	0.0336	0.0511	0.0367	41.520
M_4(对比)	0.0795	0.0175	0.0856	41.511

表 5-9(a1)和(a2)为两种制导律下的三维运动轨迹。导弹的轨迹随着目标的机动存在弯曲，但是本节的轨迹弯曲程度较低，更为平滑。结合表 5-6 可知，两种制导律均能够控制导弹同时击中目标，脱靶量很小。图 5-9(b1)和(b2)为相对速度曲线。本节中的制导律的相对速度波动更小，且相对速度始终为正，但是收敛速度更慢。图 5-9(c1)和(c2)为导弹剩余飞行时间曲线，两种制导律的剩余飞行时间均在约 20s 时收敛到一致，但是文献[41]中的制导律按照 $t_{go} = r / \dot{r}$ 进行时间估计时，存在奇异现象，但从结果上看，文献[41]中的制导律的时间控制效果更好，导弹几乎是同时打中目标，没有误差，而本节的制导律存在约 0.05s 的误差。图 5-9(d)和(e)分别为导弹的视线倾角和视线偏角变化曲线，两种制导律均能使导弹达到期望值，但最终存在一定误差，这与目标的机动方式有较大关系。图 5-9(f)～(h)分别为导弹在视线三轴方向的过载曲线。三个方向的过载曲线在开始阶段变化较大，之后逐渐趋于 0。可以看出，文献[41]中的制导律相对于本节的制导律，所需要的过载更大，过载趋于 0 的速度更慢，且过载存在抖振现象。

5.5　引入脉冲式火箭发动机的协同制导律

本节将在 5.4 节中设计考虑引入脉冲式火箭发动机的协同制导律，并通过仿真验证这一制导律的有效性。但是，若将导弹在视线坐标系下的过载指令转换到弹道坐标系下，可以发现弹道坐标系 x 轴方向上的过载指令是连续的，即需要对导弹进行连续的速度控制。导弹在实际飞行过程中，对其速度的控制主要通过动力装置实现，然而根据现阶段的研究成果，难以实现对导弹速度的连续控制。为使协同制导律能够在实际工程中得到更为广泛的应用，针对这一问题，本节将根据脉冲式火箭发动机的工作特性，在前述协同制导律的基础上，通过坐标转换，获得导弹在弹道坐标系 x 轴方向上的过载需求，并设计脉冲式火箭发动机的点火逻辑，实现符合发动机实际工作特性的速度控制。

5.5.1　脉冲式火箭发动机点火逻辑

脉冲式火箭发动机是将固体火箭发动机分隔成多个独立的部分，携带多段脉冲推进剂，各部分之间设有脉冲隔离装置，在一段推进剂燃烧结束后可采用定时装置打开隔离装置并点燃下一段推进剂，从而产生多次脉冲推力。需要注意的是，每段推进剂的燃烧时间、所能提供的推力大小等均是相同且固定的，不能在燃烧过程中改变；同时，每段推进剂点燃后将持续燃烧至该段推进剂被完全燃烧，不可提前终止。

根据脉冲式火箭发动机的特性，本节提出的协同制导律实现思路可设计为在导弹飞行过程中积累其速度方向所需过载，当积累量达到一定值后，点燃发动机的一段推进剂，使其持续燃烧并消除积累的过载需求，之后发动机关机，等待下一次点火时刻，重复上述过程直至导弹命中目标，或脉冲式火箭发动机预置的推进剂全部燃烧完毕。上述点火逻辑可由图 5-10 表示。

本节假设采用的脉冲式火箭发动机每次点火可持续工作 1s，并提供大小为 $12m/s^2$ 的加速度。首先，采用前面设计的协同制导律，得到导弹在视线坐标系下的过载需求；其次，通过坐标转换将其转换到弹道坐标系下，并将弹道坐标系 x 轴方向上的过载需求随时间累加，当累加的过载需求达到发动机一次点火所能提供的能量时，发动机开机，并清除累加的过载需求，工作 1s 后发动机关机，直到达到发动机最大点火次数或导弹命中目标。

上述发动机点火逻辑可由式(5-62)表示：

$$a_x = \begin{cases} 12, & \int a_x \mathrm{d}t \geqslant 12 \times 1 \\ 0, & \int a_x \mathrm{d}t < 12 \times 1 \end{cases} \tag{5-62}$$

式中，a_x 为弹道坐标系 x 轴方向的加速度。

接下来将对本节设计的制导律进行仿真分析。

5.5.2　仿真分析

本节设置四枚由不同平台发出的导弹协同打击空中机动目标的场景，采用前面所设计的协同制导律和本节所设计的发动机脉冲点火逻辑进行仿真，弹-目初始条件与制导参数设置均与 5.4 节相同，发动机最大点火次数设置为 6 次。在上述条件下进行仿真验证，可得到如图 5-11 所示结果。

图 5-11(a)为三维空间下的弹-目运动轨迹，图 5-11(b)为弹-目相对距离曲线。可以看出，在引入脉冲式火箭发动机的情况下，采用所设计的降维制导律和所设计的协同制导律以及所设计的发动机点火逻辑，可以通过脉冲式的速度控制实现导弹对机动目标的协同打击，四枚导弹的运动轨迹在三维空间内未发生交叉。通过统计，四枚导弹的平均脱靶量约为 1.4m，可以认为导弹有效命中了目标，四枚导弹命中目标的时间误差最大约为 0.93s。需要注意的是，与连续速度

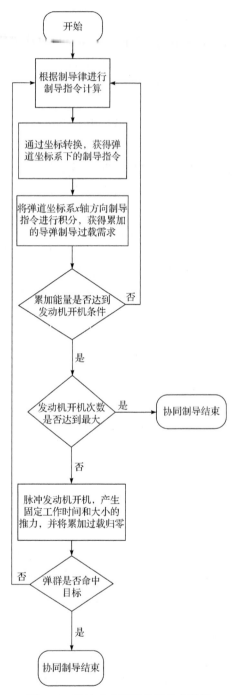

图 5-10　脉冲式火箭发动机点火逻辑

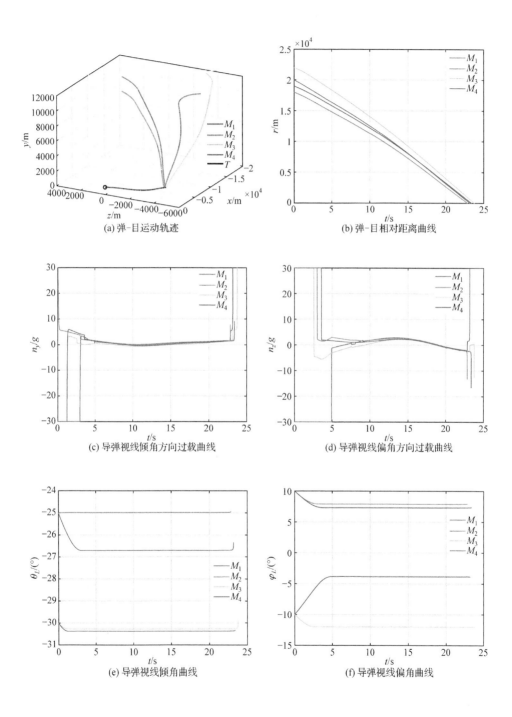

(a) 弹-目运动轨迹

(b) 弹-目相对距离曲线

(c) 导弹视线倾角方向过载曲线

(d) 导弹视线偏角方向过载曲线

(e) 导弹视线倾角曲线

(f) 导弹视线偏角曲线

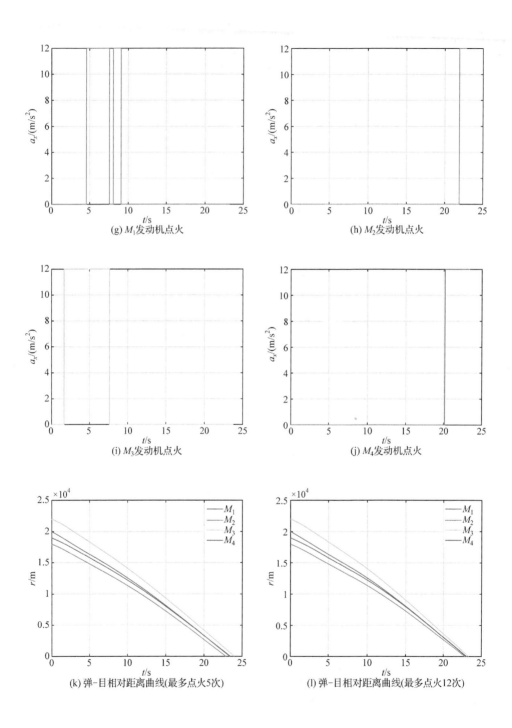

(g) M_1发动机点火

(h) M_2发动机点火

(i) M_3发动机点火

(j) M_4发动机点火

(k) 弹-目相对距离曲线(最多点火5次)

(l) 弹-目相对距离曲线(最多点火12次)

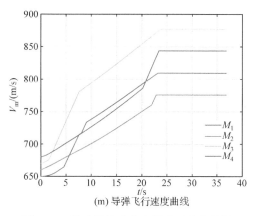

(m) 导弹飞行速度曲线

图 5-11 发动机脉冲点火模式下仿真分析

控制的协同制导律相比，从脱靶量和时间误差上来看，本节所采用的协同制导律效果较差，但这是在把连续控制指令离散化过程中无法避免的现象；同时，相比于不加协同的制导律，采用本节制导律仍可以使导弹命中目标的最大时间误差减少约9.1s，时间一致性提升了约 91%，因此本节所采用的协同制导律同样是有效的。

图 5-11(c)~(f)分别表示导弹视线倾角方向过载、视线偏角方向过载、视线倾角、视线偏角的曲线，其总体变化趋势均与前述中的仿真结果近似相同而略有变化。这是因为采用脉冲式的速度控制后，导弹飞行过程中的速度不再相同，进而影响了这 4 个状态量。同时，导弹速度方向上的过载在视线坐标系三轴上均有分量，因此发动机的每次点火均会导致视线法向过载发生变化。虽然与前面的结果相比，本节中的这 4 个状态量波动较大，但整体上波动均较为平缓，且均保持在较小的范围内，可以满足导弹实际飞行需求。

图 5-11(g)~(j)分别表示了四枚导弹发动机点火的情况。需要注意的是，发动机每次点火的工作时间均为 1s，图中表现的点火时间超过 1s 实际是发动机连续多次点火。从仿真结果可以看出，M_1 在 4.6s 时开始连续点火 3 次，之后关机，并在 8.1s 时再次开机点火 1 次；M_2 在 21.9s 时点火，在第一段推进剂未燃烧完毕时即击中目标；M_3 在 1.6s 开始连续点火 6 次；M_4 在 20.2s 开始连续点火 4 次，在第四段推进剂未燃烧完毕时即击中目标。由上述仿真结果可以看出，由于各导弹的初始状态不同，其发动机点火开始时间、点火次数均不相同。

图 5-11(k)和(l)分别表示将发动机最多点火次数设置为 5 次和 12 次时的弹-目相对距离变化情况，通过多次实验可以发现，在本节的仿真场景中，若设置发动机最多点火次数小于 6 次，四枚导弹命中目标的最大时间误差将大于 1s，而增加发动机最大点火次数，则可以使协同打击的效果更为精确，在将其设置为 12 次时，最大时间误差将缩短为 0.5s，相比于不加协同的制导律，时间一致性提升了

95%。

图 5-11(m)为导弹在弹道坐标系下的飞行速度曲线。从仿真结果可以看出,导弹出现了"折线式"的速度变化,这是因为发动机点火时,会出现较大的加速度变化,这一导弹速度的变化形式与预期相符。

综上所述,虽然本节采用的引入脉冲式火箭发动机的协同制导律在精度上不如 3.1 节中可进行连续速度控制的协同制导方法,但仍能对机动目标进行有效协同打击。为了满足现实中导弹性能的要求,制导精度上的少量牺牲是有必要的;同时,在脉冲式火箭发动机性能允许的范围内,装填更多段的推进剂、设置尽可能多的最多点火次数也是提高制导精度的有效方法。

5.6 超远距目标协同打击

5.6.1 场景设置及制导律设计

在现代空战中,载机发射导弹后尽快脱离战场可以有效提高载机的生存能力,成为制胜的重要因素。因此,实现导弹远距/超远距攻击成为重要的研究方向,一旦导弹捕获目标,载机便能脱离战场。为了实现这一目标,导弹需要具有较远的有效末制导距离和较高的飞行速度,这对导弹制导提出了更高的要求。为此,本节设置如图 5-12 所示的超远距目标协同打击场景,使两枚由同一空中平台先后发射的导弹协同打击超远距空中机动目标。导弹在发射前期先经过爬升和加速,在其弹道末端速度较高、控制能力较强时加入协同制导,要求有效末制导距离可达到某要求范围。

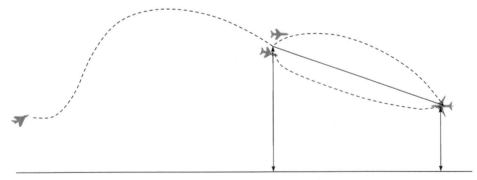

图 5-12 超远距目标协同打击场景

由于两枚导弹由同一平台发出,可认为其前期飞行状况相同,在末制导初期二者仅存在地面坐标系 x 轴方向上位置的差异,而其他状态近似相同。因此,若末制导阶段不加入对导弹视线角的约束,这两枚导弹可能会因为飞行状态过于相似而发生碰撞，无法实现对目标的打击。

导弹在视线坐标系三个方向上的加速度均不存在耦合，可分别进行设计。本节制导律的设计目标可表示为

$$\lim_{t \to T}(\theta_L - \theta_{Ld}) = 0, \quad \lim_{t \to T}(\varphi_L - \varphi_{Ld}) \quad (T > 0) \tag{5-63}$$

根据这一要求，可设计状态变量 $x_3 = \theta_L - \theta_{Ld}$，$x_4 = \dot{\theta}_L$，$x_5 = \varphi_L - \varphi_{Ld}$，$x_6 = \dot{\varphi}_L$。同时，将目标的机动视为干扰项，即令 $d_{yL} = a_{tyL}/r$，$d_{zL} = a_{tzL}/(r\cos\theta_L)$，并假设 d_{yL}、d_{zL} 的导数有上界且大小已知，则导弹在视线倾角、视线偏角方向上动力学模型的状态空间方程与式(5-6)～式(5-9)相同。

首先进行导弹视线倾角方向上的制导律设计，这一方向上制导律的设计目标可表示为

$$\lim_{t \to T}x_3 = 0, \quad \lim_{t \to T}x_4 = 0 \quad (T > 0) \tag{5-64}$$

根据这一目标，设计滑模面为

$$s_1 = x_4 + \lambda_2 |x_3|^{\alpha_2}\,\text{sign}(x_3) + \frac{1}{3}x_3^3 \tag{5-65}$$

对滑模面两端求导，并将式(5-63)代入，可得

$$\dot{s}_1 = \frac{-2x_2x_4 - x_1x_6^2\sin\theta_L\cos\varphi_L}{x_1} + \lambda_2\alpha_2|x_3|^{\alpha_2-1}x_4 + x_3^2x_4 - \frac{1}{x_1}a_{yL} + d_{yL} \tag{5-66}$$

根据超螺旋滑模理论，可设计制导律为

$$a_{yL} = -x_1\left[-\left(\frac{-2x_2x_4 - x_1x_6^2\sin\theta_L\cos\varphi_L}{x_1} + \lambda_2\alpha_2|x_3|^{\alpha_2-1}x_4 + x_3^2x_4 \right) + v_1 \right] \tag{5-67}$$

其中，

$$\begin{cases} v_1 = -k_1|s_2|^{\frac{1}{2}}\,\text{sign}(s_1) + w_1 \\ \dot{w}_1 = -k_2\,\text{sign}(s_1) \end{cases} \tag{5-68}$$

将式(5-67)、式(5-68)代入式(5-66)，可得

$$\dot{s}_1 = -k_1|s_1|^{\frac{1}{2}}\,\text{sign}(s_1) + w_1 + d_{yL} \tag{5-69}$$

在采用超螺旋滑模理论时，滑模面 s_2 可在有限时间内收敛到 0。接下来，证明在滑模面收敛后，状态变量 x_3、x_4 也能够收敛到 0。

滑模面收敛后，根据式(5-65)，有

$$x_1 = -\lambda_2|x_3|^{\alpha_2}\,\text{sign}(x_3) - \frac{1}{3}x_3^3 \tag{5-70}$$

选取李雅普诺夫函数为

$$V_2 = \frac{1}{2}x_3^2 \geqslant 0 \tag{5-71}$$

则

$$\dot{V}_2 = x_3 x_4 = -\lambda_2 |x_3|^{\alpha_2+1} - \frac{1}{3}x_1^4 \leqslant 0 \tag{5-72}$$

根据文献[127]中的引理 2-4，该系统可以在有限时间内收敛到 0，此时 $x_3 = x_4 = 0$。

导弹视线偏角方向的制导律设计过程与其类似，可设计为

$$a_{zL} = x_1 \cos\theta_L \left[-\left(\frac{-2x_2 x_6 \cos\theta_L + 2x_1 x_4 x_6 \sin\theta_L}{x_1 \cos\theta_L} + \lambda_3 \alpha_3 |x_5|^{\alpha_3-1} x_6 \right) + v_2 \right] \tag{5-73}$$

其中，

$$\begin{cases} s_2 = x_6 + \lambda_3 |x_5|^{\alpha_3} \operatorname{sign}(x_5) + \frac{1}{3}x_5^3 \\ v_2 = -k_1 |s_2|^{\frac{1}{2}} \operatorname{sign}(s_2) + w_2 \\ \dot{w}_2 = -k_2 \operatorname{sign}(s_2) \end{cases} \tag{5-74}$$

5.6.2　仿真场景一

本节在仿真时，采用设计的协同制导律和设计的视线法向制导律，协同制导律参数设置与 5.5 节相同，视线法向制导律制导参数设置：$\lambda_2 = \lambda_3 = 0.6$，$\alpha_2 = \alpha_3 = 1.5$，$k_1 = 5$，$k_2 = 0.001$，限制导弹飞行过程中各方向的最大过载为 $10g$。两枚导弹均采用脉冲式火箭发动机，设置发动机最多点火次数为 2 次，弹-目初始状态如表 5-7 所示。

表 5-7　弹-目初始状态

导弹和目标编号	x / km	y / km	z / km	V_x /(m/s)	V_y /(m/s)	V_z /(m/s)	θ_{Ld} / (°)	φ_{Ld} / (°)
M_1	0	30	0	1500	0	0	−15	−10
M_2	5	30	0	1500	0	0	−10	−5
T	150	10	0	−240	0	0	—	—

在上述条件下，针对 2 种不同机动形式的目标进行仿真验证。

(1) 目标在水平面内圆形机动，各方向加速度为

$$\begin{cases} a_{tx} = 0 \\ a_{ty} = 0 \\ a_{tz} = 30 \end{cases} \tag{5-75}$$

可得到相应的仿真结果如图 5-13 所示。

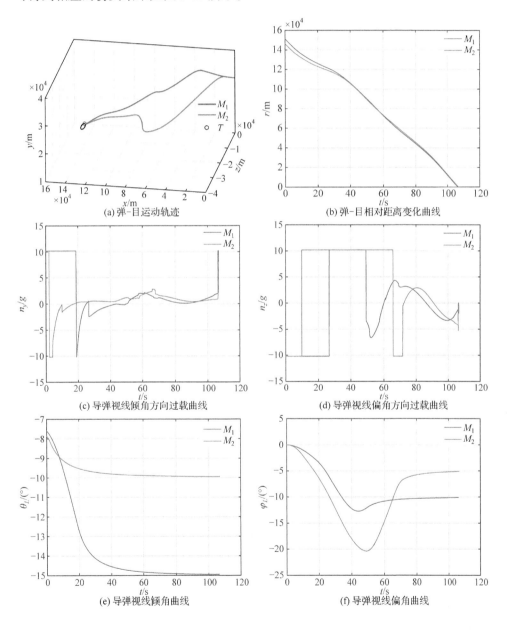

(a) 弹-目运动轨迹

(b) 弹-目相对距离变化曲线

(c) 导弹视线倾角方向过载曲线

(d) 导弹视线偏角方向过载曲线

(e) 导弹视线倾角曲线

(f) 导弹视线偏角曲线

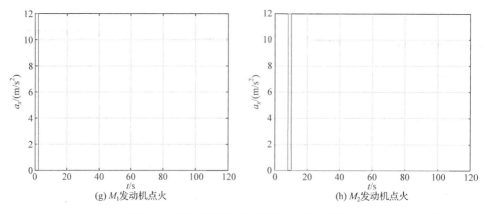

(g) M_1发动机点火 　　 (h) M_2发动机点火

图 5-13 　目标圆形机动时脉冲点火仿真结果

(2) 目标在水平面内 U 形机动，各方向加速度为

$$\begin{cases} a_{tx} = 0 \\ a_{ty} = 0 \\ a_{tz} = 60 * \cos(t/24) \end{cases} \tag{5-76}$$

可得到相应的仿真结果如图 5-14 所示。

　　采用设计的协同制导律和视线法向制导律，并引入脉冲式火箭发动机，对超远距圆形机动和 U 形机动目标均能进行有效协同打击。在打击这两种目标时，导弹运动轨迹在三维空间内均未发生交叉。在打击圆形机动目标时，两枚导弹的平均脱靶量约为0.5m，命中目标的时间误差约为0.4s；在打击U形机动目标时，两枚导弹的平均脱靶量约为0.3m，命中目标的时间误差约为0.2s。因此，可认为导弹对这两种目标均进行了有效的协同打击。

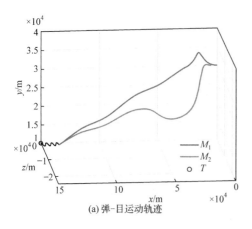

(a) 弹-目运动轨迹

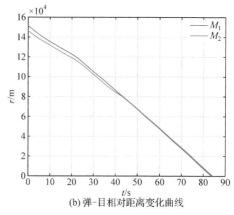

(b) 弹-目相对距离变化曲线

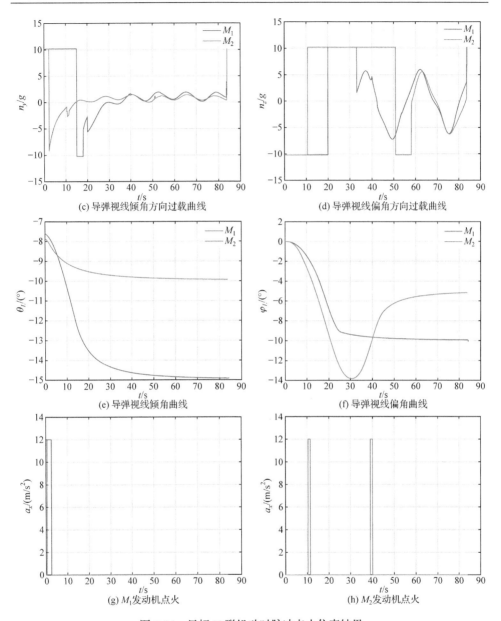

(c) 导弹视线倾角方向过载曲线

(d) 导弹视线偏角方向过载曲线

(e) 导弹视线倾角曲线

(f) 导弹视线偏角曲线

(g) M_1 发动机点火

(h) M_2 发动机点火

图 5-14 目标 U 形机动时脉冲点火仿真结果

从图 5-14(c)和(d)中可以看出，在打击这两种目标时，导弹视线倾角方向和视线偏角方向的过载都呈现"前期波动相对较大，后期趋于稳定"的现象，这是因为本节进行协同的两枚导弹原本按照几乎相同的视线倾角和视线偏角飞行，而为了避免其互相碰撞，需要在协同初期就使其视线倾角和视线偏角产生差异并最终达到不同的期望值，因此在协同初期需要较大的过载。同时注意到，视线偏角方向的过载比视线倾角方向的波动更为剧烈，这是因为目标在水平面内机动，目标的机动会对视线偏角方向的过载产生更大影响。从总体上看，打击两种不同目标时，导弹在这两个方向上的过载需求可以保持在较小的范围内，可以满足导弹实际飞行要求。

从图 5-14(e)~(g)中可以看出，在打击这两种不同目标时，两枚导弹的视线倾角和视线偏角均能较快地收敛到期望值，波动较为平缓且保持在较小的范围内，可以满足导弹实际飞行要求，且不易造成目标脱离视场。

从仿真结果可以看出，在打击圆形机动目标时，M_1 在 0s 开始连续点火 2 次，M_2 在 8.2s 开始连续点火 2 次；在打击 U 形机动目标时，M_1 在 0.5s 开始连续点火 2 次，M_2 在 10.5s 和 39s 时分别点火 1 次。

本节仿真分析中，对于 2 种不同机动形式的目标，设置发动机最多点火次数为 2 次均可以有效打击，但通过多次实验发现，若进一步增大最多点火次数，可以有效降低导弹命中目标所需时间、降低导弹协同的时间误差及脱靶量，达到更好的制导效果。同时，结合 5.5 节的仿真结果可以看出，发动机最少需要点火多少次才能有效协同打击目标，这一问题与弹-目初始状态密切相关。因此，为增强导弹对不同状态、不同机动形式目标的打击能力，应在火箭发动机性能允许的范围内，设置更多的点火次数，从而提升导弹的制导能力。

5.6.3　仿真场景二

在导弹打击机动目标时，可能出现目标因机动而脱离导弹视场的现象，因此在导弹协同打击超远距目标，如何保证至少有一枚导弹能捕获目标是需要考虑的重要问题。为应对这一问题，本小节对仿真场景进行了一定修改。

两枚导弹与目标的初始状态不变，对于初始距离目标较近的 M_2，引入脉冲式火箭发动机；对于初始距离目标较远的 M_1，要求其视线偏角始终与 M_2 的视线偏角保持在一定范围内，同时为了为其提供充足的过载需求，不再引入脉冲式火箭发动机，目标机动情况与 5.6.2 小节中的(1)一致。本节只对 M_1 的视线偏角进行约束，这是因为目标在水平面进行机动，在视线倾角方向一般不会发生脱离视场的现象。在上述条件下进行仿真，结果如图 5-15 所示。

由上述结果可以看出，在本节设置的仿真条件下，两枚导弹可以对目标进行有效协同打击，平均脱靶量约为 0.1m，同时，M_1 未引入脉冲式火箭发动机，在速度方向上拥有充足的机动能力，因此两枚导弹的协同效果较好，基本不存在时间误差。M_2 在 3.9s 时连续点火 2 次。当 M_2 视线偏角的绝对值最大时，即目标最容易脱离 M_2 视场时，M_1 视线偏角的绝对值更小。因此，若导弹未脱离 M_2 的视场，则一定不会脱离 M_1 的视场，此时，两枚导弹的视线偏角相差约 7.2°。

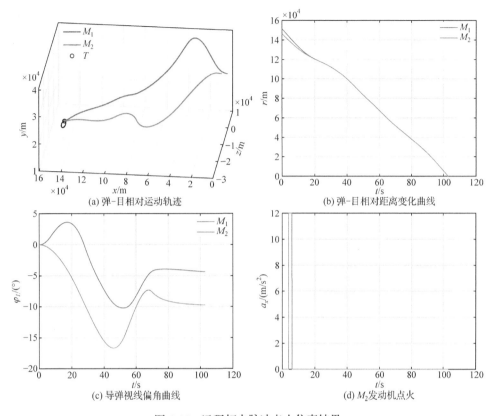

图 5-15　远程打击脉冲点火仿真结果

5.7　本 章 小 结

本章基于推力控制制导模型分别设计了角度约束的静态协同制导律和动态协同制导律。同时，结合导弹实际飞行特点和当前技术水平，在 5.5 节引入了脉冲式火箭发动机，设计了发动机点火逻辑，将协同制导中连续的速度控制离散化，使其更符合现有导弹的工作特点，并对 5.3 节和 5.4 节的场景进行仿真，证明了引入脉冲式火箭发动机同样可以有效实现对机动目标的协同打击。

5.6 节中设置了两枚导弹协同打击超远距机动目标的场景，结合导弹在这一场景下的飞行特点设计了视线法向制导律，针对 2 种机动形式的目标，验证了 5.3 节设计的协同制导律可实现对超远距机动目标的协同打击。在此基础上，为避免目标因机动脱离导弹视场，加入了新的约束条件，保证在协同打击的过程中至少有一枚导弹可以捕获目标，并仿真验证了这一条件的可实现性。

第 6 章 基于一致性理论的三维动态协同制导律设计

第6章彩图

6.1 引 言

第 5 章介绍了推力控制下的多弹协同制导律，但是该制导律存在的主要问题是在制导周期内需实时控制导弹的推力大小，或者通过脉冲发动机控制导弹的推力大小。因此，该类方法虽然具有一定的工程可行性，但是在目前的技术条件下无法推广应用。

针对上述问题，本章将对无推力情况下三维动态协同制导律进行介绍。与静态协同制导律不同，动态协同制导律是通过导弹的弹间通信，实现协同打击目标，无须事先确定攻击时间。6.2 节将针对静止目标设计角度约束的动态协同制导律；6.3 节针对机动目标设计多弹动态协同制导律。

6.2 针对静止目标的动态协同制导律设计

本节将针对静止目标，设计一种带角度约束的动态协同制导律，导弹之间通过通信，实现对目标的协同打击。由于模型的复杂性，通过三维模型直接设计带角度约束的协同制导律较为困难，本节将沿用第 5 章制导律的设计思路，在视线倾角方向上控制导弹实现期望的视线倾角，使得三维模型转换为在视线偏角方向的二维模型，在视线偏角方向上设计制导律实现视线偏角约束和时间协同。时间协同的关键在于对剩余飞行时间解析式的推导，本节将基于在二维平面上的偏置比例导引法，推导其剩余飞行时间解析式，在此基础上设计时间协同制导律，实现角度约束和协同打击目标。之后将该二维平面制导律转换为三维空间下在视线倾角方向和视线偏角方向的制导律，从而实现三维协同。下面先对二维制导律进行设计，之后进一步设计三维制导律。

6.2.1 基于偏置比例导引法的动态协同制导律设计

在进行制导律设计之前，先对二维平面的制导模型进行介绍。

图 6-1 为二维平面制导模型，其中 γ_i 为弹道倾角，q_i 为视线角，σ_i 为前置角，r_i 为导弹与目标之间的相对距离，V_{mi} 为导弹速度，a_i 为导弹的加速度，垂

直于速度方向，下标 i 表示第 i 枚导弹的状态量。根据质心运动方程，二维制导模型的相对运动方程可以写为

$$\dot{r}_i = -V_{mi}\cos\sigma_i \tag{6-1}$$

$$\dot{q}_i = -\frac{V_{mi}\sin\sigma_i}{r_i} \tag{6-2}$$

$$\dot{\gamma}_i = -\frac{a_i}{V_{mi}} \tag{6-3}$$

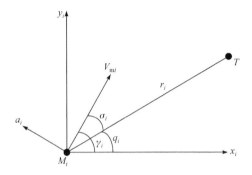

图 6-1　二维平面制导模型

根据模型的角度关系，有

$$\sigma_i = \gamma_i - q_i \tag{6-4}$$

对式(6-4)求导，并将式(6-2)、式(6-3)代入可得

$$\dot{\sigma}_i = \dot{\gamma}_i - \dot{q}_i = -\frac{a_i}{V_{mi}} + \frac{V_{mi}\sin\sigma_i}{r_i} \tag{6-5}$$

本节将在偏置比例导引法的基础上设计时间协同项，从而同时满足角度约束和时间协同，文献[128]中已经证明了最优误差动力学的有效性，偏置比例导引法则可通过最优误差动力学进行推导。

假设偏置比例导引法表示为 $a_i^A = a_i^{PNG} + a_i^B$，其中 a_i^B 为偏置项，对导弹进行角度约束，a_i^{PNG} 为比例导引项，$a_i^{PNG} = NV_{mi}\dot{q}_i$，根据文献[129]，在二维情况下，比例导引法下的导弹最终的弹道倾角可以表示为

$$\gamma_{Fi} = \frac{N}{N-1}q_i - \frac{1}{N-1}\gamma_i \tag{6-6}$$

假设期望的弹道倾角为 γ_{Fdi}，则角度误差可以定义为 $e_{\gamma i} = \gamma_{Fdi} - \gamma_{Fi}$，为了使得角度误差收敛到 0，对 $e_{\gamma i}$ 进行求导，并将偏置比例导引法 a_i^A 的表达式代入可得

$$\dot{v}_{\gamma i} = \dot{\gamma}_{\mathrm{F}i} - \frac{N}{N-1}\dot{q}_i + \frac{1}{N-1}\dot{\gamma}_i - \frac{N}{N-1}\dot{q}_i + \frac{1}{N-1}\frac{a_i^A}{V_{\mathrm{m}i}} = \frac{a_i^B}{(N-1)V_{\mathrm{m}i}} \tag{6-7}$$

基于式(6-7)，根据文献[51]，选择最优误差动力学方程为

$$\dot{e}_{\gamma i} + \frac{K}{\hat{t}_{\mathrm{go}i}}e_{\gamma i} = 0 \tag{6-8}$$

式中，$\hat{t}_{\mathrm{go}i} = -r/\dot{r}$；$K > 1$。文献[51]中已经证明在误差动力学方程式(6-8)下，角度误差 $e_{\gamma i}$ 能够在有限时间内收敛到 0，从而实现角度约束。将式(6-7)代入式(6-8)中可得加速度的偏置项表达式为

$$a_i^B = -\frac{K(N-1)V_{\mathrm{m}i}}{\hat{t}_{\mathrm{go}i}}e_{\gamma i} \tag{6-9}$$

最终，偏置比例导引法可以表示为

$$a_i^A = a_i^{\mathrm{PNG}} + a_i^B = NV_{\mathrm{m}i}\dot{q}_i - \frac{K(N-1)V_{\mathrm{m}i}}{\hat{t}_{\mathrm{go}}}e_{\gamma i} \tag{6-10}$$

式中，$N > 2$；$K > 1$。

注意，在这里的角度约束是对弹道角进行约束的，而非前两章中的视线角，这两个角度是可以互相转换的，因此约束的效果是相同的。在二维情况下，弹道角和视线角的终值的转换公式为

$$q_{\mathrm{F}i} = \arctan\frac{V_{\mathrm{m}i}\sin\gamma_{\mathrm{F}i}}{V_{\mathrm{m}i}\cos\gamma_{\mathrm{F}i} - V_T} \tag{6-11}$$

根据转换公式，当目标静止时，即 $V_T = 0$，此时 $q_{\mathrm{F}i} = \gamma_{\mathrm{F}i}$，弹道角约束等效于视线角约束。

下面将在偏置比例导引法基础上进一步设计时间协同制导律。对于时间协同制导律，其核心在于剩余飞行时间，通过控制导弹的剩余飞行时间达到一致，则可实现各枚导弹的协同。下面将在式(6-10)下，推导导弹剩余飞行时间的解析式。

将式(6-9)代入式(6-7)可得

$$\dot{e}_{\gamma i} = \frac{K\dot{r}_i}{r_i}e_{\gamma i} \rightarrow \frac{\mathrm{d}e_{\gamma i}}{\mathrm{d}r} = \frac{K}{r_i}e_{\gamma i} \tag{6-12}$$

对式(6-12)在区间 $[r_i^0, r_i]$ 上积分可得

$$e_{\gamma i} = \left(\frac{r_i}{r_i^0}\right)^K e_{\gamma i}^0 \tag{6-13}$$

将式(6-10)代入式(6-5)中，可得

$$\dot{\sigma}_i = \frac{(1-N)V_{mi}\sin\sigma_i}{r_i} + \frac{K(N-1)\dot{r}_i}{r_i}e_{\gamma i} \tag{6-14}$$

结合式(6-12)可得

$$\frac{\dot{\sigma}_i}{\dot{e}_{\gamma i}} = \frac{(1-N)V_{mi}\sin\sigma_i}{K\dot{r}_i e_{\gamma i}} + (N+1) = \frac{(N-1)\tan\sigma_i}{Ke_{\gamma i}} + (N-1) \tag{6-15}$$

在整个制导过程中，前置角通常可以保持在较小范围内，因此可以将其视为小角度，满足 $\tan\sigma_i \approx \sigma_i$。

将式(6-1)代入式(6-15)中，并根据小角度假设可得

$$\frac{\mathrm{d}\sigma_i}{\mathrm{d}e_{\gamma i}} = \frac{(N-1)\tan\sigma_i}{Ke_{\gamma i}} + (N-1) \approx \frac{(N-1)\sigma_i}{Ke_{\gamma i}} + (N-1) \tag{6-16}$$

对上述微分方程进行求解，并将式(6-13)代入，化简可得

$$\begin{aligned}
\sigma_i &= \left[\sigma_i^0 + \frac{K(N-1)e_{\gamma i}^0}{N-K-1}\right]\left(\frac{e_{\gamma i}}{e_{\gamma i}^0}\right)^{\frac{N-1}{K}} - \frac{K(N-1)}{N-K-1}e_{\gamma i} \\
&= \left[\sigma_i^0 + \frac{K(N-1)e_{\gamma i}^0}{N-K-1}\right]\left(\frac{r_i}{r_i^0}\right)^{N-1} - \frac{K(N-1)e_{\gamma i}^0}{N-K-1}\left(\frac{r_i}{r_i^0}\right)^{K} \\
&= \sigma_i^0\left(\frac{r_i}{r_i^0}\right)^{N-1} + \frac{K(N-1)e_{\gamma i}^0}{N-K-1}\left[\left(\frac{r_i}{r_i^0}\right)^{N-1} - \left(\frac{r_i}{r_i^0}\right)^{K}\right]
\end{aligned} \tag{6-17}$$

根据式(6-17)可以推导该制导律下的飞行时间为

$$\begin{aligned}
t_{Fi} - t_i^0 &= \int_{r_i^0}^{0}\frac{\mathrm{d}t}{\mathrm{d}r_i}\mathrm{d}r_i = \frac{1}{V_{mi}}\int_{0}^{r_i^0}\sec\sigma_i\mathrm{d}r_i \approx \frac{1}{V_{mi}}\int_{0}^{r_i^0}\left(1+\frac{1}{2}\sigma_i^2\right)\mathrm{d}r_i \\
&= \frac{r_i^0}{V_{mi}}\left[1 + \frac{\sigma_i^{02}}{2(2N-1)} - \frac{K(N-1)\sigma_i^0 e_{\gamma i}^0}{(2N-1)(N+K)} + \frac{K^2(N-1)^2 e_{\gamma i}^{02}}{(2N-1)(N+K)(2K+1)}\right]
\end{aligned} \tag{6-18}$$

式中，上标 0 代表该状态量的初始值，将其替换为整个过程的任意值，则剩余飞行时间的表达式为

$$t_{goi} = t_{Fi} - t_i = \frac{r_i}{V_{mi}}\left[1 + \frac{\sigma_i^2}{2(2N-1)} - \frac{K(N-1)\sigma_i e_{\gamma i}}{(2N-1)(N+K)} + \frac{K^2(N-1)^2 e_{\gamma i}^2}{(2N-1)(N+K)(2K+1)}\right] \tag{6-19}$$

获得了剩余飞行时间的解析式后，便可对制导律的协同项进行设计。

为了使得各枚导弹能够同时击中目标，在式(6-10)的基础上，进一步增加了一项协同项 a_i^C，以控制各枚导弹的飞行时间达到一致，制导律的表达式为

$$a_i = a_i^A + a_i^C = NV_{mi}\dot{q}_i - \frac{K(N-1)V_{mi}}{t_{go}'}e_{\gamma i} + a_i^C \tag{6-20}$$

对导弹的剩余飞行时间式(6-19)求导，并将式(6-5)、式(6-7)、式(6-20)代入可得

$$
\begin{aligned}
\dot{t}_{goi} = &-\cos\sigma_i\left[1+\frac{\sigma_i^2}{2(2N-1)}-\frac{K(N-1)\sigma_i e_{\gamma i}}{(2N-1)(N+K)}+\frac{K^2(N-1)^2 e_{\gamma i}^2}{(2N-1)(N+K)(2K+1)}\right] \\
&+\frac{r_i}{V_{mi}}\left[\frac{2\sigma_i\dot\sigma_i}{2(2N-1)}-\frac{K(N-1)(\dot\sigma_i e_{\gamma i}+\sigma_i\dot e_{\gamma i})}{(2N-1)(N+K)}+\frac{2K^2(N-1)^2 e_{\gamma i}\dot e_{\gamma i}}{(2N-1)(N+K)(2K+1)}\right] \\
= &-\cos\sigma_i+\frac{Nr_i a_i^C}{(2N-1)(N+K)V_{mi}^2}\left[\sigma_i-\frac{K(N-1)}{N(2K+1)}e_{\gamma i}\right] \\
&-\frac{1}{(2N-1)}\left[\frac{1}{2}\sigma_i^2\cos\sigma_i+(N-1)\sigma_i\sin\sigma_i\right]-\frac{K^2(N-1)^2 e_{\gamma i}^2}{(2N-1)(N+K)}\left(\frac{\cos\sigma_i}{(2K+1)}-\cos\sigma_i+\frac{2K}{(2K+1)}\right) \\
&+\frac{K(N-1)e_{\gamma i}}{(2N-1)}\left[\frac{\sigma_i}{(N+K)}-\sigma_i\cos\sigma_i+\frac{K\sigma_i\cos\sigma_i}{(N+K)}+\frac{(N-1)\sin\sigma_i}{(N+K)}\right]
\end{aligned}
\tag{6-21}
$$

式(6-21)较为复杂，需进行化简。由于在整个制导过程中，前置角通常为一个小角度，因此满足 $\cos\sigma_i = 1-\sigma_i^2/2$，$\sin\sigma_i = \sigma_i$。将小角度假设代入式(6-21)中，并忽略其中关于 σ_i 的高阶项，最终，导弹剩余飞行时间的导数可以化简为

$$\dot{t}_{goi} = -1+\frac{Nr_i a_i^C}{(2N-1)(N+K)V_{mi}^2}\left[\sigma_i-\frac{K(N-1)}{N(2K+1)}e_{\gamma i}\right] = -1+\frac{Nr_i\xi_i}{(2N-1)(N+K)V_{mi}^2}a_i^C \tag{6-22}$$

其中，

$$\xi_i = \sigma_i-\frac{K(N-1)}{N(2K+1)}e_{\gamma i}$$

对于动态协同制导律，导弹是通过弹间通信实现协同打击的，因此这里将根据一致性理论，控制导弹的剩余飞行时间收敛到一致。受文献[32]启发，根据一阶一致性理论，设计制导律 a_i^C 为

$$
\begin{cases}
a_i^C = \dfrac{(2N-1)(N+K)V_{mi}^2}{Nr_i\xi_i}\left[k_{43}\mathrm{sig}^\mu(\varepsilon_i)+k_{44}\varepsilon_i\right] \\
\varepsilon_i = \displaystyle\sum_{j=1}^n a_{ij}\left(t_{goj}-t_{goi}\right)
\end{cases}
\tag{6-23}
$$

式中，k_{43}、k_{44} 为大于0的常数；$\boldsymbol{T}_{go} = (t_{go1},t_{go2},\cdots,t_{gor})^{\mathrm{T}}$；$a_{ij}$ 为导弹之间的通信关系，在本节中假设导弹的通信关系为无向图，即 $a_{ij} = a_{ji}$。$\boldsymbol{L}$ 为拉普拉斯矩

阵，$L = [l_{ij}] \in \mathbf{R}^{n \times n}$，其中 l_{ij} 定义为

$$l_{ij} = \begin{cases} \sum\limits_{k=1,k\neq i}^{n} a_{ik}, & j = i \\ -a_{ij}, & j \neq i \end{cases} \tag{6-24}$$

根据拉普拉斯矩阵的定义有

$$\boldsymbol{\varepsilon} = -\boldsymbol{L}\boldsymbol{T}_{\mathrm{go}} \tag{6-25}$$

式中，$\boldsymbol{\varepsilon} = (\varepsilon_1, \varepsilon_2, \cdots, \varepsilon_n)^{\mathrm{T}}$。

引理 6-1　如果图 G 是无向且连通的，则对于任意 $\boldsymbol{\upsilon} = [\upsilon_1 \quad \upsilon_2 \quad \cdots \quad \upsilon_n]^{\mathrm{T}} \in \mathbf{R}^n$ 且满足 $\mathbf{1}^{\mathrm{T}}\boldsymbol{\upsilon} = 0$，有

$$\boldsymbol{\upsilon}^{\mathrm{T}}\boldsymbol{L}\boldsymbol{\upsilon} \geqslant \lambda_2(\boldsymbol{L})\boldsymbol{\upsilon}^{\mathrm{T}}\boldsymbol{\upsilon}$$

定理 6-1　针对式(6-22)，若导弹之间的通信关系为无向且连通的，则在制导律式(6-23)下，协同误差 ε_i 能够在有限时间内收敛到 0，即导弹的剩余飞行时间 $t_{\mathrm{go}i}$ 能够在有限时间内收敛到一致。

证明： 将制导律式(6-23)代入式(6-22)中，可得

$$\dot{t}_{\mathrm{go}i} = -1 + k_{43}\mathrm{sig}^{\mu}(\varepsilon_i) + k_{44}\varepsilon_i \tag{6-26}$$

选取李雅普诺夫函数为

$$V_{41} = \frac{1}{4}\sum\limits_{j=1}^{n} a_{ij}\left(t_{\mathrm{go}j} - t_{\mathrm{go}i}\right)^2 = \frac{1}{2}\boldsymbol{T}_{\mathrm{go}}^{\mathrm{T}}\boldsymbol{L}\boldsymbol{T}_{\mathrm{go}} \tag{6-27}$$

导弹之间的通信关系是无向且连通的，因此有 $a_{ij} = a_{ji}$，根据式(6-23)可得

$$\sum\limits_{i=1}^{n} \varepsilon_i = \sum\limits_{i=1}^{n}\sum\limits_{j=1}^{n} a_{ij}\left(\hat{t}_{\mathrm{go}j} - \hat{t}_{\mathrm{go}i}\right) = 0 \tag{6-28}$$

对李雅普诺夫函数求导可得

$$\begin{aligned} \dot{V}_{41} &= \boldsymbol{T}_{\mathrm{go}}^{\mathrm{T}}\boldsymbol{L}\dot{\boldsymbol{T}}_{\mathrm{go}} = -\boldsymbol{\varepsilon}\dot{\boldsymbol{T}}_{\mathrm{go}} \\ &= -\sum\limits_{i=1}^{n} \varepsilon_i\left[-1 + k_{43}\mathrm{sig}^{\mu}(\varepsilon_i) + k_{44}\varepsilon_i\right] \\ &= -\sum\limits_{i=1}^{n}\left(k_{43}|\varepsilon_i|^{\mu+1} + k_{44}\varepsilon_i^2\right) \end{aligned} \tag{6-29}$$

根据拉普拉斯矩阵 $\boldsymbol{L}$ 的定义可知 $\boldsymbol{L}\mathbf{1} = \mathbf{0}$，进一步有 $\mathbf{1}^{\mathrm{T}}\boldsymbol{L}\mathbf{1} = (\boldsymbol{L}^{0.5}\mathbf{1})^{\mathrm{T}}(\boldsymbol{L}^{0.5}\mathbf{1}) = 0$，因此 $\boldsymbol{L}^{0.5}\mathbf{1} = \mathbf{0}$，$\mathbf{1}^{\mathrm{T}}\boldsymbol{L}^{0.5} = \mathbf{0}^{\mathrm{T}}$，于是可得

$$\mathbf{1}^{\mathrm{T}}\boldsymbol{L}^{0.5}\boldsymbol{T}_{\mathrm{go}} = 0 \tag{6-30}$$

根据引理 6-1 可知：

$$(\boldsymbol{L}^{0.5}\boldsymbol{T}_{\mathrm{go}})^{\mathrm{T}}\boldsymbol{L}\boldsymbol{L}^{0.5}\boldsymbol{T}_{\mathrm{go}} \geqslant \lambda_2(\boldsymbol{L})(\boldsymbol{L}^{0.5}\boldsymbol{T}_{\mathrm{go}})^{\mathrm{T}}\boldsymbol{L}^{0.5}\boldsymbol{T}_{\mathrm{go}} \tag{6-31}$$

由于

$$\begin{cases} (\boldsymbol{L}^{0.5}\boldsymbol{T}_{\mathrm{go}})^{\mathrm{T}}\boldsymbol{L}\boldsymbol{L}^{0.5}\boldsymbol{T}_{\mathrm{go}} = \boldsymbol{T}_{\mathrm{go}}^{\mathrm{T}}\boldsymbol{L}\boldsymbol{L}\boldsymbol{T}_{\mathrm{go}} \\ \lambda_2(\boldsymbol{L})(\boldsymbol{L}^{0.5}\boldsymbol{T}_{\mathrm{go}})^{\mathrm{T}}\boldsymbol{L}^{0.5}\boldsymbol{T}_{\mathrm{go}} = \lambda_2(\boldsymbol{L})\boldsymbol{T}_{\mathrm{go}}^{\mathrm{T}}\boldsymbol{L}\boldsymbol{T}_{\mathrm{go}} \end{cases} \tag{6-32}$$

将式(6-32)代入式(6-31)中可得

$$\boldsymbol{T}_{\mathrm{go}}^{\mathrm{T}}\boldsymbol{L}\boldsymbol{L}\boldsymbol{T}_{\mathrm{go}} \geqslant \lambda_2(\boldsymbol{L})\boldsymbol{T}_{\mathrm{go}}^{\mathrm{T}}\boldsymbol{L}\boldsymbol{T}_{\mathrm{go}} \tag{6-33}$$

结合式(6-25)和式(6-27)可得

$$\boldsymbol{\varepsilon}^{\mathrm{T}}\boldsymbol{\varepsilon} \geqslant 2\lambda_2(\boldsymbol{L})V_{41} \tag{6-34}$$

将式(6-34)代入式(6-29)中可得

$$\dot{V}_{41} = -\sum_{i=1}^{n}\left(k_{43}\left|\varepsilon_i\right|^{\mu+1} + k_{44}\varepsilon_i^2\right) = -k_{43}\boldsymbol{\varepsilon}^{\mathrm{T}}\boldsymbol{\varepsilon}^{\frac{\mu+1}{2}} - k_{44}\boldsymbol{\varepsilon}^{\mathrm{T}}\boldsymbol{\varepsilon}$$

$$\leqslant -k_{43}[2\lambda_2(\boldsymbol{L})]^{\frac{\mu+1}{2}}V_{41}^{\frac{\mu+1}{2}} - 2k_{44}\lambda_2(\boldsymbol{L})V_{41} \tag{6-35}$$

因此，t_{goi} 能够在有限时间内收敛到一致，收敛时间满足：

$$T_4 \leqslant \frac{1}{k_{44}\lambda_2(\boldsymbol{L})(1-\mu)}\ln\frac{2k_{44}\lambda_2(\boldsymbol{L})V_{41}^{\frac{1-\mu}{2}}(0) + k_{43}[2\lambda_2(\boldsymbol{L})]^{\frac{\mu+1}{2}}}{k_{43}[2\lambda_2(\boldsymbol{L})]^{\frac{\mu+1}{2}}} \tag{6-36}$$

综上所述，二维条件下带角度约束的动态协同制导律可以表示为

$$a_i = a_i^A + a_i^C = NV_{\mathrm{mi}}\dot{q}_i - \frac{K(N-1)V_{\mathrm{mi}}\dot{r}}{r}e_{\gamma i} + \frac{(2N-1)(N+K)V_{\mathrm{mi}}^2}{Nr_i\xi_i}\Big[k_{43}\mathrm{sig}^{\mu}(\varepsilon_i) + k_{44}\varepsilon_i\Big] \tag{6-37}$$

观察式(6-37)可知，该制导律存在奇异问题。当 $\xi_i \to 0$ 时，由于其位于分母项，会使得控制指令奇异，为了避免这一问题，受文献[130]启发，设计了一个辅助函数来避免这一奇异问题。制导律最终表达形式为

$$a_i = NV_{\mathrm{mi}}\dot{q}_i - \frac{K(N-1)V_{\mathrm{mi}}}{\hat{t}_{\mathrm{go}}}e_{\gamma i} + \frac{(2N-1)(N+K)V_{\mathrm{mi}}^2}{Nr_i}\frac{\Psi(\bar{\xi}_i)}{\xi_i}\Big[k_{43}\mathrm{sig}^{\mu}(\varepsilon_i) + k_{44}\varepsilon_i\Big] \tag{6-38}$$

式中，$\bar{\xi}_i = \xi_i/\xi_{\mathrm{m}}$，$\xi_{\mathrm{m}} \in (0,\pi/2)$。函数 $\Psi(\bar{\xi}_i)$ 满足：

$$\Psi(\bar{\xi}_i) = \begin{cases} \psi(\bar{\xi}_i), & -1 \leqslant \bar{\xi}_i \leqslant 1 \\ 1, & \text{其他} \end{cases} \tag{6-39}$$

其中，函数 $\psi(\bar{\xi}_i)$ 满足如下条件：

(1) $\psi(\bar{\xi}_i)$ 在区间 $[-1,1]$ 连续，且存在 $\psi(-1)=\psi(1)=1$，$\psi(0)=0$。

(2) $\psi(\bar{\xi}_i)$ 在区间 $[-1,0]$ 上单调递减，在区间 $[0,1]$ 上单调递增。

(3) 当 $\xi_i \to 0$ 时，$\psi(\bar{\xi}_i)$ 是 $\bar{\xi}$ 的高阶无穷小，即 $\psi(\bar{\xi}_i)=o(\bar{\xi}_i)$。

为了简单起见，选取 $\psi(\bar{\xi}_i)$ 函数为

$$\psi(\bar{\xi}_i)=\left|\bar{\xi}_i\right|^{n+1} \tag{6-40}$$

式中，$n \geqslant 1$。当 $\xi_i \to 0$，$\psi(\bar{\xi}_i)/\xi_i \to 0/0$，于是根据洛必达法则有

$$\lim_{\xi_i \to 0}\frac{\psi(\bar{\xi}_i)}{\xi_i}=\lim_{\xi_i \to 0}\frac{\mathrm{d}\psi(\bar{\xi}_i)}{\mathrm{d}\xi_i}=\frac{1}{\xi_{\mathrm{m}}}\lim_{\bar{\xi}_i \to 0}\frac{\mathrm{d}\psi(\bar{\xi}_i)}{\mathrm{d}\bar{\xi}_i}=0 \tag{6-41}$$

从而避免了控制指令奇异问题。

综上所述，在二维情况下，式(6-37)能够导引导弹实现角度约束和协同打击，但上述制导律是在二维平面上开展的，无法直接应用在三维场景下。下面将进一步推导二维平面与三维空间之间的转换关系，使得该制导律拓展为三维制导律。

6.2.2　角度约束的三维动态协同制导律设计

在第 5 章中，对于三维制导律，分为了视线倾角方向和视线偏角方向进行设计。本节也将采用相同的思路，在视线倾角方向实现期望的视线高低角，在视线偏角方向实现时间和视线方位角约束。下面将把 6.2.1 小节中的二维制导律转换到视线偏角方向平面上。

图 6-2 为视线偏角方向平面与水平面之间的转换关系，其中带上标"'"的变量，表示转换到视线偏角方向平面的状态量。由于两平面之间的角度转换关系较为复杂，本小节将采用向量方式表示水平面与视线偏角方向平面的转换关系。如图 6-2 所示，V_{mi} 为导弹的速度方向，其单位向量用 $\boldsymbol{v}_{Vi}$ 表示：

$$\boldsymbol{v}_{Vi}=[\cos\vartheta_i\cos\psi_i \quad \sin\vartheta_i \quad -\cos\vartheta_i\sin\psi_i]^{\mathrm{T}} \tag{6-42}$$

导弹在视线偏角方向平面的期望速度方向由 V_{di} 表示，对于静止目标，当击中目标时，导弹的弹道角与视线角相等，因此使用期望视线偏角和当前视线倾角表示其单位向量 $\boldsymbol{v}_{di}$：

$$\boldsymbol{v}_{di}=[\cos\theta_L\cos\varphi_{Ld} \quad \sin\theta_L \quad -\cos\theta_L\sin\varphi_{Ld}]^{\mathrm{T}} \tag{6-43}$$

视线方向向量和速度方向向量共同构成了视线偏角方向平面，选取视线方向作为视线偏角方向平面的 X 轴，用 X_{P}、Y_{P}、Z_{P} 分别表示三轴方向，则视线偏角方向平面上的三轴单位向量可以表示为

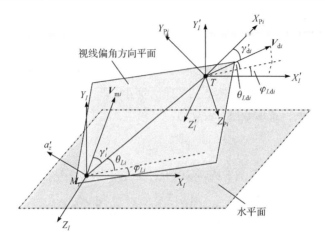

图 6-2　视线偏角方向平面与水平面之间的转换关系

$$\boldsymbol{i}_{\mathrm{P}i} = \boldsymbol{i}_{XLi} = [\cos\theta_L \cos\varphi_L \quad \sin\theta_L \quad -\cos\theta_L \sin\varphi_L] \tag{6-44}$$

$$\boldsymbol{k}_{\mathrm{P}i} = \frac{\boldsymbol{i}_{\mathrm{P}i} \times \boldsymbol{v}_{Vi}^{\mathrm{T}}}{\left\| \boldsymbol{i}_{\mathrm{P}i} \times \boldsymbol{v}_{Vi}^{\mathrm{T}} \right\|} \tag{6-45}$$

$$\boldsymbol{j}_{\mathrm{P}i} = \boldsymbol{k}_{\mathrm{P}i} \times \boldsymbol{i}_{\mathrm{P}i} \tag{6-46}$$

在三维条件下，在视线偏角方向平面上的倾角 γ_i' 和期望的倾角 $\gamma_{\mathrm{d}i}'$ 分别可由 $\boldsymbol{v}_{Vi}$ 和 $\boldsymbol{v}_{\mathrm{d}i}$ 在视线偏角方向平面上的投影进行计算，即

$$\gamma_i' = \arctan\left(\frac{\boldsymbol{j}_{\mathrm{P}i} \cdot \boldsymbol{v}_{Vi}^{\mathrm{T}}}{\boldsymbol{i}_{\mathrm{P}i} \cdot \boldsymbol{v}_{Vi}^{\mathrm{T}}} \right) \tag{6-47}$$

$$\gamma_{id}' = \arctan\left(\frac{\boldsymbol{j}_{\mathrm{P}i} \cdot \boldsymbol{v}_{\mathrm{d}i}^{\mathrm{T}}}{\boldsymbol{i}_{\mathrm{P}i} \cdot \boldsymbol{v}_{\mathrm{d}i}^{\mathrm{T}}} \right) \tag{6-48}$$

在视线偏角方向平面，选取视线方向作为该平面的 X 轴方向，因此在该平面上，视线角 $q_i' = 0$，前置角 $\sigma_i' = \gamma_i' - q_i' = \gamma_i'$，视线角速率 $\dot{q}_i' = \boldsymbol{k}_{\mathrm{P}i} \cdot [\dot{\theta}_{Li} \sin\varphi_{Li} \quad \dot{\varphi}_{Li} \quad \dot{\theta}_{Li} \cos\varphi_{Li}]^{\mathrm{T}}$，视线偏角方向平面上的制导律可以表示为

$$a_{zi}' = NV_{\mathrm{m}i}\dot{q}_i' - \frac{K(N-1)V_{\mathrm{m}i}\dot{r}}{r}e_{\gamma i}' + \frac{(2N-1)(N+K)V_{\mathrm{m}i}^2}{Nr_i}\frac{\Psi(\bar{\xi}_i')}{\xi_i'}\left[k_{43}\mathrm{sig}^{\mu}(\varepsilon_i') + k_{44}\varepsilon_i' \right]$$

$$\tag{6-49}$$

其中，

$$e_{\gamma i}' = \gamma_{\mathrm{d}i}' - \gamma_{\mathrm{F}i}' = \gamma_{\mathrm{d}i}' - \frac{N}{N-1}q_i' + \frac{1}{N-1}\gamma_i' = \gamma_{\mathrm{d}i}' + \frac{1}{N-1}\gamma' \tag{6-50}$$

$$\xi_i' = \sigma_i' - \frac{K(N-1)}{N(2K+1)} e_{\theta i}' \tag{6-51}$$

$$\varepsilon_i' = \sum_{j=1}^{n} a_{ij}\left(t_{\text{goj}}' - t_{\text{goi}}'\right) \tag{6-52}$$

$$t_{\text{goi}}' = \frac{r_i}{V_{\text{m}i}}\left[1 + \frac{\sigma_i'^2}{2(2N-1)} - \frac{K(N-1)\sigma_i' e_{\gamma i}'}{(2N-1)(N+K)} + \frac{K^2(N-1)^2 e_{\gamma i}'^2}{(2N-1)(N+K)(2K+1)}\right] \tag{6-53}$$

对于视线偏角方向平面，根据定义可知，随着导弹的移动，该平面在不断发生变化，因此视线偏角方向平面上的制导律是无法完全等价于在二维平面时的制导律。文献[130]中已经证明了视线偏角方向平面的变化并不会影响达到误差收敛的结果，即变化后的平面与不变化的平面具有相同的误差值，因此该制导律能够在视线偏角方向平面内达到角度约束和时间协同。

对于视线倾角方向平面制导律，其设计要求与第 4 章相同，需将控制导弹的视线倾角快速收敛到期望值，本节将不做详细推导，最终制导律的表达式为

$$a_{\text{m}y} = \frac{r}{\cos\theta_{\text{m}}}\left[\frac{k_{41}V_{\text{m}}}{r}s_{41} + k_{41}\text{sign}(s_{41}) - \cos\theta_L\sin\theta_L\dot{\phi}_L^2 - \frac{2\dot{r}\dot{\theta}_L}{4} + \lambda_4 x_{41} + \alpha_4\beta_4\left|x_{41}\right|^{\alpha_{41}-1}x_{41}\right]$$

$$\tag{6-54}$$

式中，$s_{41} = x_{42} + \lambda_4 x_{41} + \beta_4\text{sig}^{\alpha_4}(x_{41})$，$x_{41} = \theta_L - \theta_{Ld}$，$x_{42} = \dot{\theta}_L$；$\lambda_4$、$\beta_4$ 均为大于 0 的常数；$\alpha_4 \in [-1,1]$；k_{41} 和 k_{42} 为大于 0 的常数，且满足：

$$k_{42} \geqslant \frac{\sigma_4 k_{41}V_{\text{m}}}{r}, \quad \sigma_4 > 0 \tag{6-55}$$

注意，该视线偏角方向平面的加速度方向与 4.2.2 小节中的 $a_{\text{m}z}$ 方向并不相同，其可由单位向量进行计算。由于加速度垂直于速度方向，有

$$\boldsymbol{v}_{az}' = \boldsymbol{k}_{\text{P}i} \times \boldsymbol{v}_{Vi}^{\text{T}} \tag{6-56}$$

基于此，加速度在惯性坐标系下的向量可以表示为

$$\boldsymbol{a}_{zi}' = a_{zi}'\boldsymbol{v}_{az}' \tag{6-57}$$

综上所述，将两个通道下的制导律均转换到弹道坐标系下，有

$$\begin{bmatrix} a_{y1} \\ a_{z1} \end{bmatrix} = \begin{bmatrix} \cos\gamma_{\text{m}} \\ -\sin\gamma_{\text{m}} \end{bmatrix} a_{\text{m}yi} \tag{6-58}$$

$$\begin{bmatrix} a_{y2} \\ a_{z2} \end{bmatrix} = \begin{bmatrix} -\sin\vartheta\cos\psi & \cos\vartheta & \sin\vartheta\sin\psi \\ \sin\psi & 0 & \cos\psi \end{bmatrix} \boldsymbol{a}_{zi}' \tag{6-59}$$

最终，弹道坐标系下制导律表示为

$$\begin{cases} a_y = a_{y1} + a_{y2} \\ a_z = a_{z1} + a_{z2} \end{cases} \tag{6-60}$$

6.2.3 仿真分析

本节设计的制导律仍是针对静止目标的，因此其场景与第 4 章相同，由四枚导弹打击目标，四枚导弹将从不同的角度出发，协同打击目标。目前对于三维情况下能共同实现角度约束和时间协同的制导律较少，难以与现有制导律进行对比，因此本节将仅从制导律的仿真结果上分析制导效果。视线倾角方向制导律的参数选择：$k_{41}=1.5$，$k_{42}=0.0001$，$\alpha_4=1.2$，$\lambda_4=0.9$，$\beta_4=1.2$。视线偏角方向制导律参数选择：$N=4$，$K=2$，$p=0.8$，$q=1.2$，$\xi_m=30°$，$n=2$。导弹通信拓扑关系及对应的通信矩阵如图 6-3 所示。

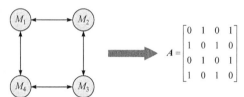

图 6-3　导弹通信拓扑关系及对应的通信矩阵

对于动态协同制导律，仅需验证时间协同的能力，因此本节将直接验证该制导律全方位协同攻击目标的能力，仿真的初始条件与角度约束如表 6-1 所示。目标初始位置 $x_t=0\text{m}$，$y_t=0\text{m}$，$z_t=0\text{m}$，相应的仿真结果如图 6-4 所示，表 6-2 为对应的制导误差。

表 6-1　仿真的初始条件与角度约束

导弹编号	r/km	V_m/(m/s)	θ_m/(°)	φ_m/(°)	θ_L/(°)	φ_L/(°)	θ_{Ld}/(°)	φ_{Ld}/(°)
M_1	25	600	30	60	−20	−10	−35	−60
M_2	22	580	−20	−140	−20	20	−10	60
M_3	23	650	−40	−90	−25	120	−15	160
M_4	21	620	0	140	−30	−80	−20	−120

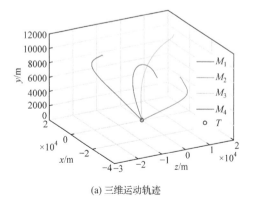

(a) 三维运动轨迹

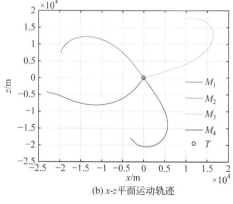

(b) x-z 平面运动轨迹

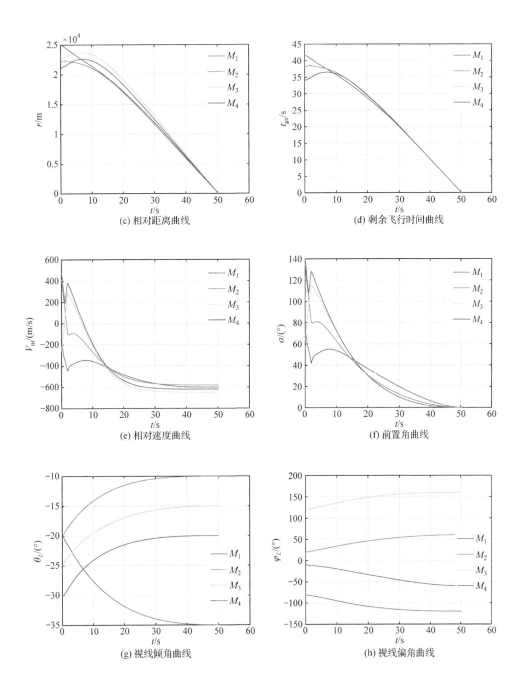

(c) 相对距离曲线

(d) 剩余飞行时间曲线

(e) 相对速度曲线

(f) 前置角曲线

(g) 视线倾角曲线

(h) 视线偏角曲线

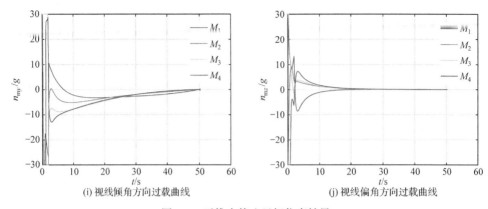

(i) 视线倾角方向过载曲线　　　　　　　　　(j) 视线偏角方向过载曲线

图 6-4　无推力静止目标仿真结果

表 6-2　无推力静止目标制导误差

导弹编号	脱靶量/m	视线倾角误差/(°)	视线偏角误差/10^{-3}(°)	制导时间/s
M_1	0.2293	0.0055	0.0038	50.255
M_2	0.2013	0.0027	0.0009	50.255
M_3	0.2072	0.0044	0.0126	50.255
M_4	0.1192	0.0026	0.1100	50.255

图 6-4(a)为导弹的三维运动轨迹，图 6-4(b)为导弹在 x-z 平面上的运动轨迹图，更能体现导弹是从四个不同方向打击目标，实现了动态协同打击。四条弹道平滑，为了满足角度约束，弹道存在不同程度的弯曲。图 6-4(c)为导弹相对距离变化曲线，结合表 6-2 可知，导弹均击中目标，最终导弹的脱靶量分别为 0.2293m、0.2013m、0.2072m、0.1192m，均在较小范围。图 6-4(d)为导弹剩余飞行时间变化曲线，剩余飞行时间采用 r/V_m 进行估算，以避免 $-r/\dot r$ 中，当 $\dot r \to 0$ 时的奇异现象。图中，四枚导弹的初始剩余飞行时间均不相同，在经过约 10s 后，基本达到一致，在 30s 时，四条剩余飞行时间曲线几乎重合，最终导弹均在 50.255s 时同时击中目标，没有时间误差，说明在该制导律下，导弹具有较好的协同效果。图 6-4(e)和(f)分别为导弹的相对速度变化曲线和前置角变化曲线，相对速度是导弹速度在视线方向上的投影。由于 $\dot r = -V_m \cos\sigma$，V_m 始终不变，这两张图的变化规律相似。在末制导初期，导弹需要通过弯曲弹道调整飞行时间以达到约束条件，因此前置角会不断增大，此时相对速度则会减小，随着导弹的前置角收敛到 0，导弹与目标的相对速度逐渐减小，最终导弹指向目标，相对速度与导弹速度大小相同，弹道将呈现为一条直线。图 6-4(g)和(h)分别为导弹的视线倾角和视线偏角变化曲线。四枚导弹的视线角逐渐收敛，在收敛到期望值之后，视线角将稳定在该值附近，变化很小。结合表 6-2 可知，四枚导弹的视线倾角误

差分别为 0.0055°、0.0027°、0.0044°、0.0026°，误差极小，可以忽略。视线偏角误差分别为 0.0000038°、0.0000009°、0.0000126°、0.0001100°，相对于4.2 节中的制导律，该节制导律在视线偏角上的误差极小，在角度控制方面具有非常好的效果，几乎能够精确满足角度约束。图 6-4(i)和(j)分别为导弹在视线倾角方向和视线偏角方向的过载曲线。对于视线倾角方向，其过载在开始阶段加速度较大，但是在约 10s 时，过载就已经收敛到较小范围内，最终逐渐收敛到 0。视线偏角方向过载曲线也具有相同的趋势，其在约 10s 时，过载收敛到较小范围内，整个过程中，过载变化相对于视线倾角方向更为平滑，最终也会逐渐收敛到0。制导初期两个通道的过载均较大，这是因为导弹的当前状态与期望状态相差较大，需要利用大过载对其位置进行调整。

通过上述仿真分析，导弹能够从各个方向对目标进行协同打击，且没有时间误差，角度误差和脱靶量也非常小，制导效果好。

6.3　针对机动目标的动态协同制导律设计

6.2 节实现了针对静止目标的动态协同制导律设计，但是该制导律是基于静止目标模型进行推导的，在面对匀速运动目标时，或许还可以用预测拦截点的方法实现协同打击目标，在面对机动目标时，将难以保证命中精度，这也是目前无推力制导模型下的一个难点。在考虑目标机动时，模型的剩余飞行时间表达式将难以求出，因此需要寻找其他方法来实现协同。针对上述问题，本节将针对机动目标的动态协同制导律进行研究。

图 6-5 为考虑目标机动时的无推力三维制导模型。其中，$T\text{-}X'_lY'_lZ'_l$ 是将惯性坐标系的原点平移到目标点，作为目标的参考坐标系，V_t 表示目标速度，θ_t 和 φ_t 与 θ_m 和 φ_m 的定义相似，表示目标的前置倾角和前置偏角。a_{yt} 和 a_{zt} 与 a_{ym} 和 a_{zm} 为目标在其前置坐标系下对应的加速度，若要转换到弹道坐标系下，需要绕着 V_t 方向旋转 γ_t 的角度。在该模型下，导弹和目标的运动学和动力学方程为

$$\dot{r} = V_m(\rho\cos\theta_t\cos\varphi_t - \cos\theta_m\cos\varphi_m) = V_m(\rho\cos\sigma_t - \cos\sigma_m) \quad (6\text{-}61)$$

$$\dot{\theta}_L = V_m(\rho\sin\theta_t - \sin\theta_m)/r = -\dot{\lambda}_y \quad (6\text{-}62)$$

$$\cos\theta_L\dot{\varphi}_L = V_m(\rho\cos\theta_t\sin\varphi_t - \cos\theta_m\sin\varphi_m)/r = \dot{\lambda}_z \quad (6\text{-}63)$$

$$\dot{\theta}_m = \frac{a_{my}}{V_m} - \sin\varphi_m\sin\theta_L\dot{\varphi}_L - \cos\varphi_m\dot{\theta}_L \quad (6\text{-}64)$$

$$\dot{\varphi}_m = \frac{a_{mz}}{V_m\cos\theta_m} + \tan\theta_m\cos\varphi_m\sin\theta_L\dot{\varphi}_L - \cos\theta_L\dot{\varphi}_L - \tan\theta_m\sin\varphi_m\dot{\theta}_L \quad (6\text{-}65)$$

$$\dot{\theta}_t = \frac{a_{ty}}{V_t} - \sin\varphi_t \sin\theta_L \dot{\varphi}_L - \cos\varphi_t \dot{\theta}_L \tag{6-66}$$

$$\dot{\varphi}_t = \frac{a_{tz}}{V_t \cos\theta_t} + \tan\theta_t \cos\varphi_t \sin\theta_L \dot{\varphi}_L - \cos\theta_L \dot{\varphi}_L - \tan\theta_t \sin\varphi_t \dot{\theta}_L \tag{6-67}$$

式中，$\dot{\lambda}_y$、$\dot{\lambda}_z$ 分别表示在视线倾角方向和视线偏角方向上的角加速度。从上述方程可以看出，相对于静止目标的模型，该模型中包含了许多目标的参数，这将导致在求解剩余飞行时间 t_{go} 时，表达式非常复杂，难以对其求导并化简，这也是打击机动目标的难点所在。本节将针对这一问题，设计一种能够打击机动目标的协同制导律。

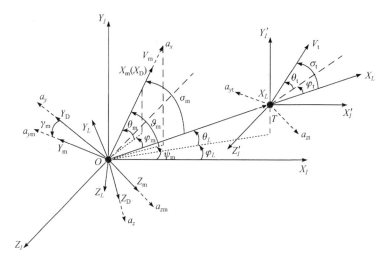

图 6-5　目标机动时的无推力三维制导模型

6.3.1　基于二阶一致性的动态协同制导律设计

下面对二阶一致性理论进行简单介绍。

定义 6-1[131]　对于二阶多智能体系统：

$$\begin{cases} \dot{\xi}_i = v_i \\ \dot{v}_i = u_i \end{cases} \tag{6-68}$$

式中，ξ_i、v_i 为第 i 个智能体的状态变量；u_i 为第 i 个智能体的控制量。若所设计的控制量 u_i 能够使得 ξ_i、v_i 达到一致，则将 u_i 称作二阶一致性算法。

引理 6-2[131]　对于无向且联通的二阶多智能系统，若控制量 u_i 满足：

$$u_i = -\sum_{j=1}^n a_{ij}\left[k_1 \mathrm{sig}^{\alpha_1}\left(\xi_i - \xi_j\right) + k_2 \mathrm{sig}^{\frac{2\alpha_1}{1+\alpha_1}}\left(v_i - v_j\right) \right] \tag{6-69}$$

式中，$k_1 > 0$；$k_2 > 0$；$0 < \alpha_1 < 1$。该二阶一致性算法能够在有限时间内使得 ξ_i、v_i 分别收敛到一致。

文献[131]中已对引理 6-2 进行了详细证明，这里不再展开介绍，下面基于上述二阶一致性算法，进行制导设计。

对于机动目标模型，若采用 $t_{go} = -r / dr$ 对剩余飞行时间进行估计，将导致其求导和化简的难度过大，难以通过该式直接推导导弹的过载指令。针对这一问题，受文献[131]启发，本节设计两个新的变量，通过控制这两个变量达到一致，实现导弹协同打击目标。

令

$$\begin{cases} \xi_i = r_i / V_{mi} \\ v_i = \rho \cos \sigma_t - \cos \sigma_m \end{cases} \tag{6-70}$$

对于式(6-70)，变量 ξ_i 和 v_i 可以近似替换导弹的相对距离 r_i 和相对速度 $\dot{r}_i$，两者在定义上仅相差 V_{mi} 倍，导弹的剩余飞行时间可由 $t_{goi} = \xi_i / v_i$ 表示，当 ξ_i 和 v_i 达到一致后，各枚导弹的剩余飞行时间也将达到一致，导弹将同时击中目标。

注意，以相对距离 r_i 和相对速度 $\dot{r}_i$ 除以 V_{mi} 来表示新变量的作用类似于归一化，在计算协同误差时，相对距离 r_i 和相对速度 $\dot{r}_i$ 在量级上比较大，较小的误差也会产生很大的协同误差，从而使得控制指令变化剧烈，难以收敛。

对 $\cos \sigma_{mi}$ 求导，并将式(6-64)代入可得

$$(\cos \sigma_{mi})' = -\sin \theta_{mi} \cos \varphi_{mi} \dot{\theta}_{mi} - \cos \theta_{mi} \sin \varphi_{mi} \dot{\varphi}_{mi}$$

$$= -\frac{a_{myi}}{V_{mi}} \sin \theta_{mi} \cos \varphi_{mi} + \frac{a_{mzi}}{V_{mi}} \sin \varphi_{mi} - \sin \theta_{mi} \dot{\lambda}_{yi} + \cos \theta_{mi} \sin \varphi_{mi} \dot{\lambda}_{zi} \tag{6-71}$$

类似的，可求出 $\cos \sigma_{ti}$ 的导数为

$$(\cos \sigma_{ti})' = -\sin \theta_{ti} \cos \varphi_{ti} \dot{\theta}_{ti} - \cos \theta_{ti} \sin \varphi_{ti} \dot{\varphi}_{ti}$$

$$= -\frac{a_{tyi}}{V_{ti}} \sin \theta_{ti} \cos \varphi_{ti} + \frac{a_{tzi}}{V_{ti}} \sin \varphi_{ti} - \sin \theta_{ti} \dot{\lambda}_{yi} + \cos \theta_{ti} \sin \varphi_{ti} \dot{\lambda}_{zi} \tag{6-72}$$

结合式(6-71)和式(6-72)，并将式(6-64)代入，变量 v_i 的导数可以表示为

$$\dot{v}_i = \rho(\cos \sigma_{ti})' - (\cos \sigma_{mi})'$$

$$= \frac{a_{myi}}{V_{mi}} \sin \theta_{mi} \cos \varphi_{mi} - \frac{a_{mzi}}{V_{mi}} \sin \varphi_{mi} - \frac{a_{tyi}}{V_{ti}} \sin \theta_{ti} \cos \varphi_{ti} + \frac{a_{tzi}}{V_{ti}} \sin \varphi_{ti}$$

$$+ \frac{r_i}{V_{mi}} (\rho_i \sin \theta_{ti} - \sin \theta_{mi})^2 + \frac{r_i}{V_{mi}} (\rho_i \cos \theta_{ti} \sin \varphi_{ti} - \cos \theta_{mi} \sin \varphi_{mi})^2$$

$$= \frac{a_{myi}}{V_{mi}} \sin \theta_{mi} \cos \varphi_{mi} - \frac{a_{mzi}}{V_{mi}} \sin \varphi_{mi} + \varsigma_i \tag{6-73}$$

因此，二阶系统可以表示为

$$\begin{cases} \dot{\xi}_i = \dot{v}_i \\ \dot{v}_i = \dfrac{a_{myi}}{V_{mi}}\sin\theta_{mi}\cos\varphi_{mi} - \dfrac{a_{mzi}}{V_{mi}}\sin\varphi_{mi} + \varsigma_i \end{cases} \tag{6-74}$$

基于引理 6-2，若选取加速度指令 a_{myi} 和 a_{mzi}，满足：

$$\frac{a_{myi}}{V_{mi}}\sin\theta_{mi}\cos\varphi_{mi} - \frac{a_{mzi}}{V_{mi}}\sin\varphi_{mi} + \varsigma_i = u_i = -\sum_{j=1}^{n} a_{ij}\left[k_{51}\mathrm{sig}^{\alpha_{51}}\left(\xi_i - \xi_j\right) + k_{52}\mathrm{sig}^{\frac{2\alpha_{51}}{1+\alpha_{51}}}\left(v_i - v_j\right)\right] \tag{6-75}$$

则 ξ_i 和 v_i 能够在有限时间收敛到一致，此时，导弹的剩余飞行时间将达到一致。

令

$$\begin{cases} \omega_{1i} = \dfrac{\sin\theta_{mi}\cos\varphi_{mi}}{V_{mi}} \\ \omega_{2i} = -\dfrac{\sin\varphi_{mi}}{V_{mi}} \end{cases} \tag{6-76}$$

则式(6-75)可简化为

$$\omega_{1i}a_{myi} + \omega_{2i}a_{mzi} = u_i - \varsigma_i \tag{6-77}$$

根据式(6-77)，存在无穷对 a_{myi} 和 a_{mzi} 满足式(6-77)。为使解唯一，还需要添加额外的约束条件。对于制导问题，除了使导弹击中目标外，制导能量最小也是提高制导律性能的要求。因此，在式(6-77)的基础上，进一步增加能量最优约束条件：

$$\min\left(\sqrt{a_{myi}^2 + a_{mzi}^2}\right)$$

基于上述约束条件，制导律可以设计为

$$\begin{cases} a_{myi}^C = \dfrac{\omega_{1i}(u_i - \varsigma_i)}{\omega_{1i}^2 + \omega_{2i}^2} \\ a_{mzi}^C = \dfrac{\omega_{2i}(u_i - \varsigma_i)}{w_{1i}^2 + \omega_{2i}^2} \end{cases} \tag{6-78}$$

根据引理 6-2，控制指令式(6-78)能够在有限时间内使得 ξ_i 和 v_i 收敛到一致，从而使得导弹的剩余飞行时间收敛到一致。此时，导弹的剩余飞行时间仅能达到一致，并不会收敛到 0，还需进一步设计额外的制导律使得导弹击中目标，从而实现协同打击目标。

传统的比例导引法形式简单、易实现，得到了广泛应用，因此本节将比例导

引法叠加在协同制导律上，从而实现协同打击目标。文献[127]中，针对机动目标，修正比例导引法为

$$
\begin{cases}
a_{\mathrm{my}i}^{\mathrm{PNG}} = \left(1 + \dfrac{N}{\cos\theta_{\mathrm{m}i}\cos\varphi_{\mathrm{m}i}}\right)\left(V_{\mathrm{m}i}\dot{\lambda}_{yi}\sin\theta_{\mathrm{m}i}\sin\varphi_{\mathrm{m}i} - V_{\mathrm{m}i}\dot{\lambda}_{zi}\cos\theta_{\mathrm{m}i}\right) \\
a_{\mathrm{mz}i}^{\mathrm{PNG}} = -\left(1 + \dfrac{N}{\cos\theta_{\mathrm{m}i}\cos\varphi_{\mathrm{m}i}}\right)\left(V_{\mathrm{m}i}\dot{\lambda}_{yi}\cos\varphi_{\mathrm{m}i}\right)
\end{cases}
\tag{6-79}
$$

综上所述，导弹制导律表示为

$$
\begin{cases}
a_{\mathrm{my}i} = a_{\mathrm{my}i}^{C} + a_{\mathrm{my}i}^{\mathrm{PNG}} \\
a_{\mathrm{mz}i} = a_{\mathrm{mz}i}^{C} + a_{\mathrm{mz}i}^{\mathrm{PNG}}
\end{cases}
\tag{6-80}
$$

上述制导律本质上其实是两种制导律的叠加，其中协同制导律用于控制导弹的剩余飞行时间达到一致，比例导引法用于导引导弹击中目标。若单纯使用协同制导律，虽然剩余飞行时间能够达到一致，但是导弹会朝远离目标的方向飞行，无法击中目标；若单独使用比例导引法则无法实现协同打击。因此，通过两种制导律的结合，实现了针对机动目标的协同打击，但是直接使用上述制导律还存在一些问题，制导误差较大。下面将对制导律进行适当修改，减小制导误差，同时上述制导律还需要目标的机动信息，因此需要对目标的加速度进行估计。

6.3.2　制导参数与干扰观测器设计

本小节主要针对制导律的奇异问题和制导误差问题，对制导律进行适当修改，并通过设计干扰观测器，估计目标的机动加速度。

对于上述制导律，观察协同项式(6-78)，$\omega_{1i}^{2} + \omega_{2i}^{2}$ 作为其分母项，当 ω_{1i} 和 ω_{2i} 较小时，协同项存在奇异问题。根据式(6-76)，当 $\theta_{\mathrm{m}i} \to 0°$、$\varphi_{\mathrm{m}i} \to 0°$、$\varphi_{\mathrm{m}i} \to 90°$ 时将存在奇异现象，若此时 $\theta_{\mathrm{m}i}$ 或者 $\varphi_{\mathrm{m}i}$ 的值还存在抖振，将导致制导律在过载的上限和下限之间摆动，这种现象是必须避免的。

针对这一问题，对于上述的制导律，协同项为

$$
\begin{cases}
a_{\mathrm{my}i}^{C} = \omega_{1i}(u_i - \varsigma_i)\dfrac{\Psi(\bar{\eta}_i)}{\eta_i} \\
a_{\mathrm{mz}i}^{C} = \omega_{2i}(u_i - \varsigma_i)\dfrac{\Psi(\bar{\eta}_i)}{\eta_i}
\end{cases}
\tag{6-81}
$$

式中，$\bar{\eta}_i = \eta_i / \eta_{\mathrm{m}}$，$\eta_i = \omega_{1i}^{2} + \omega_{2i}^{2}$，$\eta_{\mathrm{m}}$ 为一设计参数。函数 $\Psi(\bar{\eta}_i)$ 满足：

$$
\Psi(\bar{\eta}_i) = \begin{cases}
\psi(\bar{\eta}_i), & 1 \leqslant \bar{\eta}_i \leqslant 1 \\
1, & \text{其他}
\end{cases}
\tag{6-82}
$$

其中，函数 $\psi(\bar{\eta}_i)$ 满足如下条件：

(1) $\psi(\overline{\eta}_i)$ 在区间[-1,1]连续，且存在 $\psi(-1)=\psi(1)=1$，$\psi(0)=0$。

(2) $\psi(\eta_i)$ 在区间[-1,0]上单调递减，在区间[0,1]上单调递增。

(3) 当 $\overline{\eta}_i \to 0$ 时，$\psi(\overline{\eta}_i)$ 是 $\overline{\eta}_i$ 的高阶无穷小，即 $\psi(\overline{\eta}_i)=o(\overline{\eta}_i)$。

简单起见，这里选取 $\overline{\eta}_i$ 函数为

$$\psi(\overline{\eta}_i)=\left|\overline{\eta}_i\right|^{n+1} \tag{6-83}$$

式中，$n \geqslant 1$。当 $\eta_i \to 0$，$\psi(\overline{\eta}_i)/\eta_i \to 0/0$，于是根据洛必达法则有

$$\lim_{\eta_i \to 0}\frac{\psi(\overline{\eta}_i)}{\eta_i}=\lim_{\eta_i \to 0}\frac{\mathrm{d}\psi(\overline{\eta}_i)}{\mathrm{d}\eta_i}=\frac{1}{\eta_m}\lim_{\eta_i \to 0}\frac{\mathrm{d}\psi(\overline{\eta}_i)}{\mathrm{d}\overline{\eta}_i}=0 \tag{6-84}$$

从而避免了控制指令奇异和抖振的问题。

另外是导弹的制导误差问题。在上述制导律中，协同项与比例导引项其实是相互矛盾的，协同项使导弹远离目标，比例导引项使导弹靠近目标，在制导律的最终阶段，随着导弹靠近目标，协同误差会越来越大，协同项将远大于比例项，这将导致协同项在制导律中占据主导地位，从而使得导弹无法击中目标。针对这一问题，将对式(6-80)进行修改，对两种制导律设计相应的权值，使得制导律在牺牲一部分协同性能的情况下，提高制导精度。修改后的制导律可以表示为

$$\begin{cases} a_{myi}=\overline{w}_i a_{myi}^C+(1-\overline{w}_i)a_{myi}^{\mathrm{PNG}} \\ a_{mzi}=\overline{w}_i a_{mzi}^C+(1-\overline{w}_i)a_{mzi}^{\mathrm{PNG}} \end{cases} \tag{6-85}$$

式中，$\overline{w}_i$ 代表协同项在制导律中的权重，设计为

$$\overline{w}_i=\begin{cases} 0.5, & r_i \geqslant 500\mathrm{m} \\ \min(0.1,\ln(r_i/500)), & r_i < 500\mathrm{m} \end{cases} \tag{6-86}$$

在制导的最终阶段，导弹将以比例导引法为主导项，使得导弹能够击中目标，这必将导致协同误差 u_i 发散，使得协同项过大。为了防止出现这一问题，对协同误差项也进行了修正，最终可以表示为

$$u_i=-\sum_{j=1}^{n}a_{ij}\left[k_{51}\frac{r_i}{V_{mi}}\ln\left(1+\frac{r_i}{V_{mi}^2}\right)\mathrm{sig}^{\alpha_{51}}\left(\xi_i-\xi_j\right)+k_{52}\frac{r_i}{V_{mi}}\ln\left(1+\frac{r_i}{V_{mi}^2}\right)\mathrm{sig}^{\frac{2\alpha_{51}}{1+\alpha_{51}}}\left(v_i-v_j\right)\right]$$

$$\tag{6-87}$$

根据式(6-87)，协同误差将随着导弹靠近目标而逐渐收敛到 0，避免了最终阶段协同项过大的问题。虽然这一项最终将无法保证导弹的状态变量收敛到一致，牺牲了一定的协同性能，但此时制导律已经以比例导引法作为主导项，导弹将以较小的时间误差协同打击机动目标。

对于上述制导律，打击机动目标时，制导律需要目标机动信息，因此还需要对目标的机动大小进行估计，根据文献[109]，对视线倾角方向和视线偏角方向分别设

计了非线性干扰观测器(nonlinear disturbance observer，NDOB)对目标机动进行估计。

对 $\dot{\theta}_{Li}$ 和 $\dot{\varphi}_{Li}$ 进一步求导，并将式(6-61)～式(6-67)代入，化简可得

$$\ddot{\theta}_{Li} = \frac{\cos\theta_{ti}}{r_i}a_{tyi} - \frac{\cos\theta_{mi}}{r_i}a_{myi} - \dot{\varphi}_{Li}\cos\theta_{Li}\sin\theta_{Li} - \frac{2\dot{r}_i\dot{\theta}_{Li}}{r_i} \tag{6-88}$$

$$\ddot{\varphi}_{Li} = -\frac{\sin\theta_{ti}\sin\varphi_{ti}}{r_i\cos\theta_{Li}}a_{tyi} - \frac{\cos\varphi_{ti}}{r_i\cos\theta_{Li}}a_{tzi} + \frac{\sin\theta_{mi}\sin\varphi_{mi}}{r_i\cos\theta_{Li}}a_{myi} + \frac{\cos\varphi_{mi}}{r_i\cos\theta_{Li}}a_{mzi} + 2\dot{\theta}_{Li}\dot{\varphi}_{Li}\tan\theta_{Li} - \frac{2\dot{r}_i\dot{\varphi}_{Li}}{r_i}$$
$$\tag{6-89}$$

令其中的加速度项为干扰 d，则有

$$d_{yi} = \frac{\cos\theta_{ti}}{r_i}a_{tyi}$$
$$d_{zi} = -\frac{\sin\theta_{ti}\sin\varphi_{ti}}{r_i\cos\theta_{Li}}a_{tyi} - \frac{\cos\varphi_{ti}}{r_i\cos\theta_{Li}}a_{tzi} \tag{6-90}$$

式(6-88)和式(6-89)可以进一步写为

$$\ddot{\theta}_{Li} = \frac{\cos\theta_{mi}}{r_i}a_{myi} - \dot{\varphi}_{Li}\cos\theta_{Li}\sin\theta_{Li} - \frac{2\dot{r}_i\dot{\theta}_{Li}}{r_i} + d_{yi} \tag{6-91}$$

$$\ddot{\varphi}_{Li} = -\frac{\sin\theta_{mi}\sin\varphi_{mi}}{r_i\cos\theta_{Li}}a_{myi} + \frac{\cos\varphi_{mi}}{r_i\cos\theta_{Li}}a_{myi} + 2\dot{\theta}_{Li}\dot{\varphi}_{Li}\tan\theta_{Li} - \frac{2\dot{r}_i\dot{\varphi}_{Li}}{r_i} + d_{zi} \tag{6-92}$$

根据文献[131]对视线倾角方向和视线偏角方向分别设计干扰观测器来获得 d_{yi} 和 d_{zi} 的估计值 $\hat{d}_{yi}$ 和 $\hat{d}_{zi}$，从而联立求解出目标机动大小 $\hat{a}_{tyi}$ 和 $\hat{a}_{tzi}$。

对于视线倾角方向，基于式(6-91)，设计干扰观测器为

$$\begin{cases} \dot{z}_{10} = -\dfrac{\cos\theta_{mi}}{r_i}a_{myi} - \dot{\varphi}_{Li}\cos\theta_{Li}\sin\theta_{Li} - \dfrac{2\dot{r}_i\dot{\theta}_{Li}}{r_i} + v_{10} \\ v_{10} = -\lambda_{12}L_1^{1/3}\left|z_{10} - \dot{\theta}_{Li}\right|^{2/3}\mathrm{sign}\left(z_{10} - \dot{\theta}_{Li}\right) - \mu_{12}\left(z_{10} - \dot{\theta}_{Li}\right) + z_{11} \\ \dot{z}_{11} = v_{11}, v_{11} = -\lambda_{11}L_1^{1/2}\left|z_{11} - v_{10}\right|^{1/2}\mathrm{sign}\left(z_{11} - v_{10}\right) - \mu_{11}\left(z_{11} - v_{10}\right) + z_{12} \\ \dot{z}_{12} = -\lambda_{10}L_1\mathrm{sign}\left(z_{12} - v_{11}\right) - \mu_{10}\left(z_{12} - v_{11}\right) \end{cases} \quad (\hat{d}_{yi} = z_{11})$$
$$\tag{6-93}$$

对于视线偏角方向，基于式(6-92)，设计干扰观测器为

$$\begin{cases} \dot{z}_{20} = \dfrac{\sin\theta_{mi}\sin\varphi_{mi}}{r_i\cos\theta_{Li}}a_{myi} + \dfrac{\cos\varphi_{mi}}{r_i\cos\theta_{Li}}a_{mzi} + 2\dot{\theta}_{Li}\dot{\varphi}_{Li}\tan\theta_{Li} - \dfrac{2\dot{r}_i\dot{\varphi}_{Li}}{r_i} + v_{20} \\ v_{20} = -\lambda_{22}L_2^{1/3}\left|z_{20} - \dot{\varphi}_{Li}\right|^{2/3}\mathrm{sign}\left(z_{20} - \dot{\varphi}_{Li}\right) - \mu_{22}\left(z_{20} - \dot{\varphi}_{Li}\right) + z_{21} \\ \dot{z}_{21} = v_{21}, v_{21} = -\lambda_{21}L_2^{1/2}\left|z_{21} - v_{20}\right|^{1/2}\mathrm{sign}\left(z_{21} - v_{20}\right) - \mu_{21}\left(z_{21} - v_{20}\right) + z_{22} \\ \dot{z}_{22} = -\lambda_{20}L_2\mathrm{sign}\left(z_{22} - v_{21}\right) - \mu_{20}\left(z_{22} - v_{21}\right) \end{cases} \quad (\hat{d}_{zi} = z_{21})$$
$$\tag{6-94}$$

式中，L_1 和 L_2 分别为利普希茨常数，满足 $|\dot{d}_{yi}| \leqslant L_1$，$|\dot{d}_{zi}| \leqslant l_2$，文献[94]已经证明了，当选取参数 $\lambda_{10} = \lambda_{20} = 1.1$，$\lambda_{11} = \lambda_{21} = 1.5$，$\lambda_{12} = \lambda_{22} = 2$，$\mu_{10} = \mu_{20} = 3$，$\mu_{11} = \mu_{21} = 5$，$\mu_{12} = \mu_{22} = 8$ 时，$\hat{d}_{yi}$ 和 $\hat{d}_{zi}$ 能够在有限时间内收敛到真实值 d_{yi} 和 d_{zi}。

注意，对于目标加速度 a_{tyi} 和 a_{tzi} 的下标并非表示第 i 个目标的机动加速度，目标只有一个，因此目标在弹道坐标系下的机动加速度只有一个。上述 a_{tyi} 和 a_{tzi} 是表示目标机动加速度在前置角坐标系下的投影，由于目标与每一枚导弹的视线是不同的，每一枚导弹与目标均存在不同的前置角坐标系，从而存在不同的机动加速度投影，此时下标 i 是表示第 i 枚导弹。

6.3.3 仿真分析

本小节将对打击机动目标的动态协同制导律进行仿真分析，由于制导律的局限性，该制导律仅适用于低速目标，面对高速目标时，协同精度将无法保证。本小节的场景将设计为四枚空空导弹拦截低空飞行的目标，目标在 1000m 的低空飞行。本小节将设计两种仿真场景，分别打击变速直线运动目标和蛇形机动目标，假定目标的初始条件 $x_t = 0\text{m}$，$y_t = 1000\text{m}$，$z_t = 0\text{m}$，初始速度 $v_t = 100\text{m/s}$，初始弹道倾角 $\theta_T = 0$，初始弹道偏角 $\varphi_T = 0$，下面将对以上两种场景进行仿真，以验证该制导律的有效性。

(1) 场景一：目标做变速直线运动。

在该场景下，目标做变速直线运动，目标加速度沿速度方向，机动设计为
$$a_{tx} = 10\cos(0.25t), \quad a_{ty} = 0, \quad a_{tz} = 0$$

四枚导弹分别从空中的不同的初始位置发射，协同打击该目标，该场景下导弹的初始条件与角度约束如表 6-3 所示。

表 6-3 目标变速直线运动时导弹的初始条件与角度约束

导弹编号	r/km	V_m/(m/s)	θ_m/(°)	φ_m/(°)	θ_L/(°)	φ_L/(°)
M_1	22	600	30	60	−20	−10
M_2	22	580	−20	−80	−15	20
M_3	23	620	−10	−60	−25	30
M_4	21	630	10	40	−23	−40

导弹通信拓扑关系及对应的通信矩阵如图 6-6 所示。

由于该制导律并没有角度约束，为了防止出现导弹出现触地现象，对导弹的初始条件进行调整，使得四枚导弹均在目标的后方，因此该初始条件与 5.2.3 小节中

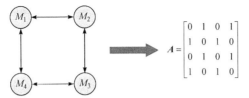

图 6-6　导弹通信拓扑关系及对应的通信矩阵

初始条件存在一定差异。制导参数选取为 $k_{51}=3$ ，$k_{52}=5$ ，$\alpha_{51}=0.2$ ，比例导引系数 $N=4$ 。目标变速直线运动时仿真结果如图 6-7 所示，表 6-4 为对应的制导结果。

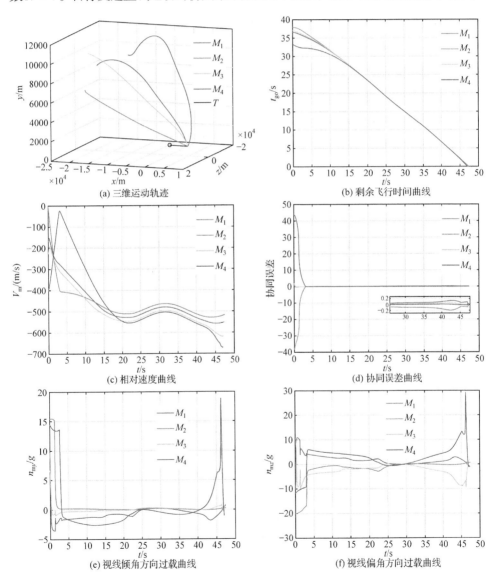

(a) 三维运动轨迹

(b) 剩余飞行时间曲线

(c) 相对速度曲线

(d) 协同误差曲线

(e) 视线倾角方向过载曲线

(f) 视线偏角方向过载曲线

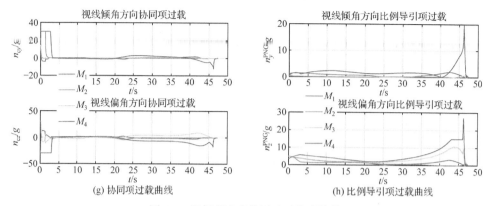

(g) 协同项过载曲线   (h) 比例导引项过载曲线

图 6-7   目标变速直线运动时仿真结果

表 6-4   目标变速直线运动时目标仿真制导结果

参数	导弹编号			
	M_1	M_2	M_3	M_4
脱靶量/m	0.1461	0.0232	0.0110	0.1049
击中时间/s	47.335	47.434	47.139	47.026

图 6-7(a)为该场景下的三维运动轨迹。四枚导弹从不同的初始位置出发，协同打击匀变速运动的目标，目标沿 x 轴正方向变速直线运动，四枚导弹的弹道轨迹平滑，最终均能击中目标。结合表 6-4 可知，脱靶量分别为 0.1461m、0.0232m、0.0110m、0.1049m，均在较小范围内，能够满足击中目标的条件。图 6-7(b)为剩余飞行时间变化曲线，当采用 $t_{go} = -r/\dot{r}$ 对剩余飞行时间进行估计时，由于 $\dot{r}$ 是其中的分母项，会出现剩余飞行时间过大的现象，这里采用 $t_{go} = -r/V_m$ 来表示剩余飞行时间。在约 15s 时，四枚导弹的剩余飞行时间达到一致，并保持到制导末端，在制导末端，导弹的剩余飞行时间开始发散。这是因为在制导末端，为了保证导弹击中目标，控制指令由比例导引项占主导，协同项过载随着距离靠近越来越小，不足以继续维持剩余飞行时间保持一致。这种方式牺牲了一定的协同精度来保证导弹能够准确击中目标。最终，该场景下四枚导弹击中目标的时间分别为 47.335s、47.434s、47.139s、47.026s，导弹之间最大时间误差为 0.408s，存在一定的协同误差，但误差较小，不影响实现对变速目标的协同打击。图 6-7(c)为导弹的相对速度变化曲线，四枚导弹在制导的开始阶段，速度变化明显，这是因为这一阶段导弹需要调整自身的前置角，使得剩余飞行时间趋于一致，当前置角变化时，导弹与目标的相对速度将发生变化，在调整结束后，四枚导弹的相对速度的变化趋势基本一致。图 6-7(d)为导弹的协同误差变化曲线，在对协同误差的表达式进行修正后，其值能在制导的最后阶段保持在较小值，避免发散，从而保证

协同项过载不会发散。图 6-7(e)和(f)分别为导弹在视线倾角方向和视线偏角方向的过载曲线，图 6-7(g)和(h)分别为协同项和比例导引项过载的变化曲线。观察这一组过载曲线可知，导弹的过载在开始阶段和最后阶段较大，中间部分较为平缓，变化小。开始阶段主要由制导律中的协同项起作用，此时，由于四枚导弹的初始位置不同，协同误差大，需要较大的协同项调整导弹的状态量达到一致。在制导末端，目标是变速运动的，随着距离的靠近，目标的变化会对过载产生较大的影响，从而使比例导引项变大，导致制导末端的过载变大，最终，导弹的过载基本上能够收敛到 0 附近。

通常，仿真场景一下导弹能够击中在地面上变速直线运动的目标，脱靶量非常小，但在时间上导弹之间存在一定的协同误差。

(2) 场景二：目标做蛇形机动。

在该场景下，目标将做蛇形机动，机动大小为

$$a_{tx}=0, \quad a_{ty}=0, \quad a_{tz}=15\cos(t/6)$$

导弹与目标的其他初始条件及通信拓扑关系与场景一相比均保持不变。最终，目标蛇形机动时仿真结果如图 6-8 所示，表 6-5 为所对应的制导结果。

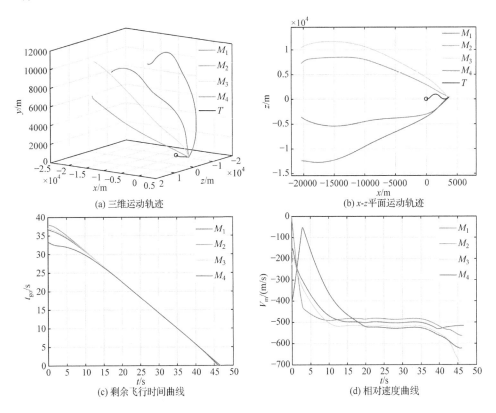

(a) 三维运动轨迹

(b) x-z 平面运动轨迹

(c) 剩余飞行时间曲线

(d) 相对速度曲线

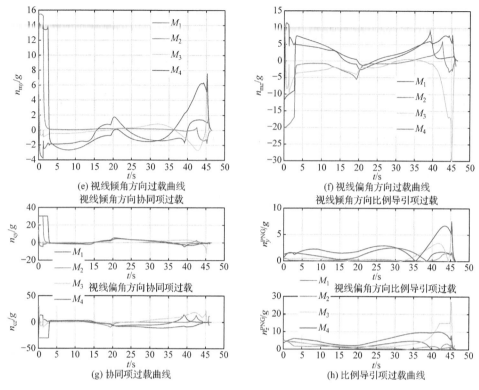

(e) 视线倾角方向过载曲线　　　　　　(f) 视线偏角方向过载曲线
　　视线倾角方向协同项过载　　　　　　　视线倾角方向比例导引项过载

(g) 协同项过载曲线　　　　　　　　(h) 比例导引项过载曲线

图 6-8　目标蛇形机动时仿真结果

表 6-5　目标蛇形机动时仿真制导结果

参数	导弹编号			
	M_1	M_2	M_3	M_4
脱靶量/m	0.1387	0.1475	0.1435	0.2132
击中时间/s	46.632	46.171	45.841	46.100

图 6-8(a)和(b)分别为三维运动轨迹和 x-z 平面上的运动轨迹。可以看出，目标在平面上做蛇形机动，四枚导弹从不同初始位置出发，最终均能够准确击中目标。结合表 6-5 可知，最终脱靶量分别为 0.1387m、0.1475m、0.1435m、0.2132m，均在较小范围内。图 6-8(c)为导弹的剩余飞行时间变化曲线，与场景一相似，导弹的剩余飞行时间在 15s 时基本收敛到一致，并一直保持到制导的最后阶段，开始出现发散的趋势。发散原因也是此时比例导引法占主导，协同项过载不足以维持状态量一致，牺牲了精度，保证导弹能够击中目标。导弹击中目标的时间分别为 46.632s、46.171s、45.841s、46.100s，导弹之间的最大时间误差为 0.791s，相比于变速直线运动的目标，该误差值更大，这也是因为蛇形机动相对

于变速直线运动，机动方式更加复杂。图 6-8(d)为导弹的相对速度变化曲线，其在制导的初始阶段变化剧烈，之后四枚导弹的相对速度变化趋势基本相同，在制导的最后阶段，各导弹的相对速度开始发散，这也是产生最终时间误差的主要原因。图 6-8(e)和(f)分别为导弹在视线倾角方向和视线偏角方向的过载曲线，图 6-8(g)和(h)分别表示所设计制导律中的协同项与比例导引项过载曲线。这些过载曲线的变化规律与场景一相似，开始阶段，协同项过载占主导，最后阶段，比例导引项占主导地位，且由于是打击机动目标，比例导引项在最后阶段波动较大，最终控制指令的值会收敛到 0 附近。

对于机动目标，在无推力制导模型下，由于模型的复杂性，很难设计能够协同打击目标的三维制导律，综合上述两个仿真场景，该制导律能够有效打击在地面机动的目标，脱靶量较小，虽然存在一定的时间误差，但也在可接受范围内，能够较好地实现协同打击。

6.4　本 章 小 结

本章介绍了基于一致性理论的三维动态协同制导律设计，分别针对静止目标和机动目标设计了两种制导律。针对静止目标，6.2 节设计了带角度约束的动态协同制导律，基于二维平面下的偏置比例导引法，通过推导其剩余飞行时间的解析式，在偏置比例导引法的基础上，进一步设计了协同制导项，控制导弹的攻击时间达到一致。之后，通过分析三维空间与二维平面之间的关系，实现了在三维空间的多弹协同制导。针对机动目标，6.3 节设计了打击机动目标的动态协同制导律。基于二阶一致性理论，重新设计了协同变量，从而间接达到控制导弹剩余飞行时间达到一致的目的。同时，为了保证导弹能够击中目标，在协同制导律的基础上，增加了比例导引项，并通过合理设计参数，使得该制导律能够在保证击中目标的条件下，尽可能减小协同误差。通过典型场景仿真，验证了相关制导律的准确性和可行性。

参 考 文 献

[1] 路红卫. 再谈现代战争的本质特征[J]. 国防, 2019(5): 15-19.

[2] 姚禹正, 余文斌, 杨立军, 等. 多导弹协同制导技术综述[J]. 飞航导弹, 2021, 6: 112-121.

[3] 魏明英, 崔正达, 李运迁. 多弹协同拦截综述与展望[J]. 航空学报, 2020, 41: 29-36.

[4] CHEN Y, WANG J, WANG C, et al. Three-dimensional cooperative homing guidance law with field-of-view constraint[J]. Journal of Guidance, Control, and Dynamics, 2020, 43(2): 389-397.

[5] 肖惟, 于江龙, 董希旺, 等. 过载约束下的大机动目标协同拦截[J]. 航空学报, 2020, 41(S1): 184-194.

[6] 杨军. 现代导弹制导控制[M]. 西安: 西北工业大学出版社, 2016.

[7] 刘力, 刘兴堂, 杨建军, 等. 导弹精确制导与控制的关键技术研究[J]. 飞航导弹, 2006(11): 30-33.

[8] 宋俊红. 拦截机动目标的有限时间制导律及多弹协同制导律研究[D]. 哈尔滨: 哈尔滨工业大学, 2018.

[9] 周慧波. 基于有限时间和滑模理论的导引律及多导弹协同制导研究[D]. 哈尔滨: 哈尔滨工业大学, 2015.

[10] 唐胜景, 史松伟, 张尧, 等. 智能化分布式协同作战体系发展综述[J]. 空天防御, 2019(1): 6-13.

[11] 方群, 等. 航天飞行动力学[M]. 西安: 西北工业大学出版社, 2015.

[12] 赵建博, 杨树兴. 多导弹协同制导研究综述[J]. 航空学报, 2017, 38(1): 17-29.

[13] 王芳, 涂震飚, 魏佳宁. 战术导弹协同突防关键技术研究[J]. 战术导弹技术, 2013(3): 13-17.

[14] 肖志斌, 何冉, 赵超. 导弹编队协同作战的概念及其关键技术[J]. 航天电子对抗, 2013(1): 1-3.

[15] 赵启伦, 陈建, 董希旺, 等. 拦截高超声速目标的异类导弹协同制导律[J]. 航空学报, 2016, 37(3): 936-948.

[16] WANG C, DONG W, WANG J, et al. Impact-angle-constrained cooperative guidance for salvo attack[J]. Journal of Guidance, Control, and Dynamics, 2022, 45(4): 684-703.

[17] JEON I S, LEE J I, TAHK M J. Impact-time-control guidance law for anti-ship missiles[J]. IEEE Transactions on Control Systems Technology, 2006, 14(2): 260-266.

[18] CHO N, KIM Y. Modified pure proportional navigation guidance law for impact time control[J]. Journal of Guidance, Control, and Dynamics, 2016, 39(4): 852-872.

[19] JEON I S, LEE J I, TAHK M J. Impact-time-control guidance with generalized proportional navigation based on nonlinear formulation[J]. Journal of Guidance, Control, and Dynamics, 2016, 39(8): 1885-1890.

[20] LIU S, YAN B, ZHANG T, et al. Guidance law with desired impact time and FOV constrained for antiship missiles based on equivalent sliding mode control[J]. International Journal of Aerospace Engineering, 2021, 2021(4): 1-15.

[21] TEKIN R, ERER K S, HOLZAPFEL F. Polynomial shaping of the look angle for impact-time control[J]. Journal of Guidance, Control, and Dynamics, 2017, 40(10): 2668-2673.

[22] KIM H G, CHO D, KIM H J. Sliding mode guidance law for impact time control without explicit time-to-go estimation[J]. IEEE Transactions on Aerospace and Electronic Systems, 2018, 55(1): 236-250.

[23] ARITA S, UENO S. Optimal feedback guidance for nonlinear missile model with impact time and angle constraints[C]. AIAA Guidance, Navigation, and Control (GNC) Conference, Boston, USA, 2006: 2013-2019.

[24] 赵世钰, 周锐. 基于协调变量的多导弹协同制导[J]. 航空学报, 2008, 29(6): 1605-1611.

[25] 张友安, 马国欣, 王兴平. 多导弹时间协同制导: 一种领弹-被领弹策略[J]. 航空学报, 2009, 30(6): 1109-1118.

[26] 周锐, 孙雪娇, 吴江, 等. 多导弹分布式协同制导与反步滑模控制方法[J]. 控制与决策, 2014, 29(9): 1617-1622.

[27] 后德龙, 陈彬, 王青, 等. 碰撞自规避多弹分布式协同制导与控制[J]. 控制理论与应用, 2014 (9): 1133-1142.

[28] JEON I S, LEE J I, TAHK M J. Homing guidance law for cooperative attack of multiple missiles[J]. Journal of Guidance, Control, and Dynamics, 2010, 33(1): 275-280.

[29] CHEN Y, WANG J, WANG C, et al. A modified cooperative proportional navigation guidance law[J]. Journal of the Franklin Institute, 2019, 356(11): 5692-5705.

[30] HOU D, WANG Q, SUN X, et al. Finite‐time cooperative guidance laws for multiple missiles with acceleration saturation constraints[J]. IET Control Theory & Applications, 2015, 9(10): 1525-1535.

[31] ZHAO S Y, ZHOU R. Cooperative guidance for multi-missile salvo attack[J]. Chinese Journal of Aeronautics, 2008, 21(6): 533-539.

[32] ZHOU J, YANG J. Distributed guidance law design for cooperative simultaneous attacks with multiple missiles[J]. Journal of Guidance, Control, and Dynamics, 2016, 39(10): 2439-2447.

[33] YU H, DAI K, LI H, et al. Cooperative guidance law for multiple missiles simultaneous attacks with fixed-time convergence[J]. International Journal of Control, 2023, 96(9): 2167-2180.

[34] ZHANG Y, WANG X, MA G. Impact time control guidance law with large impact angle constraint[J]. Proceedings of the Institution of Mechanical Engineers, Part G: Journal of Aerospace Engineering, 2015, 229(11): 2119-2131.

[35] HARL N, BALAKRISHNAN S N. Impact time and angle guidance with sliding mode control[J]. IEEE Transactions on Control Systems Technology, 2011, 20(6): 1436-1449.

[36] JUNG B, KIM Y. Guidance laws for anti-ship missiles using impact angle and impact time[C]. AIAA Guidance, Navigation, and Control Conference and Exhibit, Monterey, USA, 2013: 15-23.

[37] SONG J, SONG S, XU S. Three-dimensional cooperative guidance law for multiple missiles with finite-time convergence[J]. Aerospace Science and Technology, 2017, 67: 193-205.

[38] WANG X, LU X. Three-dimensional impact angle constrained distributed guidance law design for cooperative attacks[J]. ISA transactions, 2018, 73: 79-90.

[39] LYU T, LI C J, GUO Y N, et al. Three-dimensional finite-time cooperative guidance for multiple missiles without radial velocity measurements[J]. Chinese Journal of Aeronautics, 2019, 32(5): 1294-1304.

[40] 郭正玉, 王超磊, 钱航, 等. 带有攻击角约束的大机动目标协同攻击制导律[J]. 西北工业大学学报, 2020, 38(6): 1257-1265.

[41] CHEN Z, CHEN W, LIU X, et al. Three-dimensional fixed-time robust cooperative guidance law for simultaneous attack with impact angle constraint[J]. Aerospace Science and Technology, 2021, 110: 106523.

[42] YU H, DAI K, LI H, et al. Three-dimensional adaptive fixed-time cooperative guidance law with impact time and angle constraints[J]. Aerospace Science and Technology, 2022, 123: 107450.

[43] CHEN Z, LIU X, CHEN W. Three-dimensional event-triggered fixed-time cooperative guidance law against maneuvering target with the constraint of relative impact angles[J]. Journal of the Franklin Institute, 2023, 360(6): 3914-3966.

[44] WANG W, XIONG S, WANG S, et al. Three dimensional impact angle constrained integrated guidance and control for missiles with input saturation and actuator failure[J]. Aerospace Science and Technology, 2016, 53: 169-187.

[45] SONG S H, HA I J. A Lyapunov-like approach to performance analysis of 3-dimensional pure PNG laws[J]. IEEE Transactions on Aerospace and Electronic Systems, 1994, 30(1): 238-248.

[46] SU W, SHIN H S, CHEN L, et al. Cooperative interception strategy for multiple inferior missiles against one highly

maneuvering target[J]. Aerospace Science and Technology, 2018, 80: 91-100.

[47] SU W, LI K, CHEN L. Coverage-based three-dimensional cooperative guidance strategy against highly maneuvering target[J]. Aerospace Science and Technology, 2019, 85: 556-566.

[48] WANG J, HE F, WANG L, et al. Cooperative guidance for multiple interceptors based on dynamic target coverage theory[C]. Proceeding of the 11th World Congress on Intelligent Control and Automation, IEEE, Shenyang, China, 2015: 109-117.

[49] ZHAI C, HE F, HONG Y, et al. Coverage-based interception algorithm of multiple interceptors against the target involving decoys[J]. Journal of Guidance, Control, and Dynamics, 2016, 39(7): 1647-1653.

[50] CHEN Z Y, YU J L, DONG X W, et al. Three-dimensional cooperative guidance strategy and guidance law for intercepting highly maneuvering target[J]. Chinese Journal of Aeronautics, 2021, 34(5): 485-495.

[51] TAHK M J, SHIM S W, HONG S M, et al. Impact time control based on time-to-go prediction for sea-skimming antiship missiles[J]. IEEE Transactions on Aerospace and Electronic Systems, 2018, 54(4): 2043-2052.

[52] KUMAR S R, MUKHERJEE D. Deviated pursuit based interception at a priori fixed time[J]. Journal of Guidance, Control, and Dynamics, 2019, 42(9): 2124-2131.

[53] BISHWASH H U S, SINHA A, KUMAR S R. Deviated pursuit based nonlinear impact-time guidance with finite-time convergence[J]. IFAC-Papers on Line, 2020, 53(1): 93-98.

[54] CHENG Z, WANG B, LIU L, et al. A composite impact-time-control guidance law and simultaneous arrival[J]. Aerospace Science and Technology, 2018, 80: 403-412.

[55] TANG Y, ZHU X P, ZHOU Z, et al. Two-phase guidance law for impact time control under physical constraints[J]. Chinese Journal of Aeronautics, 2020, 33(11): 2946-2958.

[56] MERKULOV G, WEISS M, SHIMA T. Minimum-effort impact-time control guidance using quadratic kinematics approximation[J]. Journal of Guidance, Control, and Dynamics, 2022, 45(2): 348-361.

[57] TEKIN R, ERER K S, HOLZAPFEL F. Adaptive impact time control via look-angle shaping under varying velocity[J]. Journal of Guidance, Control, and Dynamics, 2017, 40(12): 3247-3255.

[58] TEKIN R, ERER K S, HOLZAPFEL F. Impact time control with generalized-polynomial range formulation[J]. Journal of Guidance, Control, and Dynamics, 2018, 41(5): 1190-1195.

[59] ZHANG Y, WANG X, WU H. Impact time control guidance law with field of view constraint[J]. Aerospace Science and Technology, 2014, 39: 361-369.

[60] JEON I S, LEE J I. Impact-time-control guidance law with constraints on seeker look angle[J]. IEEE Transactions on Aerospace and Electronic Systems, 2017, 53(5): 2621-2627.

[61] LEE J Y, KIM H G, KIM H J. Adjustable impact-time-control guidance law against non-maneuvering target under limited field of view[J]. Proceedings of the Institution of Mechanical Engineers, Part G: Journal of Aerospace Engineering, 2022, 236(2): 368-378.

[62] MA S, WANG X, WANG Z. Field-of-view constrained impact time control guidance via time-varying sliding mode control[J]. Aerospace, 2021, 8(9): 251.

[63] KUMAR S R, GHOSE D. Impact time and angle control guidance[C]. AIAA Guidance, Navigation, and Control Conference, New York, USA, 2015: 1-22.

[64] CHEN X, WANG J. Optimal control based guidance law to control both impact time and impact angle[J]. Aerospace Science and Technology, 2019, 84: 454-463.

[65] CHEN X, WANG J. Sliding-mode guidance for simultaneous control of impact time and angle[J]. Journal of Guidance,

Control, and Dynamics, 2019, 42(2): 394-401.

[66] HU Q, HAN T, XIN M. New impact time and angle guidance strategy via virtual target approach[J]. Journal of Guidance, Control, and Dynamics, 2018, 41(8): 1755-1765.

[67] CHEN X, WANG J. Two-stage guidance law with impact time and angle constraints[J]. Nonlinear Dynamics, 2019, 95(3): 2575-2590.

[68] ZHANG Z, MA K, ZHANG G, et al. Virtual target approach-based optimal guidance law with both impact time and terminal angle constraints[J]. Nonlinear Dynamics, 2022, 107(4): 3521-3541.

[69] 唐杨, 祝小平, 周洲, 等. 一种基于攻击时间和角度控制的协同制导方法[J]. 航空学报, 2022, 43(1): 466-478.

[70] 赵久奋, 史绍琨, 尤浩, 等. 视场角限制下导弹协同攻击导引律设计[J]. 国防科技大学学报, 2019, 41(4): 114-120.

[71] ZHANG W, CHEN W, LI J, et al. Guidance algorithm for impact time, angle, and acceleration control under varying velocity condition[J]. Aerospace Science and Technology, 2022, 123: 107462.

[72] WANG P, GUO Y, MA G, et al. New look-angle tracking guidance strategy for impact time and angle control[J]. Journal of Guidance, Control, and Dynamics, 2022, 45(3): 545-557.

[73] SURVE P, MAITY A, KUMAR S R. Polynomial based impact time and impact angle constrained guidance[J]. IFAC-Papers On Line, 2022, 55(1): 486-491.

[74] 张友安, 梁勇, 刘京茂, 等. 基于轨迹成型的攻击角度与时间控制[J]. 航空学报, 2018, 39(9): 143-151.

[75] CHEN Y, SHAN J, LIU J, et al. Impact time and angle constrained guidance via range-based line-of-sight shaping[J]. International Journal of Robust and Nonlinear Control, 2022, 32(6): 3606-3624.

[76] KIM H G, LEE J Y, KIM H J, et al. Look-angle-shaping guidance law for impact angle and time control with field-of-view constraint[J]. IEEE Transactions on Aerospace and Electronic Systems, 2019, 56(2): 1602-1612.

[77] HE S, LIN D. Three-dimensional optimal impact time guidance for antiship missiles[J]. Journal of Guidance, Control, and Dynamics, 2019, 42(4): 941-948.

[78] NANAVATI R V, KUMAR S R, MAITY A. Three-dimensional suboptimal nonlinear impact time guidance against non-maneuvering target[J]. Aerospace Science and Technology, 2021, 115: 106831.

[79] SINHA A, KUMAR S R, MUKHERJEE D. Three-dimensional guidance with terminal time constraints for wide launch envelops[J]. Journal of Guidance, Control, and Dynamics, 2021, 44(2): 343-359.

[80] 李国飞, 朱国梁, 吕金虎, 等. 主-从多飞行器三维分布式协同制导方法[J]. 航空学报, 2021, 42(11): 236-245.

[81] HE S M, LEE C H, SHIN H S, et al. Optimal three-dimensional impact time guidance with seeker's field-of-view constraint[J]. Chinese Journal of Aeronautics, 2021, 34(2): 240-251.

[82] SINHA A, KUMAR S R. Three-dimensional nonlinear impact time guidance accounting for autopilot lag[J]. IFAC-Papers On Line, 2022, 55(1): 26-31.

[83] 赵恩娇, 孙明玮. 多飞行器协同作战关键技术研究综述[J]. 战术导弹技术, 2020(4): 175-182.

[84] 赵曜. 终端多约束有限时间收敛末制导律[D]. 北京: 北京理工大学, 2016.

[85] 吕腾, 吕跃勇, 李传, 等. 带空间协同的多导弹时间协同制导律[J]. 航空学报, 2018, 39(10): 190-201.

[86] LYU T, GUO Y, LI C, et al. Multiple missiles cooperative guidance with simultaneous attack requirement under directed topologies[J]. Aerospace Science and Technology, 2019, 89: 100-110.

[87] YU H, DAI K, LI H, et al. Distributed cooperative guidance law for multiple missiles with input delay and topology switching[J]. Journal of the Franklin Institute, 2021, 358(17): 9061-9085.

[88] ZHOU X, WANG W, LIU Z. Fixed-time cooperative guidance for multiple missiles with impact angle constraint[J]. Proceedings of the Institution of Mechanical Engineers, Part G: Journal of Aerospace Engineering, 2022, 236(10):

1984-1998.

[09] WANG Z, FANG Y, FU W, et al. Cooperative guidance laws against highly maneuvering target with impact time and angle[J]. Proceedings of the Institution of Mechanical Engineers, Part G: Journal of Aerospace Engineering, 2022, 236(5): 1006-1016.

[90] 李桂英, 于志刚, 张扬. 带有角度约束的机动目标拦截协同制导律[J]. 系统工程与电子技术, 2019, 41(3): 626-635.

[91] 陈升富. 导弹攻击时间控制制导律研究[D]. 南京: 南京理工大学, 2019.

[92] ZHANG S, GUO Y, LIU Z, et al. Finite-time cooperative guidance strategy for impact angle and time control[J]. IEEE Transactions on Aerospace and Electronic Systems, 2020, 57(2): 806-819.

[93] WANG Z, FU W, FANG Y, et al. Prescribed-time cooperative guidance law against maneuvering target based on leader-following strategy[J]. ISA Transactions, 2022, 129(B): 257-270.

[94] YANG B, JING W X, GAO C S. Three-dimensional cooperative guidance law for multiple missiles with impact angle constraint[J]. Journal of Systems Engineering and Electronics, 2020, 31(6): 1286-1296.

[95] 晁涛, 杨明. 带有攻击角约束的机动目标协同拦截制导律[J]. 战术导弹技术, 2022(4): 78-89.

[96] 朱豪坤. 导弹同时弹着制导律研究[D]. 太原: 中北大学, 2020.

[97] 张春妍, 宋建梅, 侯博, 等. 带落角和时间约束的网络化导弹协同制导律[J]. 兵工学报, 2016, 37(3): 431-438.

[98] ZUO Z. Nonsingular fixed-time consensus tracking for second-order multi-agent networks[J]. Automatica, 2015(54): 305-309.

[99] KUMAR S R, MUKHERJEE D. Cooperative salvo guidance using finite-time consensus over directed cycles[J]. IEEE Transactions on Aerospace and Electronic Systems, 2019, 56(2): 1504-1514.

[100] KANG S, WANG J, LI G, et al. Optimal cooperative guidance law for salvo attack: An MPC-based consensus perspective[J]. IEEE Transactions on Aerospace and Electronic Systems, 2018, 54(5): 2397-2410.

[101] 林德福, 何绍溟, 王江, 等. 基于虚拟领弹-从弹的集群分布式协同制导技术研究[J]. 中国科学: 技术科学, 2020, 50(5): 506-515.

[102] MUKHERJEE D, KUMAR S R. Finite-time heterogeneous cyclic pursuit with application to cooperative target interception[J]. IEEE Transactions on Cybernetics, 2021, 52(11): 11951-11962.

[103] NANAVATI R V, KUMAR S R, MAITY A. Nonlinear simultaneous interception guidance strategies for stationary targets[J]. Journal of Guidance, Control, and Dynamics, 2020, 43(1): 154-161.

[104] 李斌, 林德福, 何绍溟, 等. 基于最优误差动力学的时间角度控制制导律[J]. 航空学报, 2018, 39(11): 157-167.

[105] CHEN Y D, GUO D Q, WANG J N, et al. Cooperative circular guidance with nonuniform field-of-view constraints[J]. Journal of Guidance, Control, and Dynamics, 2022, 45(8): 1-16.

[106] LI G, WU Y, XU P. Adaptive fault-tolerant cooperative guidance law for simultaneous arrival[J]. Aerospace Science and Technology, 2018, 82-83: 243-251.

[107] YE P, WEI J, LU Y, et al. Distributed cooperative guidance of multi-missile with unreliable communications[C]. International Conference on Autonomous Unmanned Systems, Springer, Singapore, 2021: 1225-1233.

[108] KUMAR S R, MUKHERJEE D. Deviated pursuit-based nonlinear cooperative salvo guidance using finite-time consensus[J]. Nonlinear Dynamics, 2021, 106(1): 605-630.

[109] KUMAR S R, MUKHERJEE D. Terminal time-constrained nonlinear interception strategies against maneuvering targets[J]. Journal of Guidance, Control, and Dynamics, 2021, 44(1): 200-209.

[110] 孙景亮. 自适应动态规划研究及其在导弹拦截制导中的应用[D]. 南京: 南京航空航天大学, 2019.

[111] 于江龙, 董希旺, 李清东, 等. 拦截机动目标的分布式协同围捕制导方法[J]. 航空学报, 2022, 43(9): 521-541.

[112] 陈中原, 韦文书, 陈万春. 基于强化学习的多发导弹协同攻击智能制导律[J]. 兵工学报, 2021, 42(8): 1638-1647.

[113] HE S, KIM M, SONG T, et al. Three-dimensional salvo attack guidance considering communication delay[J]. Aerospace Science and Technology, 2018, 73: 1-9.

[114] ZHANG Y, TANG S, GUO J. Two-stage cooperative guidance strategy using a prescribed-time optimal consensus method[J]. Aerospace Science and Technology, 2020, 100: 105641.

[115] 毛宁, 范军芳, 李斌. 基于快速一致性理论的多导弹协同制导[J]. 兵器装备工程学报, 2021, 42(5): 227-234.

[116] SINHA A, KUMAR S R, MUKHERJEE D. Three-dimensional nonlinear cooperative salvo using event-triggered strategy[J]. Journal of Guidance, Control, and Dynamics, 2021, 44(2): 328-342.

[117] AI X, WANG L, YU J, et al. Field-of-view constrained two-stage guidance law design for three-dimensional salvo attack of multiple missiles via an optimal control approach[J]. Aerospace science and Technology, 2019, 85: 334-346.

[118] DONG W, WANG C, WANG J, et al. Three-dimensional nonsingular cooperative guidance law with different field-of-view constraints[J]. Journal of Guidance, Control, and Dynamics, 2021, 44(11): 2001-2015.

[119] ZARCHAN P. Tactical and strategic missile guidance[R]. American Institute of Aeronautics and Astronautics, Inc. , 2012.

[120] MEI J, REN W, MA G. Distributed coordination for second-order multi-agent systems with nonlinear dynamics using only relative position measurements[J]. Automatica, 2013, 49(5): 1419-1427.

[121] JESUS T A, PIMENTA L C A, TORRES L A B, et al. Consensus for double-integrator dynamics with velocity constraints[J]. International Journal of Control, Automation and Systems, 2014, 12: 930-938.

[122] MORENO J A, OSORIO M. Strict Lyapunov functions for the super-twisting algorithm[J]. IEEE Transactions on Automatic Control, 2012, 57(4): 1035-1040.

[123] WANG L, XIAO F. Finite-time consensus problems for networks of dynamic agents[J]. IEEE Transactions on Automatic Control, 2010, 55(4): 950-955.

[124] ZHANG P, LIU H H T, LI X B, et al. Fault tolerance of cooperative interception using multiple flight vehicles[J]. Journal of the Franklin Institute, 2013, 350(9): 2373-2395.

[125] WANG X, HONG Y. Finite-time consensus for multi-agent networks with second-order agent dynamics[J]. IFAC Proceedings Volumes, 2008, 41(2): 15185-15190.

[126] 吕腾. 基于一致性的多巡航导弹协同末制导律设计[D]. 哈尔滨: 哈尔滨工业大学, 2019.

[127] 熊天昊. 时空约束条件下导弹协同制导律研究[D]. 西安: 西北工业大学, 2024.

[128] MORENO J A. On strict Lyapunov functions for some non-homogeneous super-twisting algorithms[J]. Journal of the Franklin Institute, 2014, 351(4): 1902-1919.

[129] HE S, LEE C H. Optimality of error dynamics in missile guidance problems[J]. Journal of Guidance, Control, and Dynamics, 2018, 41(7): 1624-1633.

[130] LEE C H, KIM T H, TAHK M J. Interception angle control guidance using proportional navigation with error feedback[J]. Journal of Guidance, Control, and Dynamics, 2013, 36(5): 1556-1561.

[131] 游骏. 多约束条件下多弹协同制导律研究[D]. 西安: 西北工业大学, 2023.